D-S 证据理论
信息建模与应用

蒋 雯 邓鑫洋 著

科学出版社

北京

内 容 简 介

本书以D-S证据理论应用中的关键问题研究为主线,研讨了D-S证据理论领域有关证据生成、冲突处理和决策等方面的经典研究成果,并介绍了不确定环境下基于证据理论的信息融合应用实例。全书共7章。第1章综述了证据理论的基本概念、存在的关键问题、研究现状以及主要应用领域等;第2~6章分别针对证据理论在实际应用中所存在的不确定信息建模、证据冲突度量、冲突证据融合、信度决策及计算复杂度等几个关键问题展开研究,并介绍了国内外一些相关的代表性工作。第7章给出了证据理论的两个典型应用案例,分别是故障诊断及多光谱图像弱小目标跟踪,展示了如何应用证据理论来解决实际工程问题。

本书对从事智能系统、目标识别、故障诊断研究、设计、开发和应用的广大工程技术人员具有一定的参考价值,也可作为信息融合或智能信息处理等相关专业研究生的教学参考书。

图书在版编目(CIP)数据

D-S 证据理论信息建模与应用/蒋雯, 邓鑫洋著. —北京: 科学出版社, 2018.3
ISBN 978-7-03-056875-5

Ⅰ. ①D… Ⅱ. ①蒋… ②邓… Ⅲ. ①人工智能 Ⅳ. ①TP18

中国版本图书馆 CIP 数据核字 (2018) 第 048957 号

责任编辑: 祝 洁 赵微微/责任校对: 郭瑞芝
责任印制: 张 伟/封面设计: 陈 敬

科学出版社 出版
北京东黄城根北街 16 号
邮政编码: 100717
http://www.sciencep.com

北京凌奇印刷有限责任公司 印刷
科学出版社发行 各地新华书店经销
*
2018 年 3 月第 一 版 开本: 720×1000 1/16
2018 年 9 月第二次印刷 印张: 12 3/4
字数: 253 000

POD定价: 98.00元
(如有印装质量问题, 我社负责调换)

前　言

D-S 证据理论最初由 Dempster 于 20 世纪 60 年代提出，Shafer 在 1976 年出版的著作《证据的数学理论》标志着该理论的正式建立。理论上，D-S 证据理论比概率论能更有效地表示和处理不确定信息。经过了 40 余年的发展，D-S 证据理论基础不断完善、应用范围不断扩大，在专家系统、目标识别、人工智能、决策与风险分析等领域得到了广泛应用，已经成为不确定性信息处理与融合领域的重要基础。

证据理论具有诸多优点，在包含随机性、模糊性等不确定信息的领域具有非常广阔的应用前景。但研究发现，证据理论在具体应用中存在一些共性关键问题有待解决，这些共性关键问题在很大程度上制约了它的应用推广。总体来看，有如下四个方面：第一，对基于证据理论的信息融合系统，其计算复杂度随辨识框架中元素数量的增加呈指数增长；第二，在运用 D-S 证据理论中经典的 Dempster 组合规则融合高度冲突的证据时，常常会得出与常理相悖的结论；第三，如何合理地自动生成基本概率指派函数，目前尚无较为普适的解决方案；第四，在表示并融合了来自不同信息源的信息之后，如何基于融合后的证据合理地进行决策也是一个十分重要的问题。

本书以证据理论应用中的关键问题研究为主线，系统介绍作者针对这些问题所取得的最新研究成果及相关的解决方案，并给出不确定环境下基于证据理论的信息融合应用实例。全书共 7 章。第 1 章综述证据理论的基本概念、存在的关键问题、研究现状以及主要应用领域等。第 2 章给出三种不确定信息表示与建模方法。第 3 章讨论证据组合中的冲突悖论以及基于证据关联系数的冲突度量方法。第 4 章研究多种冲突证据融合算法以及基于证据关联系数的冲突处理方法。第 5 章探讨基于基本概率指派的决策问题以及证据关联度最大准则下的基本概率指派转换概率方法。第 6 章从近似算法和硬件加速两个方面介绍如何解决证据理论中的计算复杂度问题。第 7 章给出证据理论的两个典型应用案例，分别是故障诊断及多光谱图像弱小目标跟踪，展示如何应用证据理论解决实际工程问题。

在本书的撰写过程中，参考引用了国内外大量相关的论著与研究成果，在此对所涉及的学者和研究人员表示诚挚的谢意。本书汇集了作者近年来在证据理论、不确定信息处理及智能信息融合等相关领域的最新研究成果，这些成果的取得得到了众多科研机构和相关项目的支持。其中，特别感谢国家自然科学基金项目"非完备信息的基本概率指派生成及应用研究"(61671384)、西北工业大学专著出版基金、中央高校基本科研业务费专项资金项目"基于证据理论与 D 数的非完备不确定信息融合研究"(3102017OQD020) 的资助。本书作者长久以来得到学界前辈与同行的大力帮助与支持，在此不能一一列举，特向他们表示衷心的感谢和致敬。研究生王诗宇、谢春禾、寿业航、卫博雅、胡伟伟、武冬和庄苗燕等参加了本书部分章节的写作和修改工作。此外，科学出版社的编辑为本书的出版付出了大量的心血，在此特表示感谢。

　　由于 D-S 证据理论的不断发展与完善以及作者水平有限，本书研究工作难免存在不足之处，还有许多问题值得进一步深入探讨。希望本书能为同行间的交流提供一些借鉴与参考，同时帮助学生和专业技术人员学习并应用证据理论。书中不妥之处，恳请广大读者批评指正。

作　者

西北工业大学电子信息学院

2018 年 1 月

目　录

第1章 绪　　论

1.1　信 息 融 合

　　信息融合[1-4] 指的是在一定条件下将来自多个传感器的数据进行综合、分析，以实现完成决策和评估等任务的信息处理过程。信息融合也称为数据融合，起源于20 世纪 70 年代美国国防部资助的声呐信号处理研究。经过四十多年的发展，它已经成为一个集多科学、多技术于一体的信息综合处理技术。本章将针对多源信息融合的优势、层次和模型、主要应用领域、基本技术与方法，以及多源不确定信息融合方法等几个方面介绍。

1.1.1　信息融合概述

　　多源信息融合 (multi-source information fusion)，也称为多传感器数据融合，提出于 20 世纪 70 年代。该技术最初应用于军事领域，主要是融合红外以及雷达等多传感器数据。对于信息融合的概念，学者从不同的角度给出了多种定义，比较典型的定义如[5]：信息融合是一种从多层次多方位来处理数据的过程，对多个信息源数据进行自动检测、关联组合和估计；信息融合是应用各种有效方法将从不同来源、不同时间获得的信息自动地转换为一种能为人类提供有效支持的表示形式的研究；信息融合通过组合来自多传感器的数据信息，来获得比单个传感器更准确的推断。美国国防部实验室理事联席会从军事应用角度对信息融合给出如下定义："信息融合是一个多层次、多方位的过程，它是对多源数据进行检测、组合、关联、估计和组合，以实现准确的状态估计和身份估计，以及完整及时的态势估计和威胁估计"。[6] 随着信息化社会的飞速发展，以及智能时代的到来，信息融合越来越受到各个领域的关注，已成为现代信息处理的一种通用工具和思维模式，传统的从军事角度的定义显然已经无法涵盖信息融合技术的全部内容。广义"信息融合"的定义是协同利用多源信息 (如传感器数据、专家知识库等)，以获得对事物或目标的更客观、更本质认识的信息综合处理技术。

　　实际上，人类及其他有认知能力的动物对客观事物的认知过程，就是对多源信息进行融合的一种过程。在此过程中，首先是通过视觉、听觉、触觉、嗅觉和味觉等不同的感官对客观事物实施多种类、多方位的感知，然后由大脑对这些感知信息依据某种规则进行处理，从而得到对客观对象的统一理解和认识。这种由感知到认知的过程就是生物体的多源信息融合过程，而如果用机器来模仿这种由感知到认知的过程，即为人工智能技术。信息融合本质上是对大脑的综合分析信息能力的模拟[5]，其目的是获取对事物的认知，来得到有效的决策。它的核心任务是：组合多源信息，使信息更完整；去除冗余与噪声，从而降低信息的不确定性；处理矛盾冲突，提高信息的一致性以及可信度。

信息融合技术自 20 世纪 70 年代问世以来，在军事领域的发展突飞猛进。1973年美国研究机构利用计算机技术对多个连续声呐信号进行融合处理，实现了对敌方潜艇目标的自动检测。之后，美国又陆续开发了数十种不同的军用信息融合系统，其中战场管理和目标检测 (battlefield exploitation and target acquisition，BETA) 系统是最典型的代表，该系统在一定程度上证实了信息融合的可行性和有效性。80年代，随着传感器技术的飞速发展和传感器投资的大量增加，军事系统中的传感器数目急剧增加，需要处理的信息量也随之增加，为了满足军事领域中作战的需要，多传感器数据融合 (multi-sensor data fusion，MSDF) 技术应运而生。1984 年，美国国防部成立了数据融合专家小组指导、组织和协调信息融合技术的研究。伴随着在军用领域的成功应用，信息融合技术在民用领域也得到迅猛发展，主要包括智能交通系统、图像处理、故障诊断、项目投资管理以及城市规划资源管理和智能制造系统等[1]。

在学术研究方面，自 1987 年起，美国三军每年召开一次信息融合学术会议，并通过国际光学工程学会 (Society of Photo-Optical Instrumention Engineers, SPIE) 传感器融合专集、*IEEE Transactions on Aerospace and Electronic Systems* 等发表有关论文；多个 IEEE 国际会议也不断报道信息融合领域的最新研究成果。国际信息融合学会 (International Society of Information Fusion，ISIF) 于 1998 年在美国成立，自成立以来每年召开一次信息融合国际学术大会，并创立了国际期刊 *Information Fusion*；1985 年以来，国外先后出版了多本有关信息融合方法的专著，其中 Hall 和 Llinas 等对常用的数据融合算法进行了汇总和概括[7]。国内关于信息融合理论和技术的研究则相对起步较晚，20 世纪 80 年代末我国开始出现有关多源信息融合理论的报道。90 年代初，这一领域在我国才逐渐形成高潮，并一直持续至今。1995 年，关于数据融合的首次讨论会在长沙举行，之后我国也相继召开了几次小型信息融合研讨会。2009 年，首届中国信息融合学术年会在山东烟台的海军航空工程学院召开，加强了我国信息融合领域的交流与合作，促进了信息融合理论和方法的深入研究与推广应用。此次会议中还成立了中国航空学会信息融合分会，它是国内首个信息融合学会组织。这些交流活动对我国信息融合事业的发展起到了积极推动作用。近年来，我国信息融合领域的专家、学者也出版了多部信息融合专著。

信息融合的实现可分为不同的抽象层次，一般可归结为数据级融合、特征级融合以及决策级融合三层，它们分别对原始数据、提取的特征信息和经过评估得到的局部决策信息进行融合。数据级和特征级融合属于低层次融合，高层次的决策级融合涉及态势认识与评估、影响评估及融合过程优化等。

数据级融合是最低层的融合,直接对传感器所观测的数据进行融合处理,然后基于融合结果进行特征提取和判断决策,如图 1.1 所示。数据级融合的主要优点有:数据量的损失较少,可以提供其他融合层次所不能提供的一些细微信息,精度较高,但也存在一定的局限性。例如,数据级融合所处理的传感器数据量较大,因此处理代价较高,消耗时间长,实时性差;因为在低层处理,传感器信息具有较高的不确定性、不稳定性以及不完整性,所以在融合过程中对系统的纠错处理能力要求较高;此融合过程还要求传感器的种类相同,而且由于数据通信量大,抗干扰能力较差。

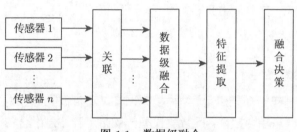

图 1.1　数据级融合

特征级融合是位于中间层次的融合,大致过程如图 1.2 所示。首先,每个传感器抽象提取出自己的特征向量,这些特征信息一般是数据信息的充分表示量或充分统计量;其次,对特征向量进行关联分析;最后,融合各传感器的特征向量。特征级融合过程完成的是特征向量的融合处理,它的优点是实现了数据压缩,降低了对通信带宽的要求,利于实时处理,但因为在压缩的过程中会损失部分有效信息,所以融合性能有所降低。特征级融合可分为目标状态信息融合和目标特征信息融合两类。目标状态信息融合主要是用在多传感器目标跟踪领域,首先对传感器获得的数据进行处理来完成数据配准,然后进行数据关联和状态估计。目标状态信息融合的具体数学方法有联合概率数据关联法、交互式多模型法以及卡尔曼滤波理论等。而目标特征信息融合实际属于模式识别问题,具体的数学方法有聚类方法、人工神经网络以及 k 阶最近邻法等。

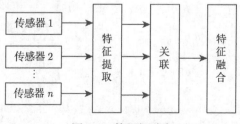

图 1.2　特征级融合

　　决策级融合则属于高层次融合，如图 1.3 所示。它先由传感器基于获取的数据做出局部决策，然后在融合中心进行融合决策。在决策级融合过程中，数据量的损失较大，因此精度较低，但是该级融合具有通信量小、对传感器依赖小以及抗干扰能力强等优点。具体的数学方法有 Bayes 推断、D-S 证据理论以及模糊集理论等。

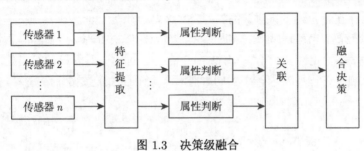

图 1.3　决策级融合

1.1.2　信息融合模型

　　信息融合模型包括功能模型、结构模型以及过程模型等，三者之间是密切相关的，可以统称为信息融合模型。而数学模型一般指各种信息融合的方法。

　　信息融合模型的基本概念和设想是由美国三军实验室理事联合会 (Joint Directors of Laboratories，JDL) 数据融合组首次提出的。常见的信息融合模型有 OODA 模型、STDF 模型以及 JDL 模型等。目前 JDL 模型是应用相对较为广泛的信息融合模型。JDL 模型的提出有助于系统管理人员、理论研究人员、设计人员及评估人员之间的沟通和理解，可促进系统的管理、设计、开发及实施过程的高效运行。JDL 模型的结构如图 1.4 所示，主要包括四级处理过程。

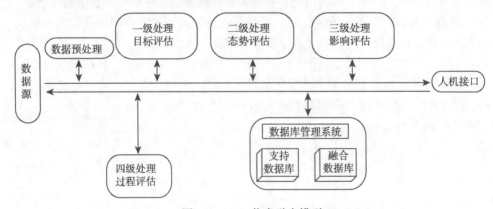

图 1.4　JDL 信息融合模型

　　第一级是目标评估 (object assessment)，主要功能有数据配准、数据关联、目标位置以及运动参数估计，还包括属性参数估计、身份估计等，目的是给更高级别的融合过程提供辅助决策信息。其中数据配准是将在时域上不同步以及空间域上属于不同坐标系的多源数据进行时空配准，将多源数据送入统一的参考框架中。数据关联是将同一类数据组合在一起。身份估计是处理实体属性信息的表征和描述。此级别的处理属于数值计算过程，其中目标位置一般以最优估计技术为基础，身份估计则一般以参数匹配技术或模式识别技术为基础。

第二级是态势评估 (situation assessment)，是对整个态势的抽象和评估。态势抽象是根据不完整的数据集构造一个综合的态势表示，从而产生实体之间一个相互联系的解释。态势评估则关系到对产生观测数据和事件的态势标识和理解。态势评估的输入包括事件检测、状态估计以及态势评估所生成的一组假设等。理论上，它的输出是所考虑的各种假设的条件概率。军事领域上，态势评估指的是评估实体之间的相互关系，包括敌我双方兵力的结构和使用特点，是对战场上战斗力量分配情况的评定过程。

第三级是影响评估 (impact assessment)，是将当前态势映射到将来，对参与者预测行为的影响进行评估。军事领域上，也称威胁评估 (threat assessment)，用来估计武器效能，以及有效降低敌方进攻的风险。

第四级是过程评估 (process assessment)，是一个更高级的处理阶段。它通过一定的优化指标，对融合过程进行实时监控和评测，实现多传感器的自适应信息获取、处理和资源的最佳分配。

值得一提的是，后续研究发现有必要增加第零级处理过程，对于此级功能，很多学者进行了不同的解释，如信息源预处理、信号级优化、次目标估计、信号/特征估计、检测级融合等。长期以来，信息融合的研究工作绝大多数都局限于第一级，即目标评估。随着信息融合技术的研究越来越深入，以及对该领域的扩展，有些情况的复杂性和难度超出了其可以解决的范围，需要人的参与才能解决。因此，研究者又在 JDL 模型的基础上增加了第五级处理过程，即用户优化，也就是人为参与的认知优化融合功能。

1.1.3 信息融合中信息的特性

信息融合处理的对象是信息，而在多源信息融合过程中，数据或信息可能具有多种不同的特性，如不确定性、不精确性、不完整性、不一致性以及关联性等。

1. 不确定性

信息的不确定性有多种不同的含义，通常可以从两个方面来理解：一是客观事物状态变化或事件发生具有随机性；二是观测者对客观事物的判断没有绝对的把握。在实际应用过程中，信息的获取一般由传感器获得。传感器环境的不确定性会导致所获取的数据时常带有噪声，因此多源信息具有不确定性的特点。

2. 不精确性

信息的不精确性主要是由于描述事物的数据不是一个单值，而是一个区间或者集合，主要表现为数据的模糊性和多义性，如使用传感器测量同一个对象有时会得到不同的解释。

3. 不完整性

信息的不完整性是指所获得信息的不充分性。在多传感器信息融合系统中，信息的不完整性导致各传感器间的信息可能出现冲突。

4. 不一致性

信息的不一致性表现为数据的冲突性和异常性。多源信息可能会对同一目标做出相互矛盾的解释，表现为在多传感器信息融合系统中，多传感数据往往会对观测环境做出不一致的解读。

5. 关联性

信息的关联性是指多组数据可能在时间或空间上存在关联。数据关联问题普遍存在，需要解决单传感器时间域上的关联问题，以及多传感器空间域的关联问题，从而确定来自同一目标的数据信息。

1.1.4 多源信息融合方法介绍

信息融合是对多源信息的综合处理过程，具有较高的复杂性。识别算法和估计理论为其奠定了理论基础。近年来，基于统计推断、信息论以及人工智能的新方法也陆续被学者提出，不断推动着信息融合技术向前发展。以下简单列举一些主要的信息融合技术和方法。

1. 统计推断方法

多源信息融合的统计推断方法是指这种在一定置信程度下，根据样本资料的特征，对总体的特征做出估计和预测的方法。具体的统计推断方法主要包括经典推理、Bayes 推理、证据推理[8, 9] 及随机集理论[10] 等。

2. 信息论方法

信息论方法是运用优化信息度量的手段来融合多源信息，以获得解决问题的有效方法。典型方法有最小描述长度方法[11] 和熵方法[12] 等。

3. 决策论方法

决策论是根据信息和评价准则，用数量方法寻找或选取最优决策方案的理论，是运筹学的一个分支。决策论方法一般应用于高级别的决策融合。在军事领域，

Nelson 等[13] 借助决策论方法对可见光、红外线以及毫米波雷达数据进行融合，并进行报警分析。

4. 人工智能方法

人工智能 (artificial intelligence) 是研究和开发用于模拟、延伸和扩展人类智能的理论、方法、技术及应用系统的一门新技术科学。人工智能方法包括模糊逻辑、神经网络和遗传算法等，在信息融合领域的运用中已取得了一定的成果。

5. 信息处理与估计方法

信号处理与估计方法包括用于图像增强与处理的小波变换技术、Kalman 滤波、加权平均和最小二乘法等线性估计技术，以及扩展 Kalman 滤波和 Gauss 滤波等非线性估计技术等。

与单传感器系统相比，多传感器融合系统主要有以下优点[14]。

(1) 增强系统的生存能力。多个传感器可以实现冗余，当部分传感器受到干扰或者不能使用时，一般仍有传感器可以提供有效信息。

(2) 扩展空间覆盖范围。多个交叠覆盖的传感器作用区域，扩展了空间覆盖范围。当采用单一传感器系统时，可能会有探测不到的地方，而多传感器就能够避免这种问题，实现对空间覆盖范围的扩展。

(3) 提高检测概率。多个传感器协同作用以提高检测概率，这是由于一种传感器在某个时间段上可能探测到其他传感器在该时段不能探测到的目标。

(4) 提高可信度。多个传感器对同一目标进行检测可以增加确认度，可以提高信息可信度。

(5) 降低信息的模糊度。来自多个传感器的信息降低了目标的不确定性以及模糊性。

1.1.5　信息融合的应用

信息融合技术首先应用于军事领域，主要包括对军事过程中静止或者运动目标的检测、定位、跟踪以及识别等，具体包括海洋监视和空对空或地对空防御系统等。近年来，多传感器融合系统在民用领域中也得到了较快的发展，一些常见的应用领域介绍如下。

1. 图像融合

近年来，图像融合是图像工程中一个新兴的研究领域，它利用信息融合技术实现多源图像的复合，用特定的算法将多个不同图像组合生成新图像。在图像融合中，不同空间分辨率、时间分辨率和波谱分辨率的图像被综合运用，消除了多传感器信息之间可能存在的冗余和冲突，增强了图像中的信息透明度，提高了信息的可靠性和利用率，从而能够更合理、更准确地对目标进行描述。图像可以在像素级别上进行融合，也可以在特征级上进行融合。在医疗诊断中，将超声波成像、核磁共振成像以及 X 射线成像等多传感器数据进行融合，获得单一医学手段无法得到的结果，使得医生能够快速并准确地做出诊断结果，这正是图像融合的魅力所在。

2. 故障诊断

在大多数的工业监控中都要用到多传感器系统，各传感器基于检测统计量提取出与系统故障有关的特征信息。在故障诊断处理单元中，首先根据多传感器提取出的故障特征信息，对系统进行评测，做出是否存在故障的诊断，其次基于一定的准则或者方法来将这些推断进行融合，最后做出决策，被监控的物体是否有故障。

3. 遥感

遥感在军事和民用领域中得到了广泛的应用，如目标跟踪和监测天气等。多传感信息融合在遥感领域中，通过融合高空间分辨率全色图像和低光谱分辨率图像，获得高空间分辨率和高光谱分辨率图像，而融合多波段与多时段的遥感图像，可提高分类的准确性。

1.2   D-S 证据理论

在实际应用过程中，大部分多源数据或多源信息是不确定的，因此信息融合普遍涉及对不确定性信息的分析、建模及处理。目前，不确定性建模方法主要包括概率论 (probability theory)、D-S 证据理论 (Dempster-Shafer evidence theory)、可能性理论 (possibility theory)、模糊集理论 (fuzzy sets theory) 以及粗糙集理论 (rough sets theory) 等。D-S 证据理论的本质是对概率论的一种推广，将概率论中的基本事件空间拓展成基本事件的幂集空间，并在其上建立了基本概率指派函数。与传统概率论相比，D-S 证据理论不仅能够有效表达随机不确定性，更能表达不完全信息以及主观不确定性信息。此外，D-S 证据理论针对信息融合还提供了有力的 Dempster 组合规则，该规则满足交换律和结合律等优良特性，可以在不具备先验信息的情况下实现证据间的融合，融合后可以有效降低系统的不确定性。这些优点使 D-S 证据理论在信息融合的理论研究以及工程实践上都受到广泛关注。证据理论是由 Dempster 和 Shafer 在 20 世纪 60 年代末至 70 年代初建立的一套数学理论[15, 16]。这套数学理论进一步扩展了概率论，最早用于专家系统，还适用于模式识别、人工智能以及系统决策等。本节将主要介绍证据理论基本概念、Dempster 组合规则和证据理论融合框架等内容。

1.2.1　证据理论基本概念

定义 1.1 (辨识框架)　若 $\Theta = \{\theta_1, \theta_2, \cdots, \theta_N\}$ 是由 N 个两两互斥元素组成的有限的完备集合, 则称其为辨识框架 (frame of discernment)[16]。

Θ 的幂集 2^Θ 所构成的 2^N 个元素的集合为

$$2^\Theta = \{\varnothing, \theta_1, \theta_2, \cdots, \theta_N, \theta_1 \cup \theta_2, \cdots, \theta_1 \cup \theta_2 \cup \theta_3, \cdots, \Theta\} \tag{1.1}$$

直观来说, 辨识框架就是所考察判断的事物或对象的全体集合 Θ。辨识框架中的子集和命题相对应。辨识框架将抽象的逻辑概念转化成直观的集合论概念, 进而把各个命题之间的逻辑运算转化为集合论运算。设有一个均匀的六面骰子, 现投掷该骰子, 那么掷出的点数可能为 1, 2, 3, 4, 5, 6, 对应组成的辨识框架为

$$\Theta = \{1, 2, 3, 4, 5, 6\}$$

定义 1.2 (基本概率指派)　设 Θ 是辨识框架, Θ 的幂集 2^Θ 构成命题集合 2^Θ, $\forall A \subseteq \Theta$, 若函数 $m : 2^\Theta \longrightarrow [0, 1]$ 满足以下两个条件:

$$m(\varnothing) = 0 \tag{1.2}$$

和

$$\sum_{A \subseteq \Theta} m(A) = 1 \tag{1.3}$$

则称 m 为基本概率指派 (basic probability assignment, BPA), $m(A)$ 为命题 A 的基本概率数, 被视为准确分配给 A 的信度[16]。

定义 1.3 (焦元)　设 A 为辨识框架 Θ 的任意一个子集, 若 $m(A) > 0$, 则称 A 为 Θ 上的基本概率指派 m 的焦元 (focal element)。所有焦元的集合构成该基本概率指派的核 (core)。

定义 1.4 (信任函数)　设 m 为 Θ 上的基本概率指派函数, 若 $\mathrm{Bel} : 2^\Theta \longrightarrow [0, 1]$ 满足

$$\mathrm{Bel}(A) = \sum_{B \subseteq A} m(B), \quad A \in 2^\Theta \tag{1.4}$$

则称 $\mathrm{Bel}(A)$ 是对命题 A 为真的信任度量 (belief measure)。对于单元素命题 A, 有 $\mathrm{Bel}(A) = m(A)$, 且信任函数满足

$$\mathrm{Bel}(\varnothing) = 0, \quad \mathrm{Bel}(\Theta) = 1$$

定义 1.5 (似真函数)　设 m 为 Θ 上的基本概率指派函数, 若 $\mathrm{Pl} : 2^\Theta \longrightarrow [0, 1]$ 且对所有的 $A \in 2^\Theta$ 有

$$\mathrm{Pl}(A) = 1 - \mathrm{Bel}(\bar{A}) = \sum_{B \cap A \neq \varnothing} m(B) \tag{1.5}$$

则称 Pl 为 Θ 上的似真度量 (plausible measure)，Pl(A) 表示不反对命题 A 的程度。

似真函数的含义：Bel(A) 表示对 A 为真的信任程度，Bel($\bar{A}$) 表示对 A 为假的信任程度，因此 Pl(A) 表示 A 为非假的信任程度。由基本概率指派、信度函数和似真函数的定义，可知三者之间的关系如下：

$$\text{Bel}(A) \leqslant m(A) \leqslant \text{Pl}(A), \quad \forall A \subseteq \Theta$$

即，Bel(A) 和 Pl(A) 分别表示对命题 A 的支持程度的上限和下限，如图 1.5 所示。

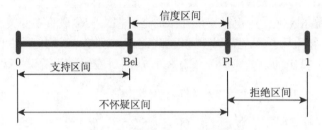

图 1.5　命题的信度区间表示

定义 1.6 (信度区间)　设 Bel(A) 和 Pl(A) 分别表示 A 的信任度和似真度，称

$$[\text{Bel}(A), \text{Pl}(A)]$$

为 A 的信度区间 (belief interval)。信度区间刻划了对 A 持信任程度的上限和下限，在一定程度上表示命题 A 的不确定程度，如图 1.5 所示。

定义 1.7 (众信度函数)　设 m 为辨识框架 Θ 上的基本概率指派函数，则当函数 $Q : \rho(\Theta) \longrightarrow [0,1]$ 满足：

$$Q(A) = \sum_{A \subseteq B} m(B)$$

则称 Q 为辨识框架 Θ 上的众信度函数，$Q(A)$ 反映了分配到命题 A 及其超集合命题的总信任度。

1.2.2　Dempster 组合规则

为了组合来自多个独立信息源的信息，D-S 证据理论提供 Dempster 组合规则用以实现多个证据的融合，它的本质是证据的正交和。

定义 1.8 (Dempster 组合规则)　设 m_1 和 m_2 为两组基本概率指派，对应的焦元分别为 $A_1, A_2, \cdots, A_k$ 和 $B_1, B_2, \cdots, B_l$，用 m 表示 m_1 和 m_2 组合后的新证据。则Dempster组合规则表示如下：

$$\begin{cases} m(\varnothing) = 0 \\ m(A) = \dfrac{1}{1-k} \displaystyle\sum_{A_i \cap B_j = A} m_1(A_i) m_2(B_j) \end{cases} \tag{1.6}$$

其中, $k = \sum_{A_i \cap B_j = \varnothing} m_1(A_i) m_2(B_j)$, 称为冲突系数, 用于衡量证据焦元间的冲突程度, k 越大, 则冲突越大。当 $k = 1$ 时, 组合规则无法使用。注意, Dempster 组合规则仅能用于独立证据的组合, 若待融合的证据之间存在相关性, 则采用 Dempster 组合规则进行融合会导致过度融合。

假设 $Q_1, Q_2, \cdots, Q_n$ 是待融合基本概率指派所对应的众信度函数, 则 Dempster 组合规则可表示为如下更简洁的形式:

$$Q(A) = k^{-1} \cdot Q_1(A) \cdot Q_2(A) \cdots Q_n(A) \tag{1.7}$$

其中, k 为对应的归一化因子, 表示如下:

$$k = \sum_{\varnothing \neq B \subseteq \Theta} (-1)^{|B|+1} Q_1(B) \cdot Q_2(B) \cdots Q_n(B) \tag{1.8}$$

Dempster 组合规则满足一系列基本数学性质, 如下所示[17]。

(1) 交换律: $m_1 \bigoplus m_2 = m_2 \bigoplus m_1$, 其中 $\bigoplus$ 代表正交和, 即 Dempster 组合规则。

(2) 结合律: $(m_1 \bigoplus m_2) \bigoplus m_3 = m_1 \bigoplus (m_2 \bigoplus m_3)$。

(3) 聚焦性: 当两个证据支持的命题偏向一致时, 融合后能够有效降低系统的不确定性信息。

(4) 同一性: 存在幺元 m_s, 使得 $m_1 \bigoplus m_s = m_1$, 这在实际的决策中可解释为某些决策者弃权时不会影响最终结果。

下面通过一个例子给出 Dempster 组合规则的计算过程。

例 1.1　设在一个盒子中装有一个球, 该球的颜色要么为黑, 要么为白, 那么则有辨识框架为: $\Theta = \{$黑, 白$\}$, 并且从不同的独立信息源得到下面两个基本概率指派函数:

$$m_1: \quad m_1(\{黑\}) = 0.4, \quad m_1(\{白\}) = 0.5, \quad m_1(\{黑, 白\}) = 0.1$$

$$m_2: \quad m_2(\{黑\}) = 0.5, \quad m_2(\{白\}) = 0.3, \quad m_2(\{黑, 白\}) = 0.2$$

则由 Dempster 组合规则得

$$\begin{aligned} k &= \sum_{A \cap B = \varnothing} m_1(A) \times m_2(B) \\ &= [m_1(\{黑\}) \times m_2(\{白\}) + m_1(\{白\}) \times m_2(\{黑\})] \\ &= 0.4 \times 0.3 + 0.5 \times 0.5 \\ &= 0.37 \end{aligned}$$

$$m(\{\text{黑}\}) = \frac{1}{1-k} \sum_{A \cap B = \{\text{黑}\}} m_1(A) \times m_2(B)$$

$$= \frac{1}{0.63} \times [m_1(\{\text{黑}\}) \times m_2(\{\text{黑}\}) + m_1(\{\text{黑}\}) \times m_2(\{\text{黑, 白}\})$$

$$+ m_1(\{\text{黑, 白}\}) \times m_2(\{\text{黑}\})]$$

$$= 1.5783 \times (0.4 \times 0.5 + 0.4 \times 0.2 + 0.1 \times 0.5)$$

$$= 0.5238$$

同理可得 $m(\{\text{白}\})$ 和 $m(\{\text{黑, 白}\})$, 如下所示:

$$m(\{\text{白}\}) = \frac{1}{1-k} \sum_{A \cap B = \{\text{白}\}} m_1(A) \times m_2(B)$$

$$= \frac{1}{0.63} \times [m_1(\{\text{白}\}) \times m_2(\{\text{白}\}) + m_1(\{\text{白}\}) \times m_2(\{\text{黑, 白}\})$$

$$+ m_1(\{\text{黑, 白}\}) \times m_2(\{\text{白}\})]$$

$$= 1.5783 \times (0.5 \times 0.3 + 0.5 \times 0.2 + 0.1 \times 0.3)$$

$$= 0.4444$$

$$m(\{\text{黑, 白}\}) = \frac{1}{1-k} \sum_{A \cap B = \{\text{黑, 白}\}} m_1(A) \times m_2(B)$$

$$= \frac{1}{0.63} \times m_1(\{\text{黑, 白}\}) \times m_2(\{\text{黑, 白}\})$$

$$= 1.5783 \times (0.1 \times 0.2)$$

$$= 0.0317$$

因此, 采用 Dempster 组合规则融合 m_1 与 m_2 后, 得到关于盒子中球的颜色的基本概率指派为

$$m(\{\text{黑}\}) = 0.5238, \quad m(\{\text{白}\}) = 0.4444, \quad m(\{\text{黑, 白}\}) = 0.0317$$

1.2.3 证据理论融合框架

证据理论具备组合不同来源信息的能力, 因此可应用于多传感器信息融合。基于 D-S 证据理论的信息融合基本框架如图 1.6 所示, 主要分为三个部分: 证据的表示、证据的组合及证据决策模型。首先, 针对特定的信息融合任务, 将每个信息源收集到的信息通过某种方法转换成 BPA 或证据。这里的证据所表达的信息是宽泛的, 可以是定量的数据, 也可以是定性的经验或知识等。其次, 得到了对应的 BPA 后, 利用 Dempster 组合规则或者其他改进的融合方法对所生成的多个 BPA 进行

融合, 得到融合后的 BPA。最后, 基于融合结果采用某种决策规则进行决策, 从而得到最终的结果。上述过程即基于 D-S 证据理论的多源信息融合基本步骤。

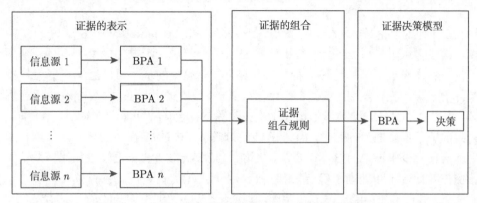

图 1.6 基于 D-S 证据理论的多源信息融合基本框架

1.2.4 证据理论关键问题

证据理论具有较强的不确定信息处理能力, 被广泛应用于信息融合[18-21]、不确定信息推理[22, 23]、风险与可靠性分析[24-27]、目标识别[28] 和决策支持等[29-31]。虽然证据理论在不确定信息表达与推理方面有着良好的数学基础与性质, 但是在具体应用中, 仍存在一些关键问题亟待解决, 列举如下。

(1) BPA 生成问题, 即在实际工程应用中如何快速自动地合理构建基本概率指派函数, 这是证据理论应用的基础。这里包括快速自动及合理两个关键点。在实际的工程应用中, 实时性往往至关重要。对于另一个关键点, BPA 的生成结果将直接影响融合系统的融合质量。如何通过既定的方法有效提取证据源中包含的准确信息并合理用 BPA 来表达, 是使用证据理论合成公式的前提, 也是应用证据理论的第一步。

(2) 冲突证据融合问题, 即当各证据体之间存在高度冲突时证据的合成问题。在证据体之间存在高冲突的情况下, Dempster 组合规则往往无法有效地对信息进行组合, 常会出现与常理相悖, 甚至反直觉的结果。关于这方面的研究, 是当前的热点之一。

(3) 决策问题。证据理论具有处理不确定性信息等优点, 可以有效应用在决策问题中。但证据理论的融合结果是一组 BPA, 如何根据最终得到的 BPA 进行决策将直接影响融合系统的性能。因此, 针对决策方面的相关研究不可忽视。

(4) 计算复杂度问题。证据理论的组合规则要计算辨识框架内所有子集两两之间的正交和, 子集个数为辨识框架中元素个数的方幂, 因此证据组合时计算复杂度会随着辨识框架中元素数量增长而呈现指数增长。

1.3   证据理论研究现状

D-S 证据理论又称为信任函数理论 (theory of belief functions)，由 Dempster 在 1967 年首次提出[15]，1976 年由其学生 Shafer 将其进一步推广成型[16]。D-S 证据理论可看作对经典概率论的一种扩展，它将概率论中的基本事件空间拓展为基本事件的幂集，并在其上建立了 BPA 函数。此外，证据理论还提供 Dempster 组合规则，可以在不具备先验信息的情况下进行有效的融合。特别地，当 BPA 只在辨识框架的单子集命题上分配时，BPA 就转换为概率论中的概率，而 Dempster 组合规则就退化为概率论中的 Bayes 公式。从这个角度来看，D-S 证据理论相比概率论能够更有效地表示和处理不确定信息。D-S 证据理论的上述优点吸引了众多研究者的注意，该理论被不断地发展和完善。2008 年 Yager 等[32] 编著的 *Classic Works of the Dempster-Shafer Theory of Belief Functions* 一书，收集整理了从 1967 年以来在 D-S 证据理论研究中最具代表性的 29 篇文章，涵盖了从概念解释、理论基础到不确定决策、人工智能等领域的研究，总结了当前的成就及未来的发展。在对 D-S 证据理论的研究过程中，主要研究点包括以下几个方面：①辨识框架的构建及转化；②不确定信息的合理建模；③证据理论的计算复杂度问题；④冲突的表示和度量；⑤冲突证据的融合问题。

1. 辨识框架的构建及转化

在证据理论的应用中，首先需要确定一个包含所有可能命题的完备的辨识框架，这个框架中的元素必须是互斥的，并且是能够穷举的。对辨识框架的研究主要集中在其完备性上。Smets[33] 认为在实际过程中，人们往往难以确定一个完备的辨识框架，而辨识框架的不完整是造成证据冲突的根源。在他的 TBM 理论中，引入了开放世界的假设，允许空集的 BPA 赋值为非零，即 $m(\varnothing) \geqslant 0$，并将其定义为对 "真命题在当前已知的辨识框架之外" 的信任度。同时，在证据组合中，对组合结果不进行归一化，而是把两个证据组合产生的冲突归于 $m(\varnothing)$。之后 Deng[34] 指出了 TBM 在开放世界假设中存在的问题，并对其进行了修正，提出了广义证据理论。Deng 认为在初始获得 BPA 时就应当将概率分配给辨识框架之外的未知元素，并对 Dempster 组合规则在辨识框架不完备的情况下进行了推广，Jiang 等[35] 对其进行了进一步的修正。Janez 等[36] 针对来自不同辨识框架的信息源，在 Smets 所给出方法的基础上提出了开放辨识框架下三种信息融合方法。曾成等[37] 利用开放辨识框架来定义证据，提出了一种在辨识框架不完备条件下表达并组合证据的方法。徐培玲等[38] 运用证据距离和反映证据冲突分配的证据冲突强度，判断辨识框架的完备性，由此得出是否需要开放原始的辨识框架。在不同辨识框架的转化方面, Shafer 介绍了辨识框架的粗化和细化等概念及性质。Yaghlane 等[39] 提出了一种缩减辨识框架中的元素的粗化方法。

2. 不确定信息的合理建模

在证据理论中对不确定性信息进行建模, 即 BPA 的生成是否合理将直接影响后续的融合与决策。根据构建过程中是否利用先验样本知识, 构建方法分为非监督式和监督式两类。非监督式方法包括基于模糊随机场的 BPA 生成方法[40], Denoeux 等[41] 提出的证据聚类 (Evidential CLUStering, EVCLUS) 方法利用模糊 C 均值聚类 (Fuzzy C-Means, FCM) 的分类结果来确定像元 BPA 的方法[42], 刘纯平等[43] 提出的基于 Kohcnon 神经网络来构建像元 BPA 的方法, 蒋雯等[44] 提出的基于模糊数生成 BPA 的方法等。监督式方法指的是在一定的训练样本基础上构建 BPA, 其代表有: Denoeux[45] 提出的基于 K 阶近邻相似度的 BPA 生成方法和基于多项式置信区间的 BPA 生成法[46]; Aregui[47] 提出的基于赌博概率信度的连续 BPA 函数生成方法; Wang 等[48] 提出的基于多元数据空间派生 BPA 的系统方法等。

3. 证据理论的计算复杂度问题

证据理论虽然能够有效融合多源不确定信息, 但也存在一些亟待解决的问题, 如证据组合过程中会引起焦元 "爆炸" 的问题。随着辨识框架中元素个数的增加, 焦元数是以指数递增的, 从而造成计算空间复杂度和时间复杂度的急剧增大。在一些实时性要求较高的系统中, 为了提高效率, 应该根据具体情况在组合运算之前对数据进行预处理, 以此降低系统的计算空间复杂度和时间复杂度。为了解决此问题, 主要的工作有 Voorbraak [49] 提出信度函数的 Bayes 近似方法, Kreinovich 等[50] 提出基于蒙特卡罗的方法 (Monte-Carlo methods), Bauer [51] 对多种近似算法进行了比较并提出将 DI 算法用于计算决策值的最小偏差, Jousselme 等[52] 提出基于证据距离的近似算法误差法, Haenni 等[53] 提出可随时中断的资源界定近似计算方法, 王壮等[54] 提出基于截断型 D-S 的快速证据组合方法, Denoeux 等[55] 提出在尽量保持原有辨识框架信息的情况下, 当焦元数较多时, 通过辨识框架粗化来简化证据组合计算的方法等。

4. 冲突的表示和度量

经典的证据理论是以 $k - \sum\limits_{A_i \cap B_j = \varnothing} m_1(A_i) m_2(B_j)$ 来反映两个证据间的冲突程度的。实际上, 其反映的是焦元集合之间的非相互包含程度, 在很多种情况下并不能充分反映证据的冲突程度。目前, 国内外学者已经对冲突证据的度量和证据的相似性进行了多项研究。Liu[56] 提出了一种结合冲突系数 k 与 Pignistic 概率距离的冲突度量方法。Jousselme 等[57] 定义了一种证据体间的距离, 并用此距离来度量证据的冲突程度。何友等[58] 在分析现有冲突系数的基础上，在推广幂集空间框架下提出了一个冲突距离系数，来反映证据之间的冲突程度。蒋雯等[59] 分析了经典证据理论中冲突系数的不足，引入证据距离函数，并结合经典冲突系数提出了一种新的证据冲突表示方法。

5. 冲突证据的融合问题

冲突证据的融合问题是 D-S 证据理论中研究十分广泛的课题。自从 Zadeh[60] 提出了一个著名的算例之后，寻找有效的冲突证据融合方法一直是该领域的热点话题。Dempster 组合规则在融合过程中忽略了证据之间相互冲突的信息，只强调了证据之间的一致性，因此当证据之间出现高冲突时，融合的结果往往会产生违反直觉的结果。到目前为止，为解决冲突证据的融合问题，研究者主要从两个方面展开研究：一是修改 Dempster 组合规则[61, 62]，该思路认为冲突证据融合之所以会产生悖论，是因为扣除了融合后得到空集的那一部分信度并对剩余信度进行了归一化，所以需要修改 Dempster 组合规则；二是修改证据源模型后再使用 Dempster 组合规则融合[63, 64]，该思路认为修改 Dempster 组合规则的方法并不能有效解决冲突证据融合，且可能会带来其他负面影响，主要表现在，Dempster 组合规则具有坚实的数学基础，如满足交换率和结合律，而修改后的组合规则大多无法保持这些优点。因此，此思路更倾向于保留组合规则，而通过修改证据源与数据模型来解决冲突证据的融合问题。除上述两个思路外，还有一部分研究对 D-S 证据理论的框架本身进行拓展。Smarandache 等[65] 提出了 DSmT (Dezert-Smarandache theory) 理论，直接将冲突信息通过交和并的运算形式包含在“辨识框架”中，避免后续融合过程中再产生“冲突”。Deng[66] 提出了 D 数 (D numbers) 的概念，取消了传统证据理论中辨识框架中元素必须互斥的限制，并进一步延展了其广义证据理论的思路，为冲突证据融合提供了另一种思路。

1.4 证据理论应用概述

多源不确定信息融合问题存在于很多领域，如人工智能、医疗诊断、专家系统、机器学习以及工程应用等方面，如何解决这些问题成为研究的热点和难点。证据理论能够有效处理信息的不确定性，因此在上述领域中得到了广泛应用。本节将简单介绍几种证据理论的典型应用。

1. 目标识别

在面向目标识别的多传感器信息融合系统中，目标的各个种类就是证据理论中辨识框架的单子集，也称为命题。目标的信息来自各个传感器，并由此产生了对基本命题支持程度的度量，这便构成了基本的证据。多传感器信息融合的实质就是在同一个辨识框架下，利用 Dempster 组合规则将各个证据体组合成一个新的证据体，新证据体表示了融合后的信息，最后根据决策规则进行目标类型决策。

2. 图像融合

图像融合是图像理解和机器视觉等领域中一项非常重要的新技术。图像融合利用了多个传感器获得的图像，因此融合后的图像会比单一源图像更加全面和准确。近年来，图像融合技术已经获得了广泛的关注及应用。证据理论作为一种有效的数据融合方法，可以应用在图像融合技术中。

3. 故障诊断

在故障诊断领域中，一般是处理对安全性与可靠性要求比较高的问题，如航空发动机的故障诊断等。在实际的故障诊断中，故障状态和故障机理一般具有多源性，因此存在一定的不确定性，需要对这些多源信息进行融合。证据理论作为一种有效的不确定推理工具，可适用于存在大量不确定性因素的故障诊断领域，能有效对故障诊断问题进行处理。

4. 决策支持系统

证据理论作为处理不确定性信息的一种重要工具，对不确定信息的描述采用区间估计方法，在区分不知道和不确定方面具有较大的灵活性，在信息建模方面具有很大的优势。证据理论也为解决多数据源不确定信息推理和融合提供了一种有效的方法。证据理论有能力组合各自独立的证据，并给出一致性结果，且能够有效处理具有模糊和不确定性的信息的合成问题，从而达到信息互补的效果。与其他推理方法相比，证据理论更符合人类的思维决策过程。因此，在决策支持系统中，证据理论值得并已经被广泛应用。

1.5 本章小结

随着社会的进步与科技的发展，信息融合技术被广泛应用在越来越多的领域。本章首先从信息融合技术的概念、领域、层次和模型等方面对信息融合技术进行了简要介绍。D-S 证据理论作为不确定性建模的一项重要方法，已经被广泛应用在各种工程实践中。其次，本章重点介绍了 D-S 证据理论的相关知识，包括证据理论的概念、Dempster 组合规则、证据理论的研究现状等内容。最后，介绍了证据理论在目标识别、图像融合及故障诊断等方面的应用。

第 2 章　基于证据理论的不确定信息建模

2.1　引　　言

不确定信息建模是指根据先验知识以及数据，用简单准确的数学模型定性或定量地描述给定信息的过程。现实生活中的信息由于受各种主观因素和客观环境的影响，常常存在一定的不确定性。通过对不确定信息进行建模，能够有效地提取给定信息的本质特性，进而通过抽象、简化的模型来刻画该信息，最终利用数学方法来分析和解决实际问题。证据理论[15, 16] 中的 BPA 函数具有表达 "不确定" 和 "不知道" 的能力，能够很好地处理不确定信息，在不确定信息建模方面具有很大的优势[67, 68]。本章将对基于证据理论的不确定信息建模问题 (即 BPA 的生成问题) 进行介绍。首先，介绍几种现有的 BPA 生成方法。然后提出三种监督式的 BPA 生成方法：基于三角模糊数的 BPA 生成方法、基于高斯分布的 BPA 生成方法和基于可靠性的二元组 BPA 生成方法，并进行仿真验证。本章将着重研究如何在样本数量有限的情况下对样本进行建模，从而充分获取历史样本的特征信息以用于后续新样本 BPA 的生成。

2.2　现有的 BPA 生成方法

如何合理地生成 BPA 是证据理论在实际应用中的关键问题。生成的 BPA 是否合理、是否完整准确地涵盖了证据源的信息将直接影响后续证据融合及决策结果的准确与否。由于 BPA 的生成与实际情境紧密相关，研究人员通常根据具体的应用背景来选择合适的 BPA 生成方法[69, 70]。迄今为止，国内外学者对 BPA 的生成方法进行了大量的研究，根据生成过程中是否利用了先验样本知识 (如已知样本的种类类型、种类数目等)，可以将其大体分为两类，非监督式和监督式。

在非监督式的 BPA 生成方法中，根据在生成过程中是否经过其他预处理，还可以进一步将其细分为直接式和间接式生成方法。直接式生成方法利用样本特征数据建立样本类别的分布模型。Denoeux 等[41] 提出的证据聚类方法就是一种直接式方法。间接式生成方法首先对样本进行数据预处理，然后根据处理结果构建 BPA。在该类方法中，较具代表性的方法有以下两种：Boudraa 等[71] 提出的基于灰度图像直方图的模糊隶属度来生成 BPA 的方法，以及 Rombaut 等[42] 提出的基于 FCM 分类结果来确定 BPA 的方法。这两种方法被用于多源医学图像融合分类和图像分割[72]，区别是前者假设直方图满足高斯分布。

典型的监督式 BPA 生成方法大体有以下几种：①Denoeux[45] 在基于证据理论的 k-NN 分类器设计中提出了利用待识别样本与其 k 个最近邻样本之间的距离来构造 BPA 的方法。类似地，Mandler 等[73] 通过计算训练样本与典型模式之间的距离来估计类内和类间距离的统计分布，根据该分布计算类条件概率再将其转化为 BPA。②Xu 等[74] 通过对比分析证据组合方法、加权平均法和投票法等，提出了一种基于分类器混淆矩阵的 BPA 生成方法。后来，Parikh 等[75] 对其算法进行了改进，提出了一种改进的混淆矩阵 BPA 生成方法。③何友等[76] 提出了一种基于目标类型和环境加权系数的 BPA 生成方法。④Zhu 等[77] 在多源遥感图像融合研究中，提出了比例差分 BPA 生成方法。

通过对现有的 BPA 生成方法进行分析，发现现有的方法大多不能对辨识框架下的多子集命题进行有效的建模。此外，这些方法也没有考虑到信息源的可靠性对 BPA 生成过程的影响，这些都可能会导致生成的 BPA 不合理。针对这些问题，本章将介绍三种 BPA 生成方法：基于三角模糊数的 BPA 生成方法、基于高斯分布的 BPA 生成方法和基于可靠性的二元组 BPA 生成方法。其中，基于可靠性的二元组 BPA 生成方法考虑了信息源的可靠性对 BPA 生成过程的影响。

2.3　基于三角模糊数的 BPA 生成方法

本节首先采用三角模糊数对辨识框架下的各个命题进行建模，并在此基础上，提出一种基于三角模糊数的 BPA 生成方法。

2.3.1　模糊集理论

在经典集合论中，论域中的任一元素与某个集合之间必须满足二值逻辑的要求：要么属于该集合，要么不属于该集合，即非此即彼，没有模棱两可的情况。然而，现实世界中常常存在着模糊现象，描述它们的也大多是一些模糊概念。例如，以人的年龄为论域，则"年老""年轻"等均是模糊概念。在这种情况下，经典集合论无法对其进行有效的表达。为了在集合论框架下讨论模糊现象，Zadeh[78] 对经典集合进行了推广，提出了模糊集合的概念。

一般来说，如果 A 是论域 U 中的一个经典集合，即 $A \subseteq U$，则元素 x 隶属于该集合的可能性表示为

$$\mu_A(x) = \begin{cases} 1, & x \in A \\ 0, & x \notin A \end{cases} \tag{2.1}$$

其中，$\forall x \in U$。

由式 (2.1) 可知, 经典集合 A 是与一个二值映射 μ_A 相对应的。然而 μ_A 只有 0 和 1 两个取值, 因此经典集合 A 只能用来描述界限分明的概念, 对界限模糊的概念是无能为力的。

为了描述模糊概念, Zadeh[78] 将二值映射 μ_A 的取值范围由 $\{0,1\}$ 推广到闭区间 $[0,1]$, 建立了 "隶属度函数" 的概念, 并以此为基础给出了 "模糊集合" 的定义。

定义 2.1   设 U 为论域, $\mu_{\widetilde{A}}$ 是将任何元素 $x \in U$ 映射到闭区间 $[0,1]$ 上的一个函数, 即

$$\mu_{\widetilde{A}} : U \to [0,1], \quad x \to \mu_{\widetilde{A}}(x) \tag{2.2}$$

则称该函数所确定的集合 $\widetilde{A}$ 为论域 U 上的模糊集合, 简称为模糊集; 称 $\mu_{\widetilde{A}}$ 为模糊集 $\widetilde{A}$ 的隶属度函数, $\mu_{\widetilde{A}}(x)$ 为元素 x 对模糊集 $\widetilde{A}$ 的隶属度。

由式 (2.2) 可知, 模糊集是由它的隶属度函数描述的。取值于区间 $[0,1]$ 的隶属度函数 $\mu_{\widetilde{A}}(x)$ 表征了元素 x 从属于模糊集 $\widetilde{A}$ 的程度。$\mu_{\widetilde{A}}(x)$ 越接近 1, 表示元素 x 属于模糊集 $\widetilde{A}$ 的程度越高; $\mu_{\widetilde{A}}(x)$ 越接近 0, 表示元素 x 属于模糊集 $\widetilde{A}$ 的程度越低。为了表述方便, 后续的表述中将简单使用符号 A 代替 $\widetilde{A}$ 来表示一个模糊集合。

下面介绍两种常见的模糊数: 三角模糊数和梯形模糊数。

定义 2.2   若模糊数 A 的隶属度函数为

$$\mu_A(x) = \begin{cases} 0, & x < a \\ \dfrac{\omega(x-a)}{b-a}, & a \leqslant x \leqslant b \\ \dfrac{\omega(c-x)}{c-b}, & b \leqslant x \leqslant c \\ 0, & x > c \end{cases} \tag{2.3}$$

则称模糊数 A 为三角模糊数, 如图 2.1(a) 所示。当 $\omega = 1$ 时, 称 A 为正则三角模糊数, 记为 $A = (a,b,c;1)$; 当 $0 < \omega < 1$ 时, 称 A 为广义三角模糊数, 记为 $A = (a,b,c;\omega)$。

定义 2.3   若模糊数 A 的隶属度函数为

$$\mu_A(x) = \begin{cases} 0, & x < a \\ \dfrac{\omega(x-a)}{b-a}, & a \leqslant x \leqslant b \\ \omega, & b \leqslant x \leqslant c \\ \dfrac{\omega(d-x)}{d-c}, & c \leqslant x \leqslant d \\ 0, & x > d \end{cases} \tag{2.4}$$

则称模糊数 A 为梯形模糊数，如图 2.1(b) 所示。当 $\omega = 1$ 时，称 A 为正则梯形模糊数，记为 $A = (a, b, c, d; 1)$；当 $0 < \omega < 1$ 时，称 A 为广义梯形模糊数，记为 $A = (a, b, c, d; \omega)$。

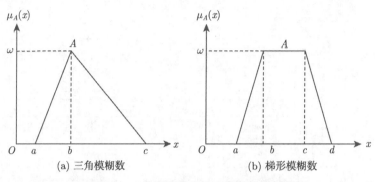

(a) 三角模糊数　　　　　　　　(b) 梯形模糊数

图 2.1　三角模糊数和梯形模糊数示意图

2.3.2　基于三角模糊数的 BPA 生成过程

本小节将提出一种基于三角模糊数的 BPA 生成方法，该方法适用于基于证据理论的多属性决策等问题，如图 2.2 所示。给定一个多属性数据集作为原始数据集，首先将该数据集分为训练集和测试集两部分。训练集被用来学习和建立训练样本在各属性上的隶属度分布模型 (简称属性模型)，测试集被用来评估该模型的性能。本小节采用三角模糊数来建立训练样本在各个属性上的隶属度分布模型 (简称三角模糊数模型)，该模型不仅划分了若样本属于某个类别则该样本可能出现的范围，还确立了该范围内不同样本对应于该类别的可能性。当用测试集测试时，任意一条测试样本都包含多个属性，并且在每一个属性下都可以得到该测试样本对应于不同类别的一组隶属度。因此，如果将其作为 BPA 生成的依据，则多个属性能够得到多条 BPA，它们分别从不同的角度反映样本属于各个类别的可能性。然后采用 Dempster 组合规则融合不同属性下的 BPA，最终可以得到一条综合的 BPA，以此用来判断该样本到底属于哪个类别。

下面详细介绍基于三角模糊数的 BPA 生成方法过程。

假设原始数据集中共有 w 个样本，这些样本分别属于 n 个类别并构成辨识框架 $\Theta = \{\theta_1, \theta_2, \cdots, \theta_n\}$。各样本包含 k 个属性，每个属性被看作一个信息源。

步骤 1：选取训练样本和测试样本。

针对原始数据集，从类别 i 中随机选取 m 个样本作为训练样本，剩余的样本作为测试样本。构造一个 k 维向量 $\vec{t_i}$ 来表示类别 i 下的某一训练样本：

$$\vec{t_i} = [x_{i1}, x_{i2}, \cdots, x_{ij}, \cdots, x_{ik}] \tag{2.5}$$

其中，x_{ij} 表示类别 i 中的某一训练样本在属性 j 上的取值，$i = 1, 2, \cdots, n$，$j = 1, 2, \cdots, k$。

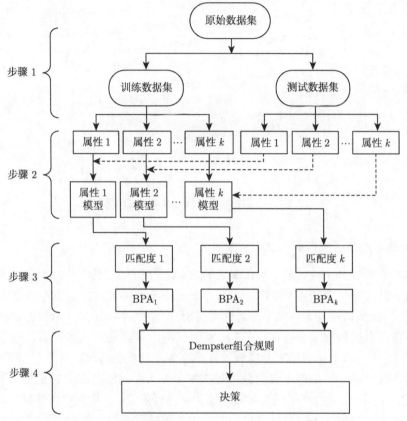

图 2.2   基于三角模糊数 BPA 生成框架的多属性决策过程

进而，可构造一个矩阵 T_i，它包含所有属于类别 i 的训练样本：

$$T_i = [\vec{t_i^1}; \vec{t_i^2}; \cdots; \vec{t_i^p}; \cdots; \vec{t_i^m}]^{\mathrm{T}} = \begin{bmatrix} x_{i1}^1 & x_{i2}^1 & \cdots & x_{ij}^1 & \cdots & x_{ik}^1 \\ x_{i1}^2 & x_{i2}^2 & \cdots & x_{ij}^2 & \cdots & x_{ik}^2 \\ \vdots & \vdots & & \vdots & & \vdots \\ x_{i1}^p & x_{i2}^p & \cdots & x_{ij}^p & \cdots & x_{ik}^p \\ \vdots & \vdots & & \vdots & & \vdots \\ x_{i1}^m & x_{i2}^m & \cdots & x_{ij}^m & \cdots & x_{ik}^m \end{bmatrix} \quad (2.6)$$

其中，x_{ij}^p 表示类别 i 中的第 p 个训练样本在属性 j 上的取值，$i = 1, 2, \cdots, n$，$j = 1, 2, \cdots, k$，$p = 1, 2, \cdots, m$。

步骤 2：构建各属性上的三角模糊数模型。

对于选定的类别 i 和属性 j，计算所有属于类别 i 的训练样本在第 j 个属性上的最小值、平均值和最大值分别为 a_{ij}、b_{ij} 和 c_{ij}：

$$
\begin{cases}
a_{ij} = \min(T_i(:, j)) \\
b_{ij} = \overline{T_i(:, j)} = \dfrac{\sum T_i(:, j)}{m} \\
c_{ij} = \max(T_i(:, j))
\end{cases}
\tag{2.7}
$$

其中，$i = 1, 2, \cdots, n$，$j = 1, 2, \cdots, k$。

然后，基于最小值、平均值和最大值这三个属性值，建立三角形模糊数模型来描述训练样本在各属性上的隶属度分布情况。下面以鸢尾花数据集为例，说明具体的构建过程。

鸢尾花数据集是目前一种应用十分广泛的分类数据集[79]。该数据集共有 150 个样本，涉及 3 类鸢尾花：Setosa (S)、Versicolor (E) 和 Virginica (V)，它们构成辨识框架 $\{S, E, V\}$。每个类别各有 50 个样本，每个样本有 4 个属性：花萼长度 (SL)、花萼宽度 (SW)、花瓣长度 (PL) 和花瓣宽度 (PW)。从鸢尾花的三个类别中各随机抽取 30 个样本构成训练集，并以此构造各个类别的训练样本在各属性上的三角模糊数模型，如图 2.3 所示。这里，三个正则三角模糊数 (隶属度最大值为 1) 分别对应于类别 S、类别 E 和类别 V。对于某个属性下的某测试样本，可以得到它分别属于三个类别的隶属度，表示在该属性下此样本属于某个类别的可能性。当两个三角模糊数存在相交的部分时，落在相交区域的测试样本则会存在两个都不为零的隶属度。在这种情况下，有理由认为该样本可能是这两个三角模糊数对应类别中的其中一个。可以把不同三角模糊数的相交部分看作一个新的三角模糊数 (广义三角模糊数)，用来表示一个复合的类别，如图 2.4 所示。对于花萼长度这个属性，$\{S, E\}$ 表示可能属于类别 S 也可能属于类别 E 的属性模型，$\{S, E, V\}$ 表示可能属于类别 S 或类别 E 或类别 V 的属性模型。

上述构造广义三角模糊数的方法是在两个正则三角模糊数相交部分是一个三角形的情况下进行的。但在某些情况下，两个正则三角模糊数的相交部分不一定是一个三角形，它也可能是多边形，如图 2.5 所示。考虑到这种情况，参照 Xiao 等[80] 提出的方法来构建广义三角模糊数，即当相交部分为多边形时，取高顶点作为广义三角模糊数的顶点，多边形的底边作为广义三角模糊数的底边。

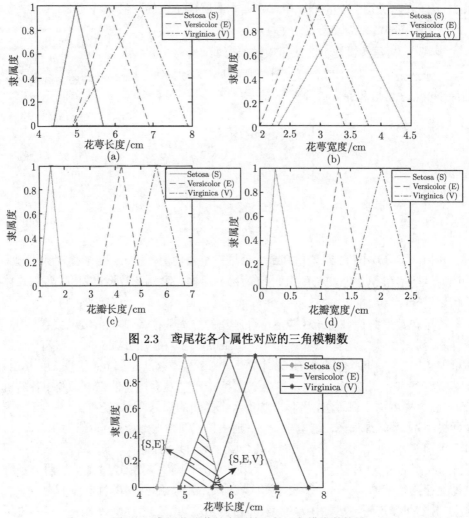

图 2.3   鸢尾花各个属性对应的三角模糊数

图 2.4   鸢尾花花萼长度属性下的三角模糊数构造

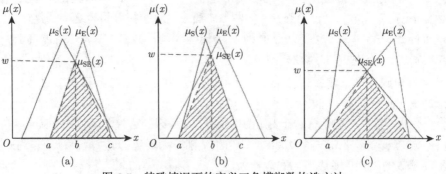

图 2.5   特殊情况下的广义三角模糊数构造方法

步骤 3: 匹配测试样本与三角模糊数模型, 产生 BPA。

对于测试集中的测试样本, 将其与步骤 2 中得到的三角模糊数模型进行匹配, 得到测试样本与各个类别的匹配程度, 以此生成该测试样本的 BPA。假设 G 是辨识框架下的某个命题, t 是测试样本在某一属性上的特征值, 定义该测试样本与命题 G 间的匹配程度为

$$H(G \leftarrow t) = \mu_G(x)\,|_{x=t} \tag{2.8}$$

其中, $H(G \leftarrow t)$ 数值上的大小反映了该测试样本与命题 G 的匹配程度, 它是由测试样本对于命题 G 的隶属度决定的。这里, G 可以表示单子集命题 (单类别) 或多子集命题 (多类别)。例如, 在鸢尾花数据集中, 分别定义测试样本 t 与命题 $\{S\}$, $\{S,E\}$ 和 $\{S,E,V\}$ 间的匹配程度为

$$H(S \leftarrow t) = \mu_S(x)\,|_{x=t}$$
$$H(SE \leftarrow t) = \mu_{SE}(x)\,|_{x=t}$$
$$H(SEV \leftarrow t) = \mu_{SEV}(x)\,|_{x=t}$$

由式 (2.8) 可知, 匹配程度 $H(G \leftarrow t)$ 其实是由测试样本 t 与命题 G 对应的三角模糊数模型的交点决定的。测试样本 t 与命题 G 对应的三角模糊数模型的交点越高 (纵坐标越大), 则其属于命题 G 的可能性就越大。根据交点情况的不同, BPA 的生成方法总结如下。

(1) 当样本与单子集命题的三角模糊数表示模型相交时, 相交点的纵坐标即为样本对该单子集命题的支持度。

(2) 当样本与多子集命题的三角模糊数表示模型相交时, 同时势必会与单子集命题的三角模糊数模型有交点。那么交点的纵坐标高点为该样本对单子集命题的 BPA 支持度, 纵坐标低点为该样本对多子集命题的 BPA 支持度[①]。

(3) 当样本和多个多子集命题的三角模糊数表示模型相交时, 纵坐标高点为该样本对单子集命题的支持度, 纵坐标低点从高到低依次为该样本对多子集命题的 BPA 支持度。

(4) 如果上述生成的 BPA 的信度值之和大于 1, 则对其进行归一化处理; 若其和小于 1, 则把冗余的信度分配给全集, 也就是分配给未知。为了便于理解, 举例如下。

例 2.1 如图 2.6 所示。在辨识框架 $\{A, B, C\}$ 下, 测试样本 x 在某一属性上的取值为 6.8, 记为 $x = 6.8$。根据式 (2.8), 计算该测试样本与各个命题的匹配程度为

① 样本与多子集命题的三角模糊数相交时, 表示样本的该属性值正落在两个类别的交叉区域中, 样本发生误判的概率会比不在交叉区域的情况要大。为了合理地表示这种不确定信息, 把对于多子集命题的隶属度作为 BPA 对该命题的支持度, 不考虑交点重合的单子集命题的情况。

$$H(B \leftarrow t) = \mu_B(x) \mid_{x=6.8} = p_2$$

$$H(C \leftarrow t) = \mu_C(x) \mid_{x=6.8} = p_1$$

$$H(BC \leftarrow t) = \mu_{BC}(x) \mid_{x=6.8} = p_2$$

$$H(A \leftarrow t) = H(AB \leftarrow t) = H(AC \leftarrow t) = H(ABC \leftarrow t) = 0$$

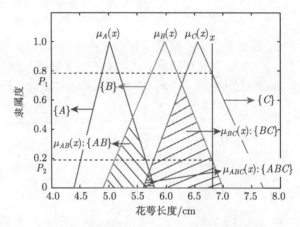

图 2.6   测试样本与各个命题的匹配程度

此时, 测试样本 x 与单子集命题 $\{B\}$ 的交点同时也是其与多子集命题 $\{B, C\}$ 的交点, 即 $H(B \leftarrow t) = H(BC \leftarrow t) = p_2$。根据本节定义的规则, 将该交点值 p_2 作为多子集命题 $\{B, C\}$ 的信度值, 然后赋予单子集命题 $\{B\}$ 信度值为零, 即 $m(BC) = p_2$, $m(B) = 0$。

进而, 分别得到归一化前各个命题的 BPA 为

$$m(C) = H(C \leftarrow t) = p_1$$

$$m(BC) = H(BC \leftarrow t) = p_2$$

$$m(A) = m(B) = m(AB) = m(AC) = m(ABC) = 0$$

证据理论中要求 BPA 中各命题信度值之和等于 1, 因此当 $p_1 + p_2 \neq 1$ 时, 需要对 BPA 进行归一化处理。

若 $p_1 + p_2 < 1$, 则上述 BPA 归一化为

$$m(C) = H(C \leftarrow t) = p_1$$

$$m(BC) = H(BC \leftarrow t) = p_2$$

$$m(ABC) = 1 - p_1 - p_2$$

$$m(A) = m(B) = m(AB) = m(AC) = 0$$

若 $p_1 + p_2 > 1$, 则上述 BPA 归一化为

$$m(C) = H(C \leftarrow t) = p_1/(p_1 + p_2)$$

$$m(BC) = H(BC \leftarrow t) = p_2/(p_1 + p_2)$$

$$m(A) = m(B) = m(AB) = m(AC) = m(ABC) = 0$$

步骤 4：利用 Dempster 组合规则融合生成的 BPA，并基于融合结果进行决策。

2.3.3　算例分析

下面以鸢尾花数据集为例，通过图 2.2 所示的多属性决策实验，验证提出的 BPA 生成方法的有效性。

步骤 1：选取训练样本和测试样本。

分别从鸢尾花的三个类别 S、E、V 中随机抽取 30 个样本作为训练样本，以此构造其在各属性上的三角模糊数模型，每个类别中剩余的 20 个样本作为测试样本。

步骤 2：构建各属性上的三角模糊数模型。

以类别 S 为例，其对应的 30 个训练样本在 4 个属性 SL、SW、PL 和 PW 下的最小值、平均值和最大值分别如下所示。

在属性 SL 下的最小值、平均值和最大值分别为：$a = 4.4\text{cm}, b = 5.02\text{cm}, c = 5.8\text{cm}$。

在属性 SW 下的最小值、平均值和最大值分别为：$a = 2.9\text{cm}, b = 3.44\text{cm}, c = 4.4\text{cm}$。

在属性 PL 下的最小值、平均值和最大值分别为：$a = 1.0\text{cm}, b = 1.45\text{cm}, c = 1.9\text{cm}$。

在属性 PW 下的最小值、平均值和最大值分别为：$a = 0.1\text{cm}, b = 0.23\text{cm}, c = 0.5\text{cm}$。

因此，可以分别得到类别 S 在属性 SL、SW、PL、PW 上的三角模糊数模型分别为：$(4.4, 5.02, 5.8; 1.0)$、$(2.9, 3.44, 4.4; 1.0)$、$(1.0, 1.45, 1.9; 1.0)$、$(0.1, 0.23, 0.5; 1.0)$。同理，可以构造类别 E、V 在各属性上的三角模糊数模型，得到 4 个属性的三角模糊数模型如图 2.7 所示。

步骤 3：匹配测试样本与三角模糊数模型。

将测试样本与各类别对应的三角模糊数模型进行匹配，得到测试样本与各个类别的匹配程度，以此生成该测试样本的 BPA。以类别 S 中的样本为例，从 S 类别的测试集中随机抽取一个样本作为测试样本，进而生成其在各属性上的 BPA。假设抽到的测试样本为 $(4.6, 3.1, 1.5, 0.2)$，将其与各三角模糊数模型进行匹配。基于式 (2.8)，得到该测试样本与各个类别在属性 SL、SW、PL、PW 上的匹配程度，如图 2.8 所示。

进而，得到测试样本在 4 个属性 SL、SW、PL、PW 上的 BPA 分别如下所示。

$m_{\text{SL}}:$ $\quad m_{\text{SL}}(\text{S}) = 0.3243, m_{\text{SL}}(\text{S}, \text{E}, \text{V}) = 0.6757$

$m_{\text{SW}}:$ $\quad m_{\text{SW}}(\text{V}) = 0.4696, m_{\text{SW}}(\text{E}, \text{V}) = 0.3054, m_{\text{SW}}(\text{S}, \text{E}, \text{V}) = 0.2250$

$m_{\text{PL}}:$ $\quad m_{\text{PL}}(\text{S}) = 0.8889, m_{\text{PL}}(\text{S}, \text{E}, \text{V}) = 0.1111$

$m_{\text{PW}}:$ $\quad m_{\text{PW}}(\text{S}) = 0.7692, m_{\text{PW}}(\text{S}, \text{E}, \text{V}) = 0.2308$

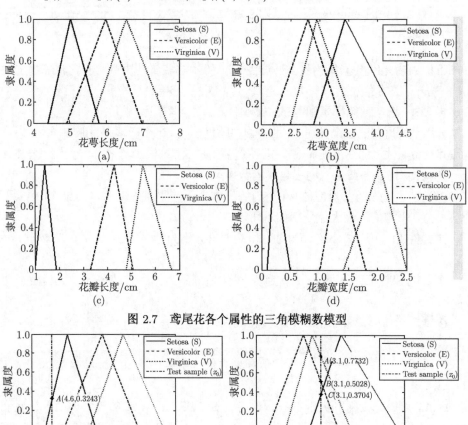

图 2.7　鸢尾花各个属性的三角模糊数模型

图 2.8　测试样本和三种类别的匹配程度

步骤 4: 融合 4 个属性上的 BPA。

利用 Dempster 组合规则融合这 4 个属性上的 BPA, 得到该测试样本最终的 BPA 为

$$m(S) = 0.9273$$

$$m(V) = 0.0341$$

$$m(E, V) = 0.0222$$

$$m(S, E, V) = 0.0164$$

最后, 使用信度值最大的焦元作为决策结果。这里, $m(S) = 0.9273$ 说明该样本的预测类别为 S 类, 预测结果正确。

为了进一步验证该方法的有效性, 重复进行 100 次随机试验, 得到鸢尾花的平均识别率达到 86.17%, 这样的结果说明本节提出的基于三角模糊数的 BPA 生成方法是有效的。

2.4 基于高斯分布的 BPA 生成方法

2.3 节介绍了一种基于三角模糊数的 BPA 生成方法, 该方法在小样本下具有很好的数据处理能力。但是, 该方法采用的三角模糊数模型相对容易受到干扰, 稳定性较差。例如, 假设某属性的实际值为 5, 则训练集元素的属性值应围绕 5 波动, 如果这时有一个数据受到干扰产生错误值 50, 将导致生成的三角模糊数发生较大改变 (至少最大值出现剧变), 从而影响模型准确性。对此, 本节拟采用高斯分布来建立训练样本在各属性上的隶属度分布模型。高斯分布具有下列优点 [81-84]: 如果一个误差可以被看作许多独立的随机变量的一个叠加, 那么基于中心极限定理, 这个误差可以被假设拥有高斯分布的形式; 在日常生产和科学实验中产生的许多随机变量, 它们的概率分布可以被近似地描述为一个高斯分布。

2.4.1 基于高斯分布的 BPA 生成过程

图 2.9 是一个基于高斯分布的 BPA 生成方法的多属性决策框架。给定一个多属性数据集作为原始数据集, 首先将该数据集分为训练集和测试集两部分。训练集用来学习和建立训练样本在各属性上的隶属度分布模型 (简称属性模型), 测试集用来评估该模型的性能。本节采用高斯分布来建立训练样本在各个属性上的隶属度分布模型 (简称高斯模型)。其次, 将测试样本与各属性上的高斯模型进行匹配, 得到测试样本与各个类别间的匹配程度, 以此生成该测试样本在各个属性上的 BPA。最后, 采用 Dempster 组合规则来融合各个属性上的 BPA, 得到该测试样本最终的 BPA 并用以决策。

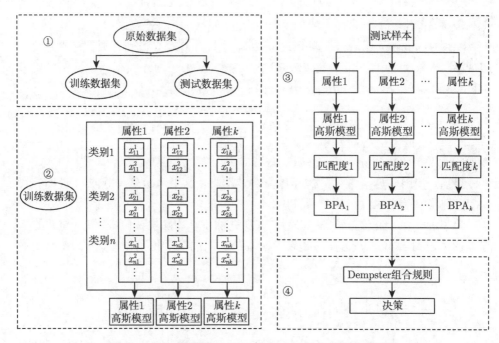

图 2.9　基于高斯分布 BPA 生成方法的多属性决策过程

假设原始数据集中共有 n 个类别,构成辨识框架 $\Theta = \{\theta_1, \theta_2, \cdots, \theta_n\}$。其中,每个类别包含 k 个属性,每个属性看作一个信息源。本节提出的基于高斯分布的 BPA 生成方法的具体过程如下。

步骤 1:选取训练样本和测试样本。

针对原始数据集,分别从各类别中随机选取 m 个样本作为训练样本,以此来建立各个类别在各属性上的隶属度分布模型;剩余的样本作为测试样本,对其生成 BPA。

步骤 2:构建各属性上的高斯模型。

设 X 表示训练集中某一类别在某一属性上的特征值的取值范围,定义各属性上的高斯型隶属度函数为

$$\mu(x) : X \to [0, 1], \quad x \in X$$

$\mu(x)$ 的具体求取过程如下。

(1) 对于选定的类别 i 和属性 j,分别计算所有属于类别 i 的训练样本在第 j 个属性上的平均值 $\overline{X}_{ij}$ 和样本标准差 σ_{ij}:

$$\overline{X}_{ij} = \frac{1}{m} \sum_{l=1}^{m} x_{ij}^{l}$$

$$\sigma_{ij} = \sqrt{\frac{1}{m-1} \sum_{l=1}^{m} (x_{ij}^l - \overline{X}_{ij})^2} \tag{2.9}$$

其中, $i = 1, 2, \cdots, n$, $j = 1, 2, \cdots, k$。x_{ij}^l 表示类别 i 的第 l 个训练样本在第 j 个属性上的取值。

(2) 根据得到的平均值 $\overline{X}_{ij}$ 和标准差 σ_{ij}, 构造类别 i 在第 j 个属性上的高斯型隶属度函数:

$$\mu_i^j(x) = \exp\left[-\frac{(x - \overline{X}_{ij})^2}{2\sigma_{ij}^2}\right] \tag{2.10}$$

其中, $-3\sigma_{ij} \leqslant x \leqslant 3\sigma_{ij}$, $i = 1, 2, \cdots, n$, $j = 1, 2, \cdots, k$。

最后, 使用式 (2.10) 得到的高斯型隶属度函数来描述训练样本在各属性上的隶属度分布情况。这里, 仍以鸢尾花数据为例来说明复合类别属性模型的构建方法。

如图 2.10 所示, 对于鸢尾花的花萼长度这个属性, 隶属度函数 $\mu_S(x)$、$\mu_E(x)$ 和 $\mu_V(x)$ 分别表示类别 S、E 和 V。不同隶属度函数的相交部分表示对应类别的组合状态。例如, 隶属度函数 $\mu_{EV}(x)$ 表示可能属于类别 E 也可能属于类别 V 的属性模型, 其数学表达如下:

$$\mu_{EV}(x) = \min\{\mu_E(x), \mu_V(x)\}$$

隶属度函数 $\mu_{SEV}(x)$ 表示可能属于类别 S 也可能属于类别 E 或类别 V 的属性模型, 其数学表达如下:

$$\mu_{SEV}(x) = \min\{\mu_S(x), \mu_E(x), \mu_V(x)\}$$

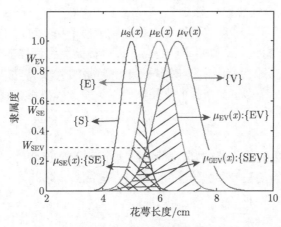

图 2.10 单子集命题与多子集命题的表示模型

同理可知，隶属度函数 $\mu_{12\cdots n}(x)$ 表示可能属于辨识框架 $\Theta = \{1, 2, \cdots, n\}$ 中任一类别的属性模型，其数学表达如下：

$$\mu_{12\cdots n}(x) = \min\{\mu_1(x), \mu_2(x), \cdots, \mu_n(x)\}$$

步骤 3：匹配测试样本与高斯模型。

对于测试集中的测试样本，将其与步骤 2 中得到的高斯模型进行匹配，得到测试样本与各个类别的匹配程度，以此生成该测试样本的 BPA。假设 G 是辨识框架内的某个命题，t 是测试样本在某一属性上的取值，该测试样本与命题 G 间的匹配程度同样定义为

$$H(G \leftarrow t) = \mu_G(x) \mid_{x=t} \tag{2.11}$$

$H(G \leftarrow t)$ 数值上的大小反映了该测试样本与命题 G 的匹配程度，它是由命题 G 对应的高斯模型与测试样本间的交点决定的。这里，G 可以表示单子集命题或多子集命题。例如，在鸢尾花数据集中，分别定义测试样本 t 与命题 $\{S\}$、$\{S, E\}$ 和 $\{S, E, V\}$ 间的匹配程度为

$$H(S \leftarrow t) = \mu_S(x) \mid_{x=t}$$
$$H(SE \leftarrow t) = \mu_{SE}(x) \mid_{x=t}$$
$$H(SEV \leftarrow t) = \mu_{SEV}(x) \mid_{x=t}$$

类似地，根据测试样本 t 与命题 G 对应的高斯型模糊数的交点情况，BPA 的生成方法总结如下。

(1) 当样本与单子集命题的高斯型模糊数表示模型相交时，相交点的纵坐标即为样本对该单子集命题的支持度。

(2) 当样本与多子集命题的高斯型模糊数表示模型相交时，同时势必会与单子集命题的高斯型模糊数模型有交点。交点的纵坐标高点为该样本对单子集命题的 BPA 支持度，纵坐标低点为该样本对多子集命题的 BPA 支持度。

(3) 当样本和多个多子集命题的高斯型模糊数表示模型相交时，纵坐标高点为该样本对单子集命题的支持度，纵坐标低点从高到低依次为该样本对多子集命题的 BPA 支持度。

(4) 如果上述生成的 BPA 的信度值之和大于 1，则对其进行归一化处理；若其和小于 1，则把冗余的信度分配给全集，也就是分配给未知。

2.4.2　算例分析

与 2.3.3 小节类似，仍采用鸢尾花数据集为例，结合图 2.9 中所示的多属性决策实验验证所提方法的有效性。

步骤 1：选取训练样本和测试样本。

分别从鸢尾花的三个类别 S、E、V 中随机抽取 30 个样本作为训练样本，以此构造其在各属性上的高斯模型；每个类别中剩余的 20 个样本作为测试样本，对其生成 BPA 来进行测试。

步骤 2：构建各属性上的高斯模型。

以类别 S 为例，分别计算其对应的 30 个训练样本在属性 SL 下的平均值和样本标准差：$\overline{X} = 5.0060, \sigma = 0.3525$；属性 SW 下的平均值和样本标准差分别为：$\overline{X} = 3.4650, \sigma = 0.3810$；属性 PL 下的平均值和样本标准差分别为：$\overline{X} = 1.4600, \sigma = 0.1735$；属性 PW 下的平均值和样本标准差分别为：$\overline{X} = 0.2350, \sigma = 0.1072$。由此，可以分别得到类别 S 在属性 SL、SW、PL、PW 上的高斯模型为

$$\mu(x) = \exp\left[-\frac{(x - 5.0060)^2}{2 \times 0.3525^2}\right]$$

$$\mu(x) = \exp\left[-\frac{(x - 3.4650)^2}{2 \times 0.3810^2}\right]$$

$$\mu(x) = \exp\left[-\frac{(x - 1.4600)^2}{2 \times 0.1735^2}\right]$$

$$\mu(x) = \exp\left[-\frac{(x - 0.2350)^2}{2 \times 0.1072^2}\right]$$

同理，构造类别 E、V 在各属性上的高斯模型，如图 2.11 所示。

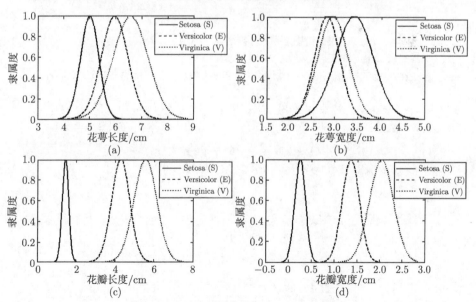

图 2.11 鸢尾花在各属性上的高斯模型

步骤 3：匹配测试样本与高斯模型。

将测试样本与各类别对应的高斯模型进行匹配，得到测试样本与各个类别的匹配程度，以此生成该测试样本的 BPA。以类别 S 中的样本为例，从测试集的 S 类别中随机抽取一个样本作为测试样本，生成其在各属性上的 BPA。假设抽到的测试样本为 (4.6, 3.1, 1.5, 0.2)，将其与各高斯模型进行匹配。基于式 (2.11)，得到该测试样本与各个类别在属性 SL、SW、PL 和 PW 上的匹配程度，如图 2.12 所示。

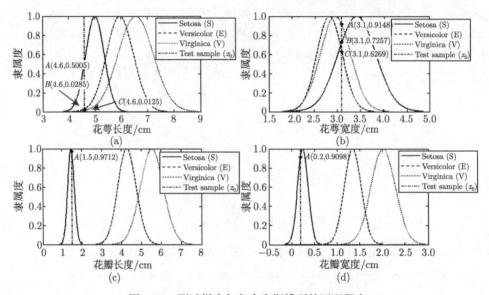

图 2.12　测试样本与各个高斯模型的匹配程度

进而，得到测试样本在 4 个属性 SL、SW、PL、PW 上的 BPA 分别为

m_{SL}：　　$m_{\mathrm{SL}}(\mathrm{S}) = 0.5005, m_{\mathrm{SL}}(\mathrm{S,E}) = 0.0285, m_{\mathrm{SL}}(\mathrm{S,E,V}) = 0.4710$

m_{SW}：　　$m_{\mathrm{SW}}(\mathrm{V}) = 0.4035, m_{\mathrm{SW}}(\mathrm{S,V}) = 0.3201, m_{\mathrm{SW}}(\mathrm{S,E,V}) = 0.2764$

m_{PL}：　　$m_{\mathrm{PL}}(\mathrm{S}) = 0.9712, m_{\mathrm{PL}}(\mathrm{S,E,V}) = 0.0288$

m_{PW}：　　$m_{\mathrm{PW}}(\mathrm{S}) = 0.9098, m_{\mathrm{PW}}(\mathrm{S,E,V}) = 0.0902$

步骤 4：融合 4 个属性上的 BPA。

利用 Dempster 组合规则融合这 4 个属性上的 BPA，得到该测试样本最终的 BPA 为

$$m(\mathrm{S}) = 0.9979$$

$$m(\mathrm{V}) = 0.0008$$

$$m(\mathrm{S,V}) = 0.0007$$

$$m(\mathrm{S,E,V}) = 0.0006$$

最后，使用信度值最大的焦元作为决策结果。由于 $m(\mathrm{S}) = 0.9979$，因此该样本的预测类别为 S 类，预测结果正确。

为了进一步验证该方法的有效性，重复进行 100 次随机试验，得到鸢尾花的平均识别率达到 92%，这样的结果说明本节提出的基于高斯分布的 BPA 生成方法是有效的。相比于三角模糊数模型，高斯模型能更好地包含属性的信息，因此得到了更为准确的识别结果。但高斯模型在建立的过程中所需要的训练样本量相对三角模糊数模型更多。

2.5 基于可靠性的二元组 BPA 生成方法

在现实生活中，由于系统误差、环境变化和人为操作等条件影响，搜集到的信息往往是不确定而且部分是不可靠的。如果在信息处理过程中，只考虑到信息的不确定性，而忽略了信息的可靠性，可能会导致后续融合结果和决策的不准确。因此，在实际应用中，对信息进行可靠性评估是必不可少的[85-87]。

然而，现有的 BPA 生成方法大多只关注于信息的不确定性，没有同时考虑到信息源的可靠性对 BPA 生成的影响。在模糊集理论中，Zadeh[88] 提出了一种新的模糊集合模型 ——Z 数。Z 数是一对有序的模糊数 (A, B)，其中第一部分 A 表示对事物的模糊描述，第二部分 B 表示第一部分 (即 A) 的可靠程度。Z 数可以同时表示信息的不确定性和可靠性。基于 Z 数的思想，本节提出了一种基于可靠性的二元组 BPA 生成方法[89]。这个二元组 BPA 是一个有序对 (BPA, R)，第一部分 BPA 表示一个基本概率指派函数，第二部分 R 用来度量第一部分 BPA 的可靠程度。对于二元组 BPA 的第一部分的生成方法，已在 2.3 节和 2.4 节有过详细介绍。对于第二部分，将在本节提出一种证据可靠性的度量方法。该方法根据传感器对不同目标识别能力的好坏来生成对应的可靠度，认为传感器在某一属性上对不同目标的识别能力越好并且出现误判可能性越小，则该传感器对应的可靠性就越高。

2.5.1 预备知识

在介绍基于可靠性的二元组 BPA 生成方法前，本小节首先简要介绍证据折扣 (discounting, m^{α}) 和博弈概率转换的概念。

证据折扣运算最早由 Shafer[16] 提出，用于对证据进行修正[90, 91]。其中，折扣系数记为 α，表示证据源的可靠度。另外，折扣系数也可用于表达证据的重要性等[92, 93]。

定义 2.4 (证据折扣)   设 m 是辨识框架 Θ 上的 BPA，$\alpha \in [0, 1]$，则对该 BPA 的折扣运算如下：

$$\begin{cases} m^{\alpha}(A) = \alpha \times m(A) \\ m^{\alpha}(\Theta) = \alpha \times m(\Theta) + (1-\alpha) \end{cases}, \quad \forall A \subseteq 2^{\Theta}, A \neq \Theta \tag{2.12}$$

其中，α 为折扣系数，折扣后的 BPA 记为 m^{α}。

因为 BPA 中涉及多子集命题的信度分配，所以很多情况下无法直接根据 BPA 来对相关问题进行决策[94]。对此，通常的做法是将融合 BPA 转换成概率的形式进行决策[95]。为了将 BPA 转化为概率，Smets 等[96] 提出了博弈概率转换 (pignistic probability transformation, PPT) 方法，其定义如下。

定义 2.5 (博弈概率转换)　假设 m 是辨识框架 Θ 上的信度函数，$BetP$ 表示其博弈概率分布。那么对应任意一个元素 $x \in \Theta$，有

$$BetP(x) = \sum_{x \in B \subseteq 2^{\Theta}} \frac{1}{|B|} \cdot \frac{m(B)}{1 - m(\varnothing)} \tag{2.13}$$

其中，$\varnothing$ 表示空集。B 是信度函数 m 中的一个命题，$|B|$ 是命题 B 的势 (即 B 中元素的个数)。

2.5.2　基于可靠性的二元组 BPA 生成过程

本节提出一种基于可靠性的二元组 BPA 生成方法，该方法的具体过程如图 2.13 所示。步骤 1 利用高斯分布构建训练样本在各个属性 Att 上的隶属度分布模型 (简称高斯模型)。在步骤 2 中，将测试样本与各属性上的高斯模型进行匹配，得到测试样本与各类别间的匹配程度，并以此来生成二元组 BPA(BPA, R) 的第一部分 BPA。步骤 3 通过考虑各个类别在各属性上的相似程度 sim 以及测试样本与各高斯模型的相交部分间的风险距离 d，计算出生成的 BPA 的可靠度 R。然后，基于步骤 2 得到的 BPA 和步骤 3 得到的可靠度 R，生成测试样本在各属性上的二元组 (BPA, R)。最后，使用可靠度 R 对二元组 BPA 进行折扣运算后，采用 Dempster 组合规则融合各个属性上的二元组 BPA，得到该测试样本最终的 BPA。本节提出的 BPA 生成方法在信息建模的初始阶段，同时考虑了信息源的可靠性对 BPA 生成的影响，使得现实世界中的信息得到更加充分的描述和构造。下面将对各步骤进行详细论述。

假设原始数据集中共有 n 个类别，它们构成辨识框架 $\Theta = \{\theta_1, \theta_2, \cdots, \theta_n\}$。其中，每个样本包含 k 个属性，每个属性被看作一个信息源。针对原始数据集，分别从各个类别中随机选取 m 个样本作为训练样本，以此来建立各个类别在各属性上的隶属度分布模型；剩余的样本作为测试样本，对其生成 BPA。

步骤 1：构建各属性上的高斯模型。

对各个属性进行建模是生成 BPA 的第一步。模型是否合理直接影响到后续生成的 BPA 的准确性，所选择的模型应该尽可能多地包含各属性信息。由 2.4 节内

容可知，对于传感器数据的建模，高斯模型相比三角模糊数模型更加稳健可靠。因此，本节对数据集训练时，使用高斯模型来进行建模。

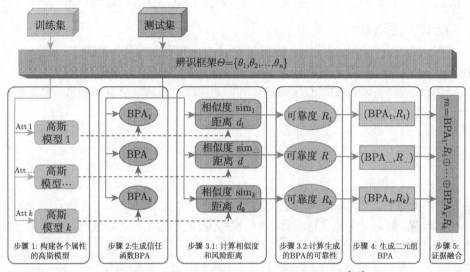

图 2.13 基于可靠性的二元组 BPA 生成框架[89]

设 X 表示训练集中某一类别在某一属性上的特征值的取值范围，定义各属性上的高斯型隶属度函数为

$$\mu(x) : X \to [0, 1], \quad x \in X \tag{2.14}$$

$\mu(x)$ 的具体求取过程如下。

(1) 对于选定的类别 i 和属性 j，分别计算所有属于类别 i 的训练样本在第 j 个属性上的平均值 $\overline{X}_{ij}$ 和样本标准差 σ_{ij}：

$$\overline{X}_{ij} = \frac{1}{m} \sum_{l=1}^{m} x_{ij}^{l}$$

$$\sigma_{ij} = \sqrt{\frac{1}{m-1} \sum_{l=1}^{m} (x_{ij}^{l} - \overline{X}_{ij})^2} \tag{2.15}$$

其中，$i = 1, 2, \cdots, n$，$j = 1, 2, \cdots, k$。x_{ij}^{l} 表示类别 i 的第 l 个训练样本在第 j 个属性上的取值。

(2) 根据得到的平均值 $\overline{X}_{ij}$ 和标准差 σ_{ij}，构造类别 i 在第 j 个属性上的高斯型隶属度函数：

$$\mu_i^j(x) = \exp\left[-\frac{(x - \overline{X}_{ij})^2}{2\sigma_{ij}^2}\right] \tag{2.16}$$

其中，$-3\sigma_{ij} \leqslant x \leqslant 3\sigma_{ij}$，$i = 1, 2, \cdots, n$，$j = 1, 2, \cdots, k$。

然后，使用得到的高斯型隶属度函数来描述训练样本在各属性上的隶属度分布情况。

步骤 2：生成 BPA。

对于测试集中的测试样本，将其与步骤 1 中得到的高斯模型进行匹配，得到测试样本与各个类别的匹配程度，并以此生成该测试样本的 BPA。

假设 G 是辨识框架下的某个命题，t 是测试样本在某一属性上的值，定义该测试样本与命题 G 间的匹配程度为

$$H(G \leftarrow t) = \mu_G(x) \mid_{x=t} \tag{2.17}$$

$H(G \leftarrow t)$ 数值上的大小反映了该测试样本与命题 G 的匹配程度，它是由命题 G 对应的高斯模型与测试样本间的交点决定的。这里，G 可以表示单子集命题或多子集命题。例如，在鸢尾花数据集中，分别定义测试样本 t 与命题 {S}，{S,E} 和 {S,E,V} 间的匹配程度为

$$H(\text{S} \leftarrow t) = \mu_\text{S}(x) \mid_{x=t}$$
$$H(\text{SE} \leftarrow t) = \mu_\text{SE}(x) \mid_{x=t}$$
$$H(\text{SEV} \leftarrow t) = \mu_\text{SEV}(x) \mid_{x=t}$$

由式 (2.17) 可知，匹配程度 $H(G \leftarrow t)$ 其实是测试样本 t 对应命题 G 的高斯模型隶属程度的一种度量。测试样本 t 对应命题 G 的高斯模型的隶属程度越大，则其属于命题 G 的可能性就越大，以此作为该命题的信度值。其中，当测试样本与某一单子集命题的交点同时也是该测试样本与某一多子集命题的交点时，与 2.4 节相同，将该交点值作为多子集命题的信度值，并赋予该单子集命题信度值为零。

步骤 3：计算 BPA 的可靠度 R。

在图 2.14 的属性模型中，可能会出现两种错误分类：一种是类别 1 被误识别为类别 2，这种情况表示为 $P(2/1)$；另一种是类别 2 被误识别为类别 1，这种情况表示为 $P(1/2)$。在 BPA 生成过程中，如果某一属性上的高斯模型出现这种错误分类的可能性越大，则由该属性模型生成的 BPA 的可靠性就越小。但是，现有的 BPA 生成方法并没有考虑到这个因素对 BPA 生成的影响。为了解决这个问题，本节提出了一种基于可靠性的二元组 BPA 生成方法。在对 BPA 的可靠性进行度量时同时考虑了两个方面的信息：各个类别在各属性上的高斯模型的相似度 (静态信息)，以及不同测试样本与各高斯模型的相交部分间的风险距离 (动态信息)。

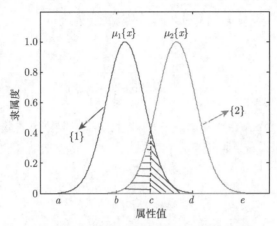

图 2.14　各个类别在静态模型下的重叠情况

1) 静态可靠性指标 —— 相似度

如图 2.14 所示,假设辨识框架下共有类别 1、2 两个类别,如果一个来自类别 1 的测试样本的属性值位于 $[c,d]$ 这个范围,则该测试样本被错误地识别为类别 2 的可能性为

$$P(2/1) = \frac{\int_c^d \mu_1(x)\mathrm{d}x}{\int_a^d \mu_1(x)\mathrm{d}x} \tag{2.18}$$

如果一个来自类别 2 的测试样本的属性值位于 $[b,c]$ 这个范围,则该测试样本被错误地识别为类别 1 的可能性为

$$P(1/2) = \frac{\int_b^c \mu_2(x)\mathrm{d}x}{\int_b^e \mu_2(x)\mathrm{d}x} \tag{2.19}$$

因此在该属性上,测试样本被错误识别的可能性为

$$P = P(2/1) + P(1/2) \tag{2.20}$$

也即对给定的属性,类别间的重叠部分 $\left(\int_c^d \mu_1(x)\mathrm{d}x \text{ 或 } \int_b^c \mu_2(x)\mathrm{d}x \right)$ 越大,类别间的相似度就越大,那么测试样本被错误识别的可能性就越大,反之亦然。综上所述,本节基于每个类别在各属性上的相似度,提出一种可靠性度量方法,具体计算过程如下。

对任意属性 j, 类别 1 和类别 2 的相似度定义如下:

$$\mathrm{sim}_{12}^{j} = \mathrm{sim}(\mu_1^j(x), \mu_2^j(x)) = \frac{\int \mu_{12}^j(x)\mathrm{d}x}{\int \mu_1^j(x)\mathrm{d}x + \int \mu_2^j(x)\mathrm{d}x - \int \mu_{12}^j(x)\mathrm{d}x} \tag{2.21}$$

其中, $j = 1, 2, \cdots, k$; $\mu_1^j(x)$ 和 $\mu_2^j(x)$ 分别为类别 1 和类别 2 在第 j 个属性上的高斯型隶属度函数; $\mu_{12}^j(x)$ 是在第 j 个属性上类别 1 和类别 2 相交部分的隶属度函数, 也就是多子集 $\{1, 2\}$ 对应的隶属度函数。

对任意属性 j, 定义类别 1 到类别 n 这 n 个类别中两两类别间的相似性矩阵 SM_j 如下:

$$\mathrm{SM}_j = \begin{array}{c} \\ \mu_1^j(x) \\ \mu_2^j(x) \\ \vdots \\ \mu_n^j(x) \end{array} \begin{array}{cccc} \mu_1^j(x) & \mu_2^j(x) & \cdots & \mu_n^j(x) \\ \left[\begin{array}{cccc} 1 & \mathrm{sim}_{12}^j & \cdots & \mathrm{sim}_{1n}^j \\ \mathrm{sim}_{21}^j & 1 & \cdots & \mathrm{sim}_{2n}^j \\ \vdots & \vdots & & \vdots \\ \mathrm{sim}_{n1}^j & \mathrm{sim}_{n2}^j & \cdots & 1 \end{array}\right] \end{array} \tag{2.22}$$

其中, $j = 1, 2, \cdots, k$。$\mathrm{sim}_{il}^j(i, l = 1, 2, \cdots, n)$ 表示类别 i 和类别 l 在第 j 个属性上的相似度。

基于第 j 个属性的高斯模型, 定义该属性上生成的 BPA 的可靠性如下:

$$R_j^{\mathrm{s}} = \sum_{i < l}(1 - \mathrm{sim}_{il}^j) \tag{2.23}$$

其中, $i = 1, 2, \cdots, n$, $j = 1, 2, \cdots, k$, $l = 1, 2, \cdots, n$。R_j^{s} 表示从第 j 个属性模型中生成的 BPA 的静态可靠性指标。类别间的相似度越大, 生成的 BPA 的可靠性就越低。

2) 动态可靠性指标 —— 风险距离

在上一部分介绍的静态可靠性指标中, 类别间的重叠程度越大, 类别的相似度就越大, 从而被错误识别的可能性就越大, 生成的 BPA 的可靠性就越小。这反映了静态因素对 BPA 可靠性的影响。此外, BPA 的可靠性还受测试样本的影响。例如, 在图 2.15(a) 中, 假设辨识框架下共有 3 个类别 (1、2、3)。虽然类别 2 和类别 3 之间有较大的重叠, 但是来自类别 1 的测试样本 x_1 被错误识别为类别 2 或类别

3 的可能性几乎为 0。在这种情况下，类别 2 和类别 3 的重叠程度对 BPA 可靠性的影响很小，生成的 BPA 的可靠性较大。然而，如图 2.15(b) 所示，来自类别 3 的测试样本 x_2 很容易被错误识别为类别 2。在这种情况下，类别 2 和类别 3 的重叠程度对 BPA 可靠性的影响较大，生成的 BPA 的可靠性较小。综上所述，BPA 的可靠性还与不同的测试样本有关。为了反映这种影响，引入了风险距离 d，它表示的是待测样本与两两模型相交区域间的距离，距离越大，BPA 的可靠性受类别间重叠程度的影响越小，类别被错误识别的风险越小，生成的 BPA 就越可靠；反之类似。风险距离的计算过程如下。

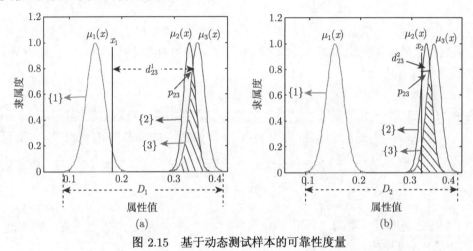

图 2.15　基于动态测试样本的可靠性度量

对于某个属性 j，p_{12}^j 表示类别 1 和类别 2 相交部分的最大值的横坐标，也就是这两个类别相交区域顶点的横坐标。本节把 p_{12}^j 作为相交区域的参考点，使得在计算风险距离时，只要计算测试样本到参考点的距离即可。p_{12}^j 的数学表达如下：

$$\min\{\mu_1(x)^j, \mu_2(x)^j\}|_{x=p_{12}^j} = \sup[\min\{\mu_1(x)^j, \mu_2(x)^j\}] \tag{2.24}$$

其中，$j = 1, 2, \cdots, k$。$\mu_1(x)^j$ 和 $\mu_2(x)^j$ 分别为类别 1 和类别 2 在第 j 个属性的高斯型隶属度函数。然后，定义包含第 j 个属性所有参考点的横坐标的向量如下：

$$P_j = \begin{bmatrix} p_{12}^j & \cdots & p_{1n}^j & p_{23}^j & \cdots & p_{2n}^j & \cdots & p_{(n-1)n}^j \end{bmatrix} \tag{2.25}$$

对于第 j 个属性，定义测试样本 x^j 与类别 $\mu_{n-1}^j(x)$ 和 $\mu_n^j(x)$ 相交区域的参考点 $p_{(n-1)n}^j$ 间的风险距离为

$$d_{(n-1)n}^j = d(x^j, p_{(n-1)n}^j) = \frac{|x^j - p_{(n-1)n}^j|}{D^j} \tag{2.26}$$

其中，$j = 1, 2, \cdots, k$。D^j 是第 j 个属性下所有类别组成的最大区间。从而得到第 j 个属性下的距离向量 D_j^* 为

$$D_j^* = \begin{bmatrix} d_{12}^j & \cdots & d_{1n}^j & d_{23}^j & \cdots & d_{2n}^j & \cdots & d_{(n-1)n}^j \end{bmatrix} \tag{2.27}$$

最后，在第 j 个属性下，基于测试样本的动态可靠性指标定义如下：

$$R_j^{\mathrm{d}} = \mathrm{e}^{\sum\limits_{l=2}^{n} d_{(l-1)l}^j} \tag{2.28}$$

其中，$j = 1, 2, \cdots, k$，$l = 1, 2, \cdots, n$。$d_{(l-1)l}^j$ 指的是测试样本 x^j 与类别 $\mu_{l-1}^j(x)$ 和 $\mu_l^j(x)$ 相交区域的参考点 $p_{(l-1)l}^j$ 间的风险距离。显然，根据 R_j^{d} 的定义可知，测试样本与参考点间的风险距离越大，生成的 BPA 的可靠性越高。

3) 可靠度 R

综上所述，本节提出一种静态与动态综合度量 BPA 可靠性的方法，该方法基于各属性上的高斯模型和测试样本来综合考虑生成的 BPA 的可靠性，更合理有效。其数学表达定义如下：

$$R_j = R_j^{\mathrm{s}} \times R_j^{\mathrm{d}} \tag{2.29}$$

式中，R_j^{s} 和 R_j^{d} 分别为第 j 个属性下的静态可靠性指标和动态可靠性指标。

假设每个类别有 j 个属性，那么对各个 BPA 相应的可靠性进行如下归一化运算：

$$R_j^* = \frac{R_j}{\max\{R_j,\ j = 1, 2, \cdots, k\}} \tag{2.30}$$

步骤 4: 生成二元组 BPA。

根据上述步骤，得到二元组 BPA 的基本概率指派函数 BPA 部分和可靠性程度 R 部分，可构成二元组 (BPA,R)。

步骤 5: 融合各属性上生成的二元组 BPA。

首先基于折扣系数法[16]，将二元组 BPA 转化为经典的 BPA，然后采用 Dempster 组合规则融合各属性上生成的 BPA。

假设一共生成了 k 个二元组 (BPA$_j$, R_j)。基于折扣系数法，对这些 BPA 进行如下折扣运算：

$$\begin{cases} m_j^R(A) = R_j \times m_j(A) \\ m_j^R(\Theta) = R_j \times m_j(\Theta) + (1 - R_j) \end{cases}, \quad \forall A \subseteq 2^\Theta, A \neq \Theta \tag{2.31}$$

其中，$j = 1, 2, \cdots, k$。R_j 是在第 j 个属性上生成的 BPA 的可靠性。

然后，采用 Dempster 组合规则融合这些二元组 BPA。最后，为了便于决策，运用 PPT 将融合后的 BPA 转换成概率分布，得到最终的决策结果。

2.5.3　算例分析

本小节仍以鸢尾花数据集为例，详细论述二元组 BPA 的生成过程，并验证所提方法的有效性。

针对原始数据集，分别从鸢尾花的三个类别 S、E、V 中随机抽取 30 个样本作为训练样本，以此构造其在各属性上的高斯模型；每个类别中剩余的 20 个样本作为测试样本，对其生成 BPA。

步骤 1：构建各属性上的高斯模型。

这里，以类别 S 为例，分别计算其对应的 30 个训练样本在属性 SL 下的平均值和样本标准差：$\overline{X} = 5.0060, \sigma = 0.3525$；在属性 SW 下的平均值和样本标准差：$\overline{X} = 3.4650, \sigma = 0.3810$；在属性 PL 下的平均值和样本标准差：$\overline{X} = 1.4600, \sigma = 0.1735$；在属性 PW 下的平均值和样本标准差：$\overline{X} = 0.2350, \sigma = 0.1072$。由此，可以分别得到类别 S 在属性 SL、SW、PL、PW 上的高斯模型：

$$\mu(x) = \exp\left[-\frac{(x - 5.0060)^2}{2 \times 0.3525^2}\right]$$

$$\mu(x) = \exp\left[-\frac{(x - 3.4650)^2}{2 \times 0.3810^2}\right]$$

$$\mu(x) = \exp\left[-\frac{(x - 1.4600)^2}{2 \times 0.1735^2}\right]$$

$$\mu(x) = \exp\left[-\frac{(x - 0.2350)^2}{2 \times 0.1072^2}\right]$$

同理，构造类别 E、V 在各属性上的高斯模型，如图 2.16 所示。

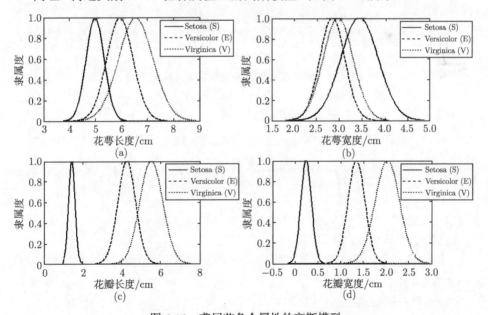

图 2.16 鸢尾花各个属性的高斯模型

步骤 2: 生成 BPA。

将测试样本与各类别对应的高斯模型进行匹配, 得到测试样本与各个类别的匹配程度, 以此生成该测试样本的 BPA。这里, 以类别 S 中的样本为例, 从测试集的 S 类别中随机抽取一个样本作为测试样本, 进而对其生成在各属性上的 BPA。假设抽到的测试样本为 $(4.6, 3.1, 1.5, 0.2)$, 将其与各高斯模型进行匹配。根据式 (2.17), 得到该测试样本与各个类别在属性 SL、SW、PL、PW 上的匹配程度, 如图 2.17 所示。

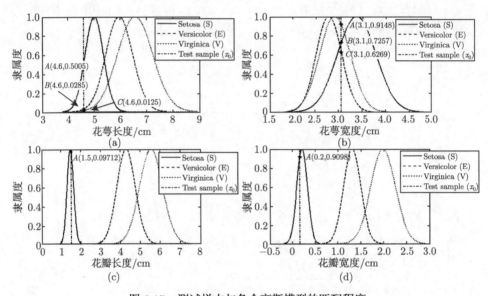

图 2.17   测试样本与各个高斯模型的匹配程度

进而, 得到测试样本在 4 个属性 SL、SW、PL、PW 上的 BPA 分别如下。

$m_{\mathrm{SL}}:$ $m_{\mathrm{SL}}(\mathrm{S}) = 0.5005, m_{\mathrm{SL}}(\mathrm{S,E}) = 0.0285, m_{\mathrm{SL}}(\mathrm{S,E,V}) = 0.4710$

$m_{\mathrm{SW}}:$ $m_{\mathrm{SW}}(\mathrm{V}) = 0.4035, m_{\mathrm{SW}}(\mathrm{S,V}) = 0.3201, m_{\mathrm{SW}}(\mathrm{S,E,V}) = 0.2764$

$m_{\mathrm{PL}}:$ $m_{\mathrm{PL}}(\mathrm{S}) = 0.9712, m_{\mathrm{PL}}(\mathrm{S,E,V}) = 0.0288$

$m_{\mathrm{PW}}:$ $m_{\mathrm{PW}}(\mathrm{S}) = 0.9098, m_{\mathrm{PW}}(\mathrm{S,E,V}) = 0.0902$

步骤 3: 计算 BPA 的可靠度 R。

下面将详细介绍静态可靠性指标和动态可靠性指标, 进而得到 BPA 的可靠度 R 的计算过程。

(1) 求取静态可靠性指标 R^{s}。

基于式 (2.21) 和式 (2.22), 计算在属性 SL 上, 鸢尾花两两类别间的相似度如下:

$$\mu_{\mathrm{S}}^1(x) \quad \mu_{\mathrm{E}}^1(x) \quad \mu_{\mathrm{V}}^1(x)$$

$$\mathrm{SM}_1 = \begin{array}{c} \mu_{\mathrm{S}}^1(x) \\ \\ \mu_{\mathrm{E}}^1(x) \\ \\ \mu_{\mathrm{V}}^1(x) \end{array} \begin{bmatrix} 1 & 0.1823 & 0.0660 \\ \\ 0.1823 & 1 & 0.4199 \\ \\ 0.0660 & 0.4199 & 1 \end{bmatrix}$$

其次，基于式 (2.23)，得到在属性 SL 上生成的 BPA 的静态可靠性指标：

$$R_1^{\mathrm{s}} = (1 - 0.1823) + (1 - 0.0660) + (1 - 0.4199) = 2.3318$$

同理，分别计算得到在属性 SW、PL、PW 上生成的 BPA 的静态可靠性指标：

$$R_2^{\mathrm{s}} = 1.9077, \quad R_3^{\mathrm{s}} = 2.8858, \quad R_4^{\mathrm{s}} = 2.9283$$

(2) 求取动态可靠性指标 R^{d}。

首先，基于式 (2.24) 和式 (2.25)，得到在属性 SL 上，鸢尾花两两类别相交区域参考点的横坐标如下：

$$P_1 = \begin{bmatrix} p_{\mathrm{SE}}^1 & p_{\mathrm{SV}}^1 & p_{\mathrm{EV}}^1 \end{bmatrix} = \begin{bmatrix} 5.3774 & 5.5698 & 6.2518 \end{bmatrix}$$

其次，得到在属性 SL 上，测试样本与各个参考点的风险距离为

$$D_1^* = \begin{bmatrix} d_{\mathrm{SE}}^1 & d_{\mathrm{SV}}^1 & d_{\mathrm{EV}}^1 \end{bmatrix} = \begin{bmatrix} 0.1467 & 0.1830 & 0.3116 \end{bmatrix}$$

最后，得到在属性 SL 上生成的 BPA 的动态可靠性指标为

$$R_1^{\mathrm{d}} = \mathrm{e}^{(0.1467+0.1830+0.3116)} = 1.8989$$

同理，分别计算得到在属性 SW、PL、PW 上生成的 BPA 的动态可靠性指标为

$$R_2^{\mathrm{d}} = 1.1236, \quad R_3^{\mathrm{d}} = 2.5229, \quad R_4^{\mathrm{d}} = 1.7763$$

(3) 计算可靠度 R^*。

根据式 (2.29)，分别得到在鸢尾花 4 个属性上生成的 BPA 的可靠度如下：

$$R_1 = R_1^{\mathrm{s}} \times R_1^{\mathrm{d}} = 4.4279$$

$$R_2 = R_2^{\mathrm{s}} \times R_2^{\mathrm{d}} = 2.1435$$

$$R_3 = R_3^{\mathrm{s}} \times R_3^{\mathrm{d}} = 7.2806$$

$$R_4 = R_4^{\mathrm{s}} \times R_4^{\mathrm{d}} = 5.2015$$

使用式 (2.30) 对各个可靠度进行归一化可得

$$R_1^* = 0.6082, \quad R_2^* = 0.2944, \quad R_3^* = 1, \quad R_4^* = 0.7144$$

步骤 4：生成二元组 BPA。

根据上述计算结果，分别得到在属性 SL、SW、PL、PW 上的 4 个二元组 BPA：

$$(m_{\mathrm{SL}}, 0.6082)$$

$$(m_{\mathrm{SW}}, 0.2944)$$

$$(m_{\mathrm{PL}}, 1)$$

$$(m_{\mathrm{PW}}, 0.7144)$$

步骤 5：融合各属性上生成的二元组 BPA。

基于式 (2.12)，得到折扣后的 BPA 如下：

$$m_1(\mathrm{S}) = 0.3044, \quad m_1(\mathrm{SE}) = 0.0173, \quad m_1(\mathrm{SEV}) = 0.6783$$

$$m_2(\mathrm{V}) = 0.1188, \quad m_2(\mathrm{SV}) = 0.0942, \quad m_2(\mathrm{SEV}) = 0.7870$$

$$m_3(\mathrm{S}) = 0.9712, \quad m_3(\mathrm{SEV}) = 0.0288$$

$$m_4(\mathrm{S}) = 0.6500, \quad m_4(\mathrm{SEV}) = 0.3500$$

采用 Dempster 组合规则融合这 4 个属性上的 BPA，得到最终的 BPA 为

$$m(\mathrm{S}) = 0.9924$$

$$m(\mathrm{V}) = 0.0009$$

$$m(\mathrm{S}, \mathrm{E}) = 0.0002$$

$$m(\mathrm{S}, \mathrm{V}) = 0.0007$$

$$m(\mathrm{S}, \mathrm{E}, \mathrm{V}) = 0.0058$$

最后，基于式 (2.13)，将融合后的 BPA 转换成单子集命题上的概率分布：

$$\mathrm{Bet}P(\mathrm{S}) = 0.9948, \quad \mathrm{Bet}P(\mathrm{E}) = 0.0020, \quad \mathrm{Bet}P(\mathrm{V}) = 0.0032$$

使用概率最大的焦元作为决策结果，即 $\mathrm{Bet}P(\mathrm{S}) = 0.9948$，说明该样本的预测类别为 S 类，预测结果正确。

为了进一步验证该方法的有效性，重复进行 100 次随机试验，得到鸢尾花的平均识别率达到 96.67%，这样的结果说明本节提出的基于可靠性的二元组 BPA 生成方法是有效的。说明了在生成 BPA 的过程中，同时考虑信息源可靠性的做法是合理且有效的。

2.6　本　章　小　结

本章针对不确定信息的量化表示问题，使用了证据理论的 BPA 函数来表达不确定信息。本章共介绍了三种 BPA 生成方法：基于三角模糊数的 BPA 生成方法、基于高斯分布的 BPA 生成方法和基于可靠性的二元组 BPA 生成方法。第一种 BPA 生成方法是基于三角模糊数，能够有效处理多属性数据集的分类问题，适用于小样本数据集；第二种 BPA 生成方法是基于高斯分布，能够更好地反映训练集的特征，同样能够有效处理多属性数据集的分类问题，此外，该方法在小样本或大样本数据集下均具有显著的数据处理能力；第三种 BPA 生成方法是对第二种方法的一个改进，该方法不仅生成了 BPA，而且同时生成该 BPA 对应的可靠性，有效地度量了信息源的可靠程度。这三种方法均能用于不确定信息的 BPA 生成，可以根据实际情况选择使用上述模型。此外，本章以鸢尾花数据集为例，详细地论述了各个方法的 BPA 生成过程，并验证了各方法的有效性。

第 3 章　证据理论中的冲突

3.1　引　　言

什么是证据冲突? 冲突是如何来的? 冲突会带来什么影响? 如何表示冲突? 怎么处理冲突证据? 这一系列问题在证据理论体系中占有十分重要的地位。近年来,以军事和民用为背景的多传感器融合系统对信息融合技术的要求日渐提高,尤其是传感器数据具有一定的不可靠性、不确定性和冲突性,使得多源不确定信息的高效融合成为当前一个亟待解决的难题。在不确定信息融合理论中,证据理论提供了一种简单有效的不确定推理机制,能够实现不确定信息的表示和组合。证据理论具有诸多优点,如它不需要先验信息,在一些比较弱的条件下也能很好地表示和处理不确定性;与此同时,Dempster 组合规则满足交换律和结合律等优良的数学性质,使得交换证据融合的先后顺序不影响证据融合的结果,为多证据融合提供了有力的保障。然而,证据理论也存在一些不足,如面对高度冲突证据,证据理论可能得出不合理的融合结果,这使得证据理论不能直接应用于存在较多冲突证据的信息融合系统中。因此,研究证据理论的冲突表示方法以及如何实现冲突证据的有效融合是当前证据理论研究的一个重要课题[97]。

最初,Shafer 用归一化因子 k 描述证据之间的冲突程度,因此 k 也称作冲突系数。事实上,k 描述的是证据体之间焦元的相斥性,即焦元间的非包含程度。此后的一些研究表明 k 无法有效度量证据之间的冲突程度,并陆续出现了其他证据冲突度量方法。目前为止,冲突表示方法众多,Liu[56] 提出 Pignistic 概率距离,并结合冲突系数 k 共同判断证据是否冲突;Jousselme 等[57] 提出证据距离表示证据之间的差异性,后常被用于度量证据之间的冲突大小[93, 98, 99];蒋雯等[59] 利用 k 和 Jousselme 等提出的证据距离共同表示证据冲突;刘准钚等[100] 认为如果两个证据中具有最大概率的焦元是不相容的,则存在一定的冲突,否则冲突程度为零等。

虽然关于冲突度量的方法种类繁多,却鲜有文献对冲突给予详细的介绍和说明。对证据冲突含义的理解不同,那么自然也会有不同的冲突度量方法。本书在研究了大量资料的基础上,将冲突的表现划分为焦元层面和信度层面两个层面。证据冲突一方面是由于焦元的冲突造成的,另一方面来源于证据间的信度分配的不一致性。其中,最典型的情况就是证据体内相同焦元的信度分配并不相同。焦元的不同反映的是问题定性上的分歧,而信度层面则是定量上的差异,这两个方面时常交织在一起。因此，要合理地度量证据之间的冲突，既需要研究焦元之间的非一致性，包括互斥性和非包容性，还要考虑信度的不一致带来的证据冲突。在此基础上，本章将介绍一些经典冲突度量方法，分析它们的特点以及不足。之后提出一种证据关联系数表示证据之间的关联程度，并将其应用于证据冲突度量。通过与现有的冲突度量方法对比，本章提出的证据关联系数法具有简单、有效及适用性强等优点。

3.2 证据组合中的冲突悖论

在证据理论中，Dempster 组合规则融合高冲突的证据时可能会产生违背直觉的结果，这在一定程度上制约了证据理论在信息融合领域的应用。针对这一现象，证据冲突得到了广大学者的关注和研究。本节将重点介绍什么是证据冲突，证据冲突产生的原因以及融合冲突证据会带来的后果等问题。

3.2.1 证据冲突

冲突这个名词在现实生活中十分常见，它是文艺理论、心理学、管理学以及网络等领域的日常用语。冲突主要指双方存在意见的对立、分歧或不一致，并带有一定消极的、相互否定的作用。生活中冲突时常发生，如两人之间常有冲突，这主要指的是双方对事物的观点不统一或相互排斥，最终产生不和或摩擦等问题。再如，你被告知明天下午两点有个重要会议要参加，而在那个时间点你刚好已经约了其他客户而无法与会，即所谓的时间冲突，这主要是由于两件事所对应的时间节点是互斥的。那么在证据理论中，证据冲突又意味着什么？

目前对冲突的理解有多种，比如 Liu 在文献 [56] 中给出的对冲突的定义是："A conflict between two beliefs in DS theory can be interpreted qualitatively as one source strongly supports one hypothesis and the other strongly supports another hypothesis, and the two hypotheses are not compatible"。即把冲突定性地解释为两个证据支持的主要命题互不相容。除此之外还有其他冲突表示方法，如 Jousselme 用证据距离表示证据冲突，这种方法本质上落脚于证据之间的非一致性。所谓证据的非一致性，是指证据之间在焦元层面和信度层面存在着差异性和互斥性，并具有相互否定的作用，因此可以把这类证据差异性度量方法解释为冲突的非一致性度量。在本书中，将采用非一致性来描述证据之间的冲突特征。

一条证据表达的最直观的信息就是"是什么"和"有多少"，而证据中信度分配大于零的所有命题 (即焦元) 回答了"是什么"的问题；而各焦元所承载的信度大小即表示的是"有多少"的问题。因此，影响证据之间非一致性的因素有两个：一个是焦元的不同，另一个是信度的差异，这两个因素常常共同出现导致证据冲突。为了便于分析冲突的形成，将冲突分为两种情况：一种是两条证据焦元分布完全相同，证据的冲突只依赖于焦元上信度的差异，如图 3.1 中证据 m_1 和 m_2；另一种是两条证据的焦元不完全相同，如图中证据 m_2 和 m_3，m_2 的焦元为 $\{a\}$ 和 $\{b\}$，而 m_3 的焦元为 $\{a\}$, $\{b\}$ 和 $\{a,b\}$。因此，把这两种情况分别定义为焦元层面和信度层面的冲突。这两种情况基本上覆盖了冲突的所有类型，冲突的表示方法也就是为了能够度量这两种情况。

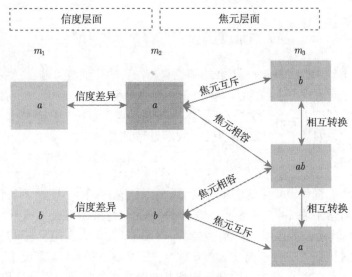

图 3.1　冲突分类

首先，介绍焦元层面导致证据冲突的可能因素，一个是焦元的互斥，另一个是相容焦元中包含的非一致程度。在证据理论的辨识框架中，元素之间是两两互斥的，因此当两条证据中存在互斥的焦元时，证据之间就会有一定的非一致性。事实上，这种情况的冲突度量就是冲突系数 k 所做的工作：当焦元之间互不相容时，即把它们纳入冲突的范畴。例如，下面的两组 BPA：m_1 和 m_2，对于焦元 $\{a\}$，影响两条证据冲突系数 k 值大小的主要因素是对方证据中焦元 $\{b\}$，$\{b,c\}$ 的信度。

$$m_1:\quad m_1(\{a\})=0.5, m_1(\{b\})=0.4, m_2(\{a,b\})=0.1$$

$$m_2:\quad m_2(\{a\})=0.5, m_2(\{b,c\})=0.4, m_2(\{a,b,c\})=0.1$$

然而，在焦元层面影响证据冲突的不只有互斥的焦元，还有一部分源于相容的焦元。证据理论中多子集命题表示的是一种不确定性，这种不确定性反映在信度的不完全分配上。因为这种不确定性，可以将焦元的支持度表示为信度区间 [Bel,Pl] 的形式，而不仅仅是一个确定值。此外，Pignistic 概率转换[96] 也建立了多子集 BPA 和单子集 BPA 的相互转化关系。例如，在图 3.1 中，证据 m_3 中焦元 $\{a\}$, $\{b\}$ 就和 $\{a,b\}$ 存在转换关系，$\{a,b\}$ 的信度可以分配给 $\{a\}$ 和 $\{b\}$，而 $\{a,b\}$ 集合的博

弈概率也依赖于 {a} 和 {b} 的信度分配。因此，存在相容关系的焦元之间的信度是可以相互转换的，表现为：一方面相容的焦元之间是相互支持的；另一方面它们之间也是互斥的，有可能会向矛盾转化。例如，图 3.1 中 m_2 和 m_3，分析焦元 {a} 和焦元 {a,b} 之间的冲突，既需要考虑 {a,b} 对 {a} 的支持，也要考虑它向 {a} 的对立命题 {b} 的转换。因此，存在相容关系的焦元之间也是存在一定的冲突的。对冲突系数 k 来说，并没有考虑这种具有相容关系焦元的冲突程度，因此它不能很好地体现证据之间的非一致性。

冲突在信度差异上的表现则很好理解。如下面两条 BPA，它们具有相同的焦元分布，但是焦元对应的信度差别很大。可以看出第一条证据强烈支持命题 a，而第二条证据强烈支持命题 b，一般认为两条证据是冲突的[56]。

$$m_1: \quad m_1(\{a\}) = 0.9, m_1(\{b\}) = 0.1$$
$$m_2: \quad m_2(\{a\}) = 0.1, m_2(\{b\}) = 0.9$$

总体来说，非一致性是证据冲突的重要体现形式，而影响非一致性的主要是焦元差异和信度差异这两个方面的因素，因此要度量证据之间的冲突就需要在这两个方面做好工作。上述分析阐述了何为证据冲突，3.2.2 小节将探讨冲突形成的原因。

3.2.2 证据冲突产生的原因

导致证据冲突的原因非常多，它和证据的产生方式有着密切的联系。证据产生的方式有可能是基于专家决策，也有可能是根据传感器数据生成等。因此，冲突成因大体上可以总结为以下几点。

(1) 主观判断存在误差。在专家系统中，专家的知识存在差异导致对信息的判断存在误差。此外，对事物的判断需要依赖一定的主观意识，因此证据存在差异也就难以避免了，甚至可能出现高度冲突的情况。

(2) 传感器本身的可靠性不同。在多传感器系统中，传感器本身的精度或者抗干扰能力不同，在恶劣环境或人为干扰下，传感器数据可能会高度冲突。

(3) 与信息源的信息量有关。在多传感器系统中，不同传感器搜集信息能力的不同，导致产生的证据信息量也不同，这必将导致不同证据存在一定的冲突。

(4) 辨识框架不完整①。在多传感器系统中，辨识框架常常被认为是完备的。因此，如果有新目标出现则会导致传感器数据报错，从而产生冲突。例如，已知目标

① 学者 Smets 等[96] 提出了开放世界 (open world) 和封闭世界 (close world) 两个概念。所谓开放世界，即辨识框架不完备的情况，认为有新目标存在；而封闭世界则认为辨识框架中的目标是详尽的、完备的。在本章后面的内容中，所讨论的证据理论冲突都是基于封闭世界中的。

有 a,b,c，则辨识框架可以表示为 $\Theta = \{a,b,c\}$。若有新目标 d 出现，不同特征传感器采集到的信息势必会产生不同的辨别结果，以至于生成的证据之间产生冲突。

3.2.3　证据冲突产生的影响

一般来说，融合高度冲突的证据常会导致两个后果：一是产生不合理、与直觉相悖的融合结果，如著名的 Zadeh 悖论[101]；二是虽然融合后的结果合理，但并不利于决策。20 世纪七八十年代，模糊数学创始人 Zadeh 先后在文献 [60]、[101]、[102]中指出当证据高度冲突时，使用 Dempster 组合规则会产生反直觉的融合结果，这就是著名的 Zadeh 悖论，如例 3.1 所示。

例 3.1　假设在辨识框架 $\Theta = \{a,b,c\}$ 下的两条证据 m_1 和 m_2 如下所示

$$m_1:\quad m_1(\{a\}) = 0.99, m_1(\{b\}) = 0.01$$

$$m_2:\quad m_2(\{c\}) = 0.99, m_2(\{b\}) = 0.01$$

经 Dempster 组合规则融合后的结果为：$m(\{b\}) = 1$。

由例 3.1 可以发现，两条证据对 b 的支持度都非常低，只分配了 0.01 的信度。但是最后的融合结果却令人无法理解，即全部的信度都分配给了 b 命题。信息融合的基本思路就是综合多源信息给出更加可靠的决策，而最终的融合结果显然是不可信的，而且与直觉是相悖的。事实上，无论是直观的分析还是从冲突系数 k 的数值上，都能明显发现这两条证据是高度冲突的。

值得说明的是，融合高度冲突的证据有时不会产生不合理的结果，但可能导致决策上的困难。

例 3.2　假设在辨识框架 $\Theta = \{a,b,c\}$ 下的两条证据 m_1 和 m_2 如下所示

$$m_1:\quad m_1(a) = 0.99, m_2(b) = 0.01$$

$$m_2:\quad m_1(a) = 0.01, m_2(b) = 0.99$$

利用 Dempster 组合规则得到最终的融合结果为

$$m(a) = 0.5, m(b) = 0.5,\quad k = 0.9802$$

由例 3.2 可以发现，每条证据都有一个支持度很大的命题，如果只根据其中某一条证据进行决策，能够得出一个较为确定的答案。但是两个证据存在较大冲突，往往导致融合的结果很不理想，即通过证据组合后两个命题的信度完全相同，均为 0.5。由信息熵的理论可知，这个时候证据具有最大的不确定性①。在没有融合新的证据或者确定证据重要性、可靠性之前无法决策。

---

① 本例中证据的焦元都是单子集的，此时 BPA 可以退化为概率。根据香农熵可以计算两条证据的信息熵大小。当存在多子集的 BPA 时，香农熵将不再适用。这时候需要使用新的信息熵度量方法，有兴趣的读者可以参考文献 [103]。

3.3 证据冲突表示方法概述

3.2 节已经提到了证据理论中的多种冲突表示方法。本节将重点介绍几种应用较为广泛的冲突度量方式，包括冲突系数 k、Jousselme 证据距离、Pignistic 概率距离以及二元组表示方法。结合本章对冲突的定义，将分析这几种方法在冲突度量上的特点。

3.3.1 冲突系数 k

在证据理论中，Shafer 把证据融合后且归一化前空集的信度 $m_{\oplus}(\varnothing)$ 来表示证据间的冲突大小，记作 k，即

$$k = \sum_{\substack{B,C \subseteq \Theta \\ B \cap C = \varnothing}} m_1(B)m_2(C) \tag{3.1}$$

通过 3.2 节的分析可知 k 表示的是两个证据之间所有无交集的焦元的信度乘积之和，描述了证据之间焦元的互斥程度。典型的不合理情况是两条完全相同的证据，用冲突系数度量后可能会得出证据冲突的结论。为了说明 k 在冲突度量上的不合理之处，请参看下文描述。

如图 3.2 所示，假设有两个箱子 A 和 B，里面都装了一个红球和一个绿球。在这里，两个箱子类比于两组证据，而红球和绿球代表了两种焦元。为了知道箱子中的球是否相同，先从箱子 A 中里拿出一个球，再将箱子 B 中的球分别一一取出进行对比，然后再取出 A 中的另一个球，继续和箱子 B 中的球做比较。通过对比，会得到四种情况：红球 VS 红球、红球 VS 绿球、绿球 VS 红球、绿球 VS 绿球。其中有两种情况是体现箱子中的球是不同的。如图 3.2 (a) 所示，假设从箱子 A 中拿出一个红球，而从箱了 B 中拿出一个绿球，即红球 VS 绿球。另外一种不同的情况是，从箱子 A 中拿出一个绿球，而从箱子 B 中拿出一个红球，即绿球 VS 红球，如图 3.2(b) 所示。通过上述步骤后，可以发现在中间过程中存在两个箱子的球不同的情况，因此得出一个结论：两个箱子里的球是不完全相同的。这个实验的结论正确吗？答案当然是否定的，这个结论仅依赖于单次实验对比的结果，没有从全局角度考虑箱子里的球是否是一致的。同样，在进行证据组合时，k 容易受局部情况的影响，缺少对证据整体的判断。

例 3.3 对于辨识框架 $\Theta = \{a,b,c\}$，两条证据分别为

$$m_1: \quad m_1(a) = 1/3, m_1(b) = 1/3, m_1(c) = 1/3$$

$$m_2: \quad m_2(a) = 1/3, m_2(b) = 1/3, m_2(c) = 1/3$$

以上两组 BPA 完全相同, 如果从证据的非一致性上分析, 证据之间是不存在冲突的。然而,

$$k = 1 - m_1(a) \times m_2(a) - m_1(b) \times m_2(b) - m_1(c) \times m_2(c) = \frac{2}{3}$$

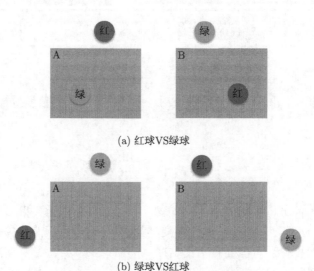

(a) 红球VS绿球

(b) 绿球VS红球

图 3.2　模拟 k 的冲突度量实验

这说明 k 仅考虑了两条证据中焦元的互斥性而忽视了证据整体的一致性。进一步, 若辨识框架为 $\Theta = \{a_1, a_2, \cdots, a_q\}$, 两条证据的 BPA 均为 $m(a_i) = 1/q$ ($i = 1, 2, \cdots, q$)。此时,

$$k = \sum_{i \neq j}((m_1(a_i) \times m_2(a_j)) = \frac{q - 1}{q}$$

图 3.3 给出了两条证据完全相同并且证据是等概率分布情况下, 随着辨识框架中元素递增而引起的证据冲突变化。可以看出, 辨识框架中元素的个数越多, 两条证据的冲突程度越大。当元素个数为 10 时, 用 k 度量的两条证据之间的冲突高达 0.9, 这显然是不合理的。根据 3.2 节对冲突度量层次的划分可以看出, 当证据完全相同时, k 并没有考虑相同焦元下信度的差异, 而是局部地度量了不同焦元之间的冲突, 这就容易陷入自冲突[104]。

此外, 因为 k 表示的冲突建立在两证据之间焦元是否有交集上, 它并没有度量焦元相容部分的冲突, 所以当证据之间任意两个焦元交集都不为空时, k 认为证据不存在任何冲突。

例 3.4　对于辨识框架 $\Theta = \{a, b, c\}$, 三条证据分别为

$$m_1: \quad m(a) = 0.9, m(a,c) = 0.1$$

$$m_2: \quad m(a) = 0.1, m(a,b) = 0.1, m(a,c) = 0.8$$

$$m_3: \quad m(a,b,c) = 1$$

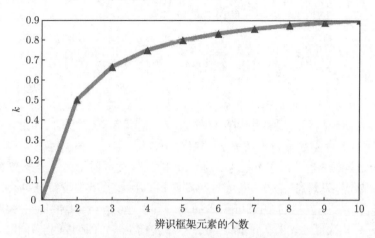

图 3.3 两条相同证据在不同辨识框架下的冲突变化

其中, 第一条证据强烈地支持命题 a, 表示的是一条比较确定的信息。第二条证据强烈地支持集合 $\{a,c\}$, 表示的是一种比较不确定的信息。而第三条证据将信度全部赋给全集, 表示完全不确定的情况。三条证据无论是焦元分布还是包含的信息量都是不相同的, 因此可以看作焦元层面上的冲突。然而, 由式 (3.1) 计算得到 $k_{12} = k_{13} = k_{23} = 0$, 说明三者之间完全不存在冲突, 这显然是不合理的。

因此, 有些时候冲突系数 k 并不能很好地度量证据之间的冲突。一方面 k 仅考虑了证据之间焦元的互斥性却忽视了相容焦元下的那部分冲突; 另一方面 k 落脚于局部的焦元却忽视了证据整体的一致性。

3.3.2 Jousselme 证据距离

在文献 [57] 中, Jousselme 等提出了一种在向量空间中度量证据距离的方法, 其定义如下。

定义 3.1 (Jousselme 证据距离) 假设 m_1 和 m_2 是辨识框架 Θ 下的两条证据, 则 m_1 和 m_2 之间的距离为

$$d_{\text{BPA}}(m_1, m_2) = \sqrt{\frac{1}{2}(\vec{m}_1 - \vec{m}_2)^{\text{T}} \underline{D} (\vec{m}_1 - \vec{m}_2)} \tag{3.2}$$

式中, $\vec{m}_1$ 和 $\vec{m}_2$ 是两条 BPA; $\underline{D}$ 是一个 $2^{|\Theta|} \times 2^{|\Theta|}$ 的矩阵, 其中矩阵的元素为 $D(A,B) = \dfrac{|A \cap B|}{|A \cup B|}$, 即两个集合交集的势与并集的势之比。

证据距离的另一种表达方式为

$$d_{\text{BPA}}\left(m_1, m_2\right) = \sqrt{\frac{1}{2}\left(\left\|\vec{m}_1\right\|^2 + \left\|\vec{m}_2\right\|^2 - 2\left\langle\vec{m}_1, \vec{m}_2\right\rangle\right)} \tag{3.3}$$

其中，$\langle\vec{m}_1, \vec{m}_2\rangle$ 表示的是两条证据向量的标量积：

$$\langle\vec{m}_1, \vec{m}_2\rangle = \sum_{i=1}^{2^{|\Theta|}} \sum_{i=1}^{2^{|\Theta|}} m_1\left(A_i\right) m_2\left(A_j\right) \frac{\left|A_i \cap A_j\right|}{\left|A_i \cup A_j\right|} \tag{3.4}$$

其中，$A_i, A_j \in P(\Theta)$，$\|\vec{m}\|^2 = \langle\vec{m}, \vec{m}\rangle$。

　　Jousselme 证据距离是从空间向量的角度度量两条证据之间的距离，它具有非负性、对称性，且满足三角不等式公理等性质。Jousselme 证据距离是非一致性冲突度量的代表方法之一，它不仅考虑了焦元的互斥性，还考虑了具有包容性的焦元之间的部分冲突信息。Jousselme 证据距离可以比较有效地度量证据之间的差异性，证据之间的距离越大，两条证据之间的差异度越大，当证据完全冲突时取得最大值 1。证据距离越小，两条证据之间的差异度越小。当证据完全相同时，证据距离取最小值 0。因此，Jousselme 证据距离可被用来度量证据之间的冲突。一般认为，证据距离越小，证据越相似，证据之间的冲突程度越小；反之，证据距离越大，证据的冲突程度越大[98]。然而，研究发现，Jousselme 证据距离在某些情况下也存在不合理之处，如例 3.5 所示。

　　例 3.5　假设在辨识框架 $\Theta = \{a, b, c, d\}$ 下有两条证据表示为

$$m_1: \quad m_1(a) = 0.5, m_1(b) = 0.5, m_1(c) = 0, m_1(d) = 0$$
$$m_2: \quad m_2(a) = 0, m_2(b) = 0, m_2(c) = 0.5, m_2(d) = 0.5$$

　　在该例子中，证据 m_1 支持命题 a 和 b，而证据 m_2 支持命题 c 和 d。由于两条证据所支持的焦元没有任何交集，从非一致性和对立性而言可以认为这两条证据完全冲突。如果用 Jousselme 证据距离度量它们的非一致性，最合理的结果应该取最大值，即为 1。然而，在这种情况下，如果把证据表示为向量 $\vec{V} = (a, b, c, d)$ 的形式，则有

$$\vec{m}_1 = (0.5, 0.5, 0, 0)$$
$$\vec{m}_2 = (0, 0, 0.5, 0.5)$$
$$\vec{m}_1 - \vec{m}_2 = (-0.5, -0.5, 0.5, 0.5)$$
$$\underline{\underline{D}} = \begin{pmatrix} 1 & & & \\ & 1 & & \\ & & 1 & \\ & & & 1 \end{pmatrix}$$

由式 (3.2) 得

$$d = \sqrt{\frac{1}{2} \times (-0.5, -0.5, 0.5, 0.5) \begin{pmatrix} 1 & & & \\ & 1 & & \\ & & 1 & \\ & & & 1 \end{pmatrix} (-0.5, -0.5, 0.5, 0.5)^{\mathrm{T}}}$$

$$= \sqrt{0.5} = 0.707$$

从计算结果可以看出, 在这种完全冲突的情况下, Jousselme 证据距离的计算结果却并不是 1。

通过证据距离的第二种表达, 也能比较直观地理解导致结果不合理的原因。

两条证据中彼此不存在有交集的焦元, 即式 (3.4) 中任意 $|A_i \cap A_j| = 0$, 因此式 (3.4) 的计算结果为 0。在这种情况下, 式 (3.3) 可以修改为

$$d_{\mathrm{BPA}}(m_1, m_2) = \sqrt{\frac{1}{2} \left(\|\vec{m}_1\|^2 + \|\vec{m}_2\|^2 \right)} \tag{3.5}$$

基于此可得到一个推广: 假设有两条证据 m_1 和 m_2, 对于证据 m_1 中的任一焦元都无法在证据 m_2 中找到与之相同相交不为空的焦元, 这时, Jousselme 证据距离都可表示为式 (3.5) 的形式。由于 $\|\vec{m}\|^2 \leqslant 1$, 最终计算结果必然在 $[0,1]$ 内, 并不能保证证据完全冲突时 Jousselme 证据距离度量结果为 1。

综上分析可知, Jousselme 等利用空间向量的方法提出证据距离的概念, 并以此把证据之间的一致性映射到 $[0,1]$。虽然 Joussemle 证据距离考虑了证据之间的非一致性特征, 但在一些情况下非一致性到距离转换过程并不能保证是一个合理的映射。

3.3.3 Pignistic 概率距离以及二元组冲突表示方法

1. Pignistic 概率转换

通过证据融合, 不仅希望得到的信息尽可能的合理和可靠, 还希望信息的不确定度尽可能的低, 这样将更利于决策。然而运用 Dempster 组合规则进行证据融合后的 BPA 可能包含了较大的不确定性 (如当有较大信度分配给了多子集命题时), 这将不利于人们做出决策判断。目前, 基于概率的决策方法比较成熟, 而且应用较为广泛。因此, 在决策环节一般都将 BPA 转换为概率。现有的 BPA 转换为概率的方法有许多, 可以参考相关文献[96, 105, 106], 本小节重点介绍 Smets 的 Pignistic 概率转换[96]。这一概念在第 2 章中涉及过, 但为了增强内容的完整性, 这里再次给出其定义。

定义 3.2 假设 $m(A)$ 是辨识框架 Θ 下的一条 BPA, 则它在 Θ 下的 Pignistic 概率转换函数 $\mathrm{Bet}P_m : \Theta \to [0,1]$ 定义为

$$\mathrm{Bet}P_m(\theta_i) = \sum_{A \subseteq \Theta, \theta_i \in A} \frac{1}{|A|} \frac{m(A)}{1 - m(\varnothing)} \tag{3.6}$$

其中, $m(\varnothing) \neq 1$, $|A|$ 是集合 A 的势。

Pignistic 概率转换函数 $\mathrm{Bet}P_m$ 可以拓展到幂集空间 2^Θ 上表示为

$$\mathrm{Bet}P_m(A) = \sum_{\forall A \subseteq \Theta, \theta \in A} \mathrm{Bet}P_m(\theta) \tag{3.7}$$

从 m 到 $\mathrm{Bet}P_m$ 的过程称为 Pignistic 转换或博弈概率转换。

2. Pignistic 概率距离

Liu[56] 基于 Pignistic 概率转换函数提出了 Pignistic 概率距离, 用来表示证据之间的冲突程度, 其定义如下。

定义 3.3 假设 m_1 和 m_2 是定义在辨识框架 Θ 下的两条证据, $\mathrm{Bet}P_{m_1}$ 和 $\mathrm{Bet}P_{m_2}$ 分别表示它们对应的 Pignistic 概率转换, 那么 m_1 和 m_2 之间的 Pignistic 概率距离定义为

$$\mathrm{difBet}P = \max_{A \in 2^\Theta} (|\mathrm{Bet}P_{m_1}(A) - \mathrm{Bet}P_{m_2}(A)|) \tag{3.8}$$

其中, $(|\mathrm{Bet}P_{m_1}(A) - \mathrm{Bet}P_{m_2}(A)|)$ 表示两个证据体之间对于子集 A 的博弈概率差异, 而 $\mathrm{difBet}P$ 表示的是最大的博弈概率差异。值得注意的是, 子集 A 为辨识框架幂集空间内的任意元素, 意味着可以为单子集也可以为多子集。

Pignistic 概率距离的关键点是通过概率转换后比较证据之间每一个命题的博弈概率值, 并用最大的差值代表两条证据之间的分歧程度, 从而表示证据之间的冲突大小。从本章提出的冲突分析两个层面来看, Pignistic 概率距离首先通过 Pignistic 概率转换将焦元层面的冲突转换为信度层面的冲突。在这一过程, 单子集和相容的多子集之间的信度存在一定的转换关系, 而互斥的焦元之间互不影响, 这体现了 Pignistic 概率距离考虑了焦元层面冲突的两个关键因素。在信度层面, 转换后的证据只需要考虑命题之间的概率之差即可。因此, Pignistic 概率距离是一个比较有效的冲突度量方法, 但是这种方法也存在不足, 如在冲突度量之前首先进行 Pignistic 概率转换不但增加了计算成本, 也造成了一定的信息损失, 可能会弱化冲突度量结果, 如例 3.6 所示。

例 3.6 假设在辨识框架 $\Theta = \{a, b, c\}$ 下有三条证据, 分别表示为

$$m_1: \quad m_1(a) = 1/6, m_1(bc) = 1/3, m_1(abc) = 1/2$$
$$m_2: \quad m_2(a) = 1/3, m_2(b) = 1/3, m_2(c) = 1/3$$
$$m_3: \quad m_3(abc) = 1$$

利用 Jousselme 证据距离度量的冲突结果分别为

$$d_{\mathrm{BPA}}(m_1, m_2) = 0.4082$$
$$d_{\mathrm{BPA}}(m_1, m_3) = 0.2357$$
$$d_{\mathrm{BPA}}(m_2, m_3) = 0.5774$$

上述结果表明三条证据之间存在一定程度的非一致性, 即三者之间存在一定的冲突。然而, 通过式 (3.6) 和式 (3.7), 三条证据转换后的 Pignistic 概率函数相同。对于 $i = 1, 2, 3$, 证据 m_i 的 Pignistic 概率转换函数可以表示为

$$\mathrm{Bet}P_{m_i}: \quad \mathrm{Bet}P(a) = \mathrm{Bet}P(b) = \mathrm{Bet}P(c) = 1/3$$
$$\mathrm{Bet}P(ab) = \mathrm{Bet}P(ac) = \mathrm{Bet}P(bc) = 2/3$$
$$\mathrm{Bet}P(abc) = 1$$

上述证据在概率转换后完全消除了差异性, 虽然此时三条 BPA 两两之间的 Pignistic 概率距离 difBet$P$ 均为 0, 但这并不能表示三者之间的冲突为 0, 这是因为证据在概率转换过程中已损失了一部分有效信息。

此外, Pignistic 概率距离不满足距离度量的三公理 (即非负性、对称性、三角不等式), 因此不是一个严格的距离测度[107]。

3. 二元组的冲突表示

Liu[56] 认为 k 和 difBet$P$ 度量了证据冲突的不同方面, 提出了由 difBet$P$ 和 k 组成的二元组来判断证据是否冲突的方法, 其定义如下。

定义 3.4 假设 m_1 和 m_2 分别为两条证据, 令

$$\mathrm{cf}(m_1, m_2) = \langle m_{\oplus}(\varnothing), \mathrm{difBet}P \rangle$$

为表示证据冲突的一个二元组, 其中 $m_{\oplus}(\varnothing)$ 是用 Dempster 组合规则融合证据后空集的概率指派即 k, difBet$P$ 为两条证据的 Pignistic 概率距离。当且仅当 $m_{\oplus}(\varnothing) > \varepsilon$, difBet$P > \varepsilon$ 时, 称证据 m_1 和 m_2 互相冲突, 其中 $\varepsilon \in [0, 1]$ 是冲突判定的阈值。

Liu 的二元组冲突表示同时利用了 $m_{\oplus}(\varnothing)$ 和 difBet$P$ 的信息, 认为只有当两个判定值都达到一定的阈值时, 证据才是冲突的。然而, 这种方法也存在着一定的缺点: 首先, 它需要参考两种度量参数, 使用起来不如单参数的方便; 其次, 通过阈值判断是否冲突时会得到四种不同的结果, 即

$$m_{\oplus}(\varnothing) > \varepsilon, \quad \mathrm{difBet}P > \varepsilon$$

$$m_{\oplus}(\varnothing) < \varepsilon, \quad \mathrm{difBet}P < \varepsilon$$

$$m_{\oplus}(\varnothing) > \varepsilon, \quad \mathrm{difBet}P < \varepsilon$$

$$m_{\oplus}(\varnothing) < \varepsilon, \quad \mathrm{difBet}P > \varepsilon$$

这将导致后续的冲突处理方法变得更加复杂。另外，二元组的冲突度量方法也不可避免地继承了包含的两种指标的缺点，如例 3.7 所示。

例 3.7　在辨识框架 $\Theta = \{a, b, c\}$ 下有两条证据表示为

$$m_1: \quad m_1(a) = 1/3, m_1(b) = 1/3, m_1(c) = 1/3$$

$$m_2: \quad m_2(abc) = 1$$

由例 3.6 可知，由于 Pignistic 概率转换损失了非一致性信息，会导致证据 m_1, m_2 的 Pignistic 概率距离为 0。此外，证据 m_1 中的焦元都与证据 m_2 中的焦元存在交集，根据例 3.4 分析可知，因为 k 忽视了相容焦元的冲突信息，所以它的度量结果为 0。因此，二元组冲突表示为 $\langle 0, 0 \rangle$。由二元组冲突表示的定义可知，冲突的判别需要一定的阈值。然而，这种情况下无论阈值取何值，都会认为证据之间不存在冲突。

3.4　基于证据关联系数的冲突度量

3.3 节回顾了一些经典的冲突度量方法，发现无论是基于单参数的 k 或 d_{BPA} 的度量方法，或是基于双参数的二元组度量方法，都存在着一定的不足和缺陷。本节将提出一种新的单参数冲突度量方法 —— 证据关联系数法。该方法通过充分度量证据焦元之间的互斥性和相容性中的非包含程度来研究证据之间的相似程度。若证据间的冲突越大，则证据之间的关联性越小；反之，冲突越小，证据的关联性越大。因此，可以利用证据关联系数间接度量证据冲突大小。下面首先对证据关联系数进行介绍。

3.4.1　证据关联系数

定义 3.5 (证据关联系数)　辨识框架 Θ 包含 N 个元素，假设有两条证据 m_1 和 m_2，则 m_1 和 m_2 之间的证据关联系数定义为

$$r_{\mathrm{BPA}}(m_1, m_2) = \frac{c(m_1, m_2)}{\sqrt{c(m_1, m_1) \cdot c(m_2, m_2)}} \tag{3.9}$$

其中，$c(m_1, m_2)$ 是 m_1 和 m_2 之间的关联程度，其定义如下：

$$c(m_1, m_2) = \sum_{i=1}^{2^N} \sum_{j=1}^{2^N} m_1(A_i) m_2(A_j) \frac{|A_i \cap A_j|}{|A_i \cup A_j|} \tag{3.10}$$

其中, $i, j = 1, 2, \cdots, 2^N$; A_i, A_j 分别为 m_1, m_2 的焦元; $|\cdot|$ 是焦元的势。

3.4.2 证据关联系数的性质

证据关联系数满足以下性质。

假设 m_1 和 m_2 是定义在辨识框架 $\varTheta$ 下的两条证据, $r_{\mathrm{BPA}}(m_1, m_2)$ 表示两条证据的证据关联系数, 则有

(1) $r_{\mathrm{BPA}}(m_1, m_2) = r_{\mathrm{BPA}}(m_2, m_1)$;

(2) $0 \leqslant r_{\mathrm{BPA}}(m_1, m_2) \leqslant 1$;

(3) 若 $m_1 = m_2$, $r_{\mathrm{BPA}}(m_1, m_2) = 1$;

(4) $r_{\mathrm{BPA}}(m_1, m_2) = 0 \Leftrightarrow (\cup A_i) \cap (\cup A_j) = \varnothing$, 其中 A_i, A_j 分别为 m_1, m_2 的焦元。

为便于后续的证明, 在证明上述四条性质之前首先引入一条引理及其证明。

引理 3.1 对向量的 2-范数, 以及任意非零向量 $\xi = (\xi_1, \xi_2, \cdots, \xi_n)^{\mathrm{T}}$, $\eta = (\eta_1, \eta_2, \cdots, \eta_n)^{\mathrm{T}}$, 范数三角不等式 $\|\xi + \eta\|_2 \leqslant \|\xi\|_2 + \|\eta\|_2$ 中等号成立的条件为当且仅当 $\xi = k\eta$, 其中 k 为常数。

证明

$$\|\xi + \eta\|_2^2 \leqslant (\|\xi\|_2 + \|\eta\|_2)^2$$
$$(\xi_1 + \eta_1)^2 + (\xi_2 + \eta_2)^2 + \cdots + (\xi_n + \eta_n)^2$$
$$\leqslant (\sqrt{\xi_1^2 + \xi_2^2 + \cdots + \xi_n^2} + \sqrt{\eta_1^2 + \eta_2^2 + \cdots + \eta_n^2})^2$$
$$\xi_1\eta_1 + \xi_2\eta_2 + \cdots + \xi_n\eta_n \leqslant \sqrt{(\xi_1^2 + \xi_2^2 + \cdots + \xi_n^2)(\eta_1^2 + \eta_2^2 + \cdots + \eta_n^2)}$$

由 Cauchy-Buniakowsky-Schwarz 不等式, 可得上式等号成立的条件为 $\dfrac{\xi_1}{\eta_1} = \dfrac{\xi_2}{\eta_2} = \cdots = \dfrac{\xi_n}{\eta_n} = k$, 即 $\xi = k\eta$。

证据关联系数性质证明如下。

证明 将幂集 $2^{\varTheta}$ 中的 2^N 个元素按下列顺序排列 $\{\varnothing, a, b, \cdots, N, ab, ac, \cdots, abc, \cdots\}$, 则 m_1, m_2 可以表示成一个确定的列向量, 即

$$m_1: \quad x = (m_1(\varnothing), m_1(a), m_1(b), \cdots, m_1(N), m_1(ab), m_1(ac), \cdots)^{\mathrm{T}}$$

$$m_2: \quad y = (m_2(\varnothing), m_2(a), m_2(b), \cdots, m_2(N), m_2(ab), m_2(ac), \cdots)^{\mathrm{T}}$$

做矩阵 $D = \dfrac{|A_i \cap A_j|}{|A_i \cup A_j|}$，其中 $A_i,\ A_j \in 2^\Theta$ 并且排列方法与前面对应，则 D 为

正定矩阵，从而 $\exists C \in R_{2^N}^{2^N \times 2^N}$ 满足 $D = C^{\mathrm{T}}C$。显然 $c(m_1, m_1) = x^{\mathrm{T}}Dx = x^{\mathrm{T}}C^{\mathrm{T}}Cx$，类似地有 $c(m_1, m_2) = x^{\mathrm{T}}C^{\mathrm{T}}Cy$，$c(m_2, m_2) = y^{\mathrm{T}}C^{\mathrm{T}}Cy$，$r_{\mathrm{BPA}}(m_1, m_2) = $

$\dfrac{x^{\mathrm{T}}C^{\mathrm{T}}Cy}{\sqrt{x^{\mathrm{T}}C^{\mathrm{T}}Cx}\sqrt{y^{\mathrm{T}}C^{\mathrm{T}}Cy}}$。则有

(1) $r_{\mathrm{BPA}}(m_1, m_2) = \dfrac{x^{\mathrm{T}}C^{\mathrm{T}}Cy}{\sqrt{x^{\mathrm{T}}C^{\mathrm{T}}Cx}\sqrt{y^{\mathrm{T}}C^{\mathrm{T}}Cy}}$，$r_{\mathrm{BPA}}(m_2, m_1) = $

$\dfrac{y^{\mathrm{T}}C^{\mathrm{T}}Cx}{\sqrt{x^{\mathrm{T}}C^{\mathrm{T}}Cx}\sqrt{y^{\mathrm{T}}C^{\mathrm{T}}Cy}}$。又 $x^{\mathrm{T}}C^{\mathrm{T}}Cy$ 为实数，$x^{\mathrm{T}}C^{\mathrm{T}}Cy = (x^{\mathrm{T}}C^{\mathrm{T}}Cy)^{\mathrm{T}} = y^{\mathrm{T}}C^{\mathrm{T}}Cx$。

也即 $r_{\mathrm{BPA}}(m_1, m_2) = r_{\mathrm{BPA}}(m_2, m_1)$。

(2) 所有 $x,\ y,\ D$ 中的元素为非负实数，显然有 $r_{\mathrm{BPA}}(m_1, m_2) = $

$\dfrac{x^{\mathrm{T}}Dy}{\sqrt{x^{\mathrm{T}}Dx}\sqrt{y^{\mathrm{T}}Dy}} \geqslant 0$。注意到：$x^{\mathrm{T}}C^{\mathrm{T}}Cx = (Cx)^{\mathrm{T}}(Cx) = \|Cx\|_2^2$，从而根据 2-范数的三角不等式性质可以得到：

$$\|C(x+y)\|_2^2 \leqslant (\|Cx\|_2 + \|Cy\|_2)^2$$
$$(x+y)^{\mathrm{T}}C^{\mathrm{T}}C(x+y) \leqslant (\sqrt{x^{\mathrm{T}}C^{\mathrm{T}}Cx} + \sqrt{y^{\mathrm{T}}C^{\mathrm{T}}Cy})^2 x^{\mathrm{T}}C^{\mathrm{T}}Cx$$
$$+ x^{\mathrm{T}}C^{\mathrm{T}}Cy + y^{\mathrm{T}}C^{\mathrm{T}}Cx + y^{\mathrm{T}}C^{\mathrm{T}}Cy$$
$$\leqslant x^{\mathrm{T}}C^{\mathrm{T}}Cx + y^{\mathrm{T}}C^{\mathrm{T}}Cy + 2\sqrt{x^{\mathrm{T}}C^{\mathrm{T}}Cx y^{\mathrm{T}}C^{\mathrm{T}}Cy}$$
$$x^{\mathrm{T}}C^{\mathrm{T}}Cy \leqslant \sqrt{x^{\mathrm{T}}C^{\mathrm{T}}Cx y^{\mathrm{T}}C^{\mathrm{T}}Cy} \quad (x^{\mathrm{T}}C^{\mathrm{T}}Cy = y^{\mathrm{T}}C^{\mathrm{T}}Cx)$$

从而有

$$r_{\mathrm{BPA}}(m_1, m_2) = \dfrac{x^{\mathrm{T}}C^{\mathrm{T}}Cy}{\sqrt{x^{\mathrm{T}}C^{\mathrm{T}}Cx}\sqrt{y^{\mathrm{T}}C^{\mathrm{T}}Cy}} \leqslant 1$$

(3) $r_{\mathrm{BPA}}(m_1, m_2) = 1$，即 $x^{\mathrm{T}}C^{\mathrm{T}}Cy = \sqrt{x^{\mathrm{T}}C^{\mathrm{T}}Cx y^{\mathrm{T}}C^{\mathrm{T}}Cy}$，则 $\|C(x+y)\|_2 = \|Cx\|_2 + \|Cy\|_2$。根据引理 3.1 可以得到 $Cx = kCy$。又因为 C 为可逆矩阵，故 $x = ky$。考虑到向量 x 和 y 各自代表一个 BPA，它们的长度均为 1，从而 $x = y$，$m_1 = m_2$。

(4) 若 $r_{\mathrm{BPA}}(m_1, m_2) = \dfrac{c(m_1, m_2)}{\sqrt{c(m_1, m_1) \times c(m_2, m_2)}} = 0$，则

$$c(m_1, m_2) = \sum_{i=1}^{2^N}\sum_{j=1}^{2^N} m_1(A_i)m_2(A_j)\dfrac{|A_i \cap A_j|}{|A_i \cup A_j|} = 0$$

上式表明如果 $m_1(A_i)m_2(A_j) \neq 0$，即 $A_i,\ A_j$ 分别为 $m_1,\ m_2$ 各自的焦元时，必有 $|A_i \cap A_j| = 0$，等价于 $A_i \cap A_j = \varnothing$。若 $A_i,\ A_j$ 为 $m_1,\ m_2$ 的焦元，有 $(\forall A_i) \cap (\forall A_j) = \varnothing$。从而 $(\cup A_i) \cap (\cup A_j) = \varnothing$，反之亦然。

3.4.3 基于证据关联系数的冲突表示

如上所述，证据关联系数 r_{BPA} 度量了两条证据之间的相互关联程度。关联系数越大，证据之间的关联性越强，冲突越小，$r_{\text{BPA}} = 1$ 表示两条证据完全相同。反之，关联系数越小，证据关联性越弱，证据的差异性越大，证据之间的冲突越大，$r_{\text{BPA}} = 0$ 则表示两条证据完全冲突。基于此，有如下基于证据关联系数的冲突度量方案。

定义 3.6 假设 m_1 和 m_2 是定义在辨识框架 Θ 下的两条证据，$r_{\text{BPA}}(m_1, m_2)$ 表示它们之间的证据关联系数，则基于证据关联系数的冲突系数 k_r 可定义为

$$
\begin{aligned}
k_r(m_1, m_2) &= 1 - r_{\text{BPA}}(m_1, m_2) \\
&= 1 - \frac{c(m_1, m_2)}{\sqrt{c(m_1, m_1) \cdot c(m_2, m_2)}}
\end{aligned}
\tag{3.11}
$$

其中，$k_r(m_1, m_2)$ 表示证据 m_1, m_2 之间的冲突程度。冲突系数 k_r 越大，证据之间的冲突程度越大。证据关联系数将证据关联程度映射到了区间 $[0,1]$，因此冲突系数也是区间 $[0,1]$ 内的数。$k_r(m_1, m_2) = 1$ 表示两条证据完全冲突。冲突系数越小，证据之间的冲突程度越小，$k_r(m_1, m_2) = 0$ 表示两条证据完全相同，不存在冲突。

下面将通过具体算例的分析，以及与 3.3 节介绍的几种冲突度量方法进行对比，来说明本方法的有效性。通常情况下，仅仅依靠几组证据并不能表现一个冲突度量方法的特点和优点，下面将采用变信度和变焦元的动态检验方式对比这几种冲突度量方法。所谓变信度是指保持证据的焦元不变，而焦元的信度按照一定的规律发生递增或递减的变化；类似，变焦元指保持信度不变而让某个或者某些焦元按照一定的规律发生变化。首先给出一个变信度的例子。

例 3.8 假设在辨识框架 $\Theta = \{a, b\}$ 下有两条初始证据：

$$m_1: \quad m_1(a) = 0, m_1(b) = 1$$

$$m_2: \quad m_2(a) = 1, m_2(b) = 0$$

假设证据 m_1 中命题 $\{a\}$ 和 $\{b\}$ 的信度以 0.05 为步长分别递增和递减，并使证据 m_2 按相反方式变化，则可得到 20 对新的证据，如下：

第 1 对

$$m_1: \quad m_1(a) = 0.05, m_1(b) = 0.95$$

$$m_2: \quad m_2(a) = 0.95, m_1(b) = 0.05$$

第 2 对

$$m_1: \quad m_1(a) = 0.1, m_1(b) = 0.9$$

$$m_2: \quad m_2(a) = 0.9, m_1(b) = 0.1$$

$$\vdots$$

第 20 对

$$m_1: \quad m_1(a) = 1, m_1(b) = 0$$

$$m_2: \quad m_2(a) = 0, m_1(b) = 1$$

　　表 3.1 列出了 k_r、k、d_{BPA} 和 difBet$P$ 四种冲突度量系数测得的 21 组 (包括初始证据) 冲突度量结果,其变化趋势如图 3.4 所示。从中可以看出这四种方法具有相似的冲突变化趋势,即在 BPA 变化前的初始状态和变化后最终状态下,由于两条证据完全冲突,四种冲突度量方法同时取得最大值 1。当证据完全相同,即 $m_1(a) = m_1(b) = 0.5$,$m_2(a) = m_2(b) = 0.5$ 时,两条证据之间的冲突程度取得最小值。而由于 k 对证据的一致性不敏感,可以看到,当两条证据完全相同时,k 为 0.5,这是不合理的。而其他三种方法计算结果都是 0,认为相同的证据之间不存在冲突。本例中 Jousselme 证据距离和 Pignistic 概率距离在冲突度量上的结果相同,曲线也完全重合。而本章提出的基于证据关联系数的冲突度量方法和这两种方法的度量结果接近,不同的是本节提出的新方法是呈非线性变化的。因此,该算例结果表明,基于证据关联系数的冲突度量方法是有效的。

表 3.1　变信度情况下的冲突度量

组号	$m_1(a)$	$m_1(b)$	k_r	k	d_{BPA}	difBet$P$
0	0.0	1.0	1.0000	1.0000	1.0000	1.0000
1	0.05	0.95	0.8950	0.9050	0.9000	0.9000
2	0.10	0.90	0.7805	0.8200	0.8000	0.8000
3	0.15	0.85	0.6577	0.7450	0.7000	0.7000
4	0.20	0.80	0.5294	0.6800	0.6000	0.6000
5	0.25	0.75	0.4000	0.6250	0.5000	0.5000
6	0.30	0.70	0.2759	0.5800	0.4000	0.4000
7	0.35	0.65	0.1651	0.5450	0.3000	0.3000
8	0.40	0.60	0.0769	0.5200	0.2000	0.2000
9	0.45	0.55	0.0198	0.5050	0.1000	0.1000
10	0.50	0.50	0.0000	0.5000	0.0000	0.0000
11	0.55	0.45	0.0198	0.5050	0.1000	0.1000
12	0.60	0.40	0.0769	0.5200	0.2000	0.2000
13	0.65	0.35	0.1651	0.5450	0.3000	0.3000
14	0.70	0.30	0.2759	0.5800	0.4000	0.4000
15	0.75	0.25	0.4000	0.6250	0.5000	0.5000
16	0.80	0.20	0.5294	0.6800	0.6000	0.6000
17	0.85	0.15	0.6577	0.7450	0.7000	0.7000
18	0.90	0.10	0.7805	0.8200	0.8000	0.8000
19	0.95	0.05	0.8950	0.9050	0.9000	0.9000
20	1.0	0.0	1.0000	1.0000	1.0000	1.0000

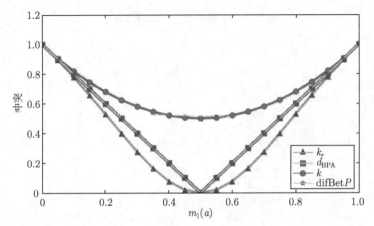

图 3.4 变信度情况下的冲突度量

例 3.9 是一个变焦元的例子。保持第二条证据不变，让第一条证据中焦元 A 的元素个数从 1 到 20 递增，而保持其信度不发生变化。

例 3.9 假设在辨识框架 $\Theta = \{1,2,3,4,\cdots,20\}$ 下有两条证据表示为

m_1： $m_1(2,3,4) = 0.05, m_1(7) = 0.05, m_1(\Theta) = 0.1, m_1(A) = 0.8$

m_2： $m_2(1,2,3,4,5) = 1$

其中集合 A 取值变化如下：

$$\{1\}, \{1,2\}\{1,2,3\}, \cdots, \{1,2,3,\cdots,19,20\}$$

利用 k_r，d_{BPA}，k 以及 difBet$P$ 度量这两组证据之间的冲突变化，其结果如表 3.2 和图 3.5 所示。

由图 3.5 可知，Jousselme 证据距离 d_{BPA}，Pignistic 概率距离 difBet$P$ 和本节提出的 k_r 度量冲突变化的走势相同。当集合 A 从 $\{1\}$ 变化到 $\{1,2,\cdots,5\}$ 时，两条证据之间的冲突变小；当集合 A 从 $\{1,2,\cdots,5\}$ 变化到 $\{1,2,\cdots,20\}$ 时，证据之间的冲突增大。证据 m_1 和 m_2 在集合 A 取 $\{1,2,3,4,5\}$ 时冲突达到最小值 (图中 k_r 接近 0 但不等于 0)，这符合我们的直觉分析。然而，冲突系数 k 不能体现出冲突的变化，始终是 0.05，这也进一步说明了冲突系数 k 并不能很好地度量证据的冲突。

3.3 节中列举了许多较为典型的冲突度量案例，可以看出 d_{BPA}、k 和 difBet$P$ 存在着一定的不足之处。接下来依然使用这些案例，将本节提出的基于证据关联系数的冲突表示和以上几种方法加以对比，进一步说明所提出方法的优点。如表 3.3 所示，有 6 组具有不同冲突程度的两条证据 m_1 和 m_2，它们分别代表了几种常见的冲突类型，下面分别计算 d_{BPA}、k_r、k 和 difBet$P$ 四种冲突度量值。

表 3.2　变焦元情况下的冲突度量

A	k_r	d_{BPA}	k	difBet$P$
{1}	0.7348	0.7858	0.05	0.7300
{1,2}	0.5483	0.6866	0.05	0.5516
{1,2,3}	0.3690	0.5705	0.05	0.3733
{1,2,3,4}	0.1964	0.4237	0.05	0.1950
{1,2,3,4,5}	0.0094	0.1323	0.05	0.1250
{1,2,···,6}	0.1639	0.3884	0.05	0.2583
{1,2,···,7}	0.2808	0.5029	0.05	0.3535
{1,2,···,8}	0.3637	0.5705	0.05	0.4250
{1,2,···,9}	0.4288	0.6187	0.05	0.4806
{1,2,···,10}	0.4770	0.6554	0.05	0.5250
{1,2,···,11}	0.5202	0.6844	0.05	0.5614
{1,2,···,12}	0.5565	0.7082	0.05	0.5916
{1,2,···,13}	0.5872	0.7281	0.05	0.6173
{1,2,···,14}	0.6137	0.7451	0.05	0.6392
{1,2,···,15}	0.6367	0.7599	0.05	0.6583
{1,2,···,16}	0.6569	0.7730	0.05	0.675
{1,2,···,17}	0.6748	0.7846	0.05	0.6897
{1,2,···,18}	0.6907	0.7951	0.05	0.7028
{1,2,···,19}	0.7050	0.8046	0.05	0.7144
{1,2,···,20}	0.7178	0.8133	0.05	0.7250

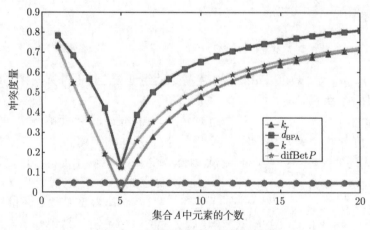

图 3.5　不同方法下的证据冲突程度

表 3.3 中第 1 组是证据高度冲突的情况，一条证据几乎完全支持焦元 a, 另一条证据相反，几乎完全支持焦元 b。由表 3.3 可知证据距离 d_{BPA} 和 difBet$P$ 度量的结果是 0.99，而 k_r 和 k 高达 0.9999，说明在这种情况下四种方法对高冲突证据的冲突度量均有效。

第 2 组是证据完全冲突的情况。通过对比可知，k、difBet$P$、k_r 计算结果均是

表 3.3 变焦元情况下的冲突度量

组号	m_1	m_2	d_{BPA}	k_r	k	difBet$P$
1	$m(a)=0.99, m(b)=0.01$	$m(b)=0.01, m(c)=0.99$	0.99	0.9999	0.9999	0.99
2	$m(a)=0.5, m(b)=0.5$	$m(c)=0.5, m(d)=0.5$	0.7071	1	1	1
3	$m(a)=0.9, m(ac)=0.1$	$m(abc)=1$	0.767	0.6156	0	0.6167
4	$m(i)=1/|\Theta|, |\Theta|=10$	$m(i)=1/|\Theta|, |\Theta|=10$	0	0	0.9	0
5	$m(a)=1/6, m(ba)=1/3,$ $m(abc)=1/2$	$m(u)=m(b)=m(c)=1/3$	0.4808	0.2929	0.2222	0
6	$m(a)=m(b)=m(c)=1/3$	$m(abc)=1$	0.5774	0.4226	0	0

1,而 Jousselme 证据距离计算结果是 0.707,这显然是不合理的,原因前面已经介绍过,这里就不再详述。这个例子也说明了在冲突度量方面,证据关联系数比证据距离的鲁棒性更强,能适用的冲突度量范围更加广泛。

第 3 组和第 4 组数据分别对应 3.3 节例 3.3 和例 3.4 。第 3 组中证据之间的焦元是相容的,冲突系数因为没有考虑这部分的冲突信息因而结果为 0;其他三种方法的计算结果不为零,并且新的冲突系数得出的结果几乎与 Pignistic 概率距离相同,说明了该方法的有效性。第 4 组下的两条证据完全相同并没有冲突,可以看出 k 高达 0.9,其他三种方法的结果都为 0,说明了这三种方法都能有效地度量证据之间的一致性,这对于冲突度量十分关键。

通过第 5 组可以验证 Pignistic 概率转换过程证据会损失一部分非一致性信息。由计算结果可以看出,difBet$P$ 为 0,而其他三种的计算结果都不为 0。第 6 组结合了第 3 组和第 5 组的数据特征,可以看出此时 difBet$P$ 和冲突系数 k 的结果都为 0,表示证据完全冲突;而 Jousselme 证据距离和新的冲突系数 k_r 能够合理地给出度量结果。

在本小节中通过一般性的动态检验案例发现新的冲突系数 k_r 在冲突度量的效果上和 Jousselme 证据距离以及 difBet$P$ 相近,但在某些情况下,只有新提出的 k_r 能够有效地度量各种证据之间的冲突程度,因此 k_r 的适用性和鲁棒性更强。

3.4.4 新冲突表示方法下的组合规则适用性

证据冲突是导致证据融合结果不合理或者效果不佳的主要原因之一。如果冲突过大,直接使用 Dempster 组合规则会给融合带来一定的风险。因此,证据之间冲突大小对于证据融合具有重要的指导意义,在融合证据前有必要参考证据的冲突大小,根据冲突度量结果初步判别组合规则是否适用。如果组合规则不能直接使用,就必须引入有效的冲突处理方法。目前,冲突证据的融合方法很多,一般分为两种:一种方法是修改 Dempster 组合规则,即通过一种修正组合规则来融合证据。新的组合规则能够在证据冲突的情况下得到较为合理的融合结果,而在证据不冲突的情况下与利用 Dempster 组合规则得到的融合结果相近。例如，Lefevre、Dubois、Yager 和 Smets 等著名学者均提出了新的组合规则[61,108-110]。另一种方法中，一些学者认为不应该将融合结果的不合理完全归咎于组合规则，新的组合规则难以保留经典组合规则的优点，如会破坏 Dempster 规则的交换律、结合律等良好的数学特性。因此，他们认为应该在不改变证据主要信息的情况下，通过较为合理的方式修改证据，使得修改后的证据能够适用于 Dempster 组合规则[27, 93, 98, 99, 111, 112]。关于如何进行冲突证据处理，将会在第 4 章重点介绍。本小节则重点讨论冲突与组合规则的适用性关系。

在文献 [56] 中，Liu 基于二元组 $\langle k, \mathrm{difBet}P \rangle$ 讨论了组合规则的适用性。

定义 3.7　假设有两条证据 m_1 和 m_2，它们的二元组的冲突表示形式如下：

$$\mathrm{cf}(m_1, m_2) = \max\langle m_{\oplus}(\varnothing), \mathrm{difBet}P \rangle$$

可设定以下条件：

(1) 证据 m_1 和 m_2 由定义 3.4 确定为相互冲突（$\varepsilon = 0.85$）；

(2) $\mathrm{cf}(m_1, m_2) \geqslant \varepsilon_2$；

(3) $\mathrm{cf}(m_1, m_2) \in (\varepsilon_1, \varepsilon_2)$；

(4) $\mathrm{cf}(m_1, m_2) \leqslant \varepsilon_1$。

其中，ε_1 要比较小（如 0.3），ε_2 则相对较大（如 0.8）。

当条件 (1) 满足时，Dempster 组合规则不能使用；当条件 (2) 成立时，Dempster 组合规则不推荐使用；当条件 (3) 成立时，Dempster 组合规则谨慎使用；当条件 (4) 成立时，Dempster 组合规则可以使用。

本小节将讨论基于证据关联系数的冲突表示形式下的组合规则适用性，其定义如下所示。

定义 3.8　设 $k_r(m_1, m_2)$ 为两条证据 m_1, m_2 的冲突表示，则当冲突程度低时，Dempster 组合规则可以使用；当证据中度冲突时，Dempster 组合规则需谨慎使用；当证据高度冲突时，Dempster 组合规则不推荐使用甚至不能使用。

为了定量判别组合规则的适用性，需要对定义 3.8 中的冲突程度"低""中""高"分别给予定量的描述。实际上，这三个冲突程度可以表示为三个模糊变量，它们与冲突大小的模糊隶属度关系如图 3.6 所示。

由图 3.6 可知，当 $k_r(m_1, m_2) \leqslant \varepsilon_1$ 时，冲突主要隶属于程度"低"；当 $k_r(m_1, m_2) > \varepsilon_1$ 且 $k_r(m_1, m_2) < \varepsilon_2$ 时，冲突主要隶属于程度"中"；当 $k_r(m_1, m_2) \geqslant \varepsilon_2$ 时，冲突主要隶属于程度"高"。由此，定义 3.8 可以进行如下定量描述。

定义 3.9　设 $k_r(m_1, m_2)$ 为两条证据 m_1, m_2 的冲突表示，则当 $k_r(m_1, m_2) \leqslant \varepsilon_1$ 时，Dempster 组合规则可以使用；当 $k_r(m_1, m_2) \in (\varepsilon_1, \varepsilon_2)$ 时，Dempster 组合规则谨慎使用；当 $k_r(m_1, m_2) \geqslant \varepsilon_2$ 时，Dempster 组合规则不推荐使用甚至不能使用。

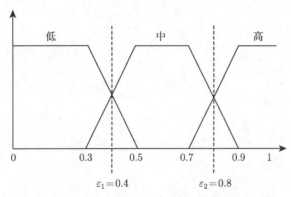

图 3.6 冲突程度的模糊隶属度函数

接下来根据定义 3.7 和定义 3.9，对比不同冲突度量方法下的组合规则适用性，以验证新的冲突表示方法下的组合规则适用性的有效性判别。对比结果如表 3.4 和表 3.5 所示。

表 3.4 Dempster 组合规则适用性判别 (一)

例	$m_1:(A,1)$	$m_2:(B,1)$	$\dfrac{\|A\cap B\|}{\|A\cup B\|}$	$cf(m_1,m_2)$	规则适用性 [基于 $cf(m_1,m_2)$]	k_r	规则适用性 (基于 k_r)
1	{3}	{5}	0	$\langle 1.0,1.0\rangle$	不能使用	1(高)	不能使用
2	{1,2,3}	{5,6,7,8,9}	0	$\langle 1.0,1.0\rangle$	不能使用	1(高)	不能使用
3	{3,4}	{4,5}	1/3	$\langle 0.0,0.5\rangle$	谨慎使用	0.667(中)	谨慎使用
4	{1,2,3,4}	{4,···,9}	1/9	$\langle 0.0,0.83\rangle$	不能使用	0.8889(高)	不能使用
5	{1,2,3,4}	{2,3,4,5}	3/5	$\langle 0.0,0.25\rangle$	可以使用	0.4 (低)	可以使用
6	{1,2,3,4}	{2,···,9}	3/10	$\langle 0.0,0.67\rangle$	谨慎使用	0.7(中)	谨慎使用
7	{3,4,5}	{4}	1/3	$\langle 0.0,0.67\rangle$	谨慎使用	0.677 (中)	谨慎使用
8	A	A	1	$\langle 0.0,0.0\rangle$	可以使用	0 (低)	可以使用
9	Θ	Θ	1	$\langle 0.0,0.0\rangle$	可以使用	0 (低)	可以使用
10	{3,···,9}	{1,···,7}	5/9	$\langle 0.0,0.286\rangle$	可以使用	0.44 (中)	谨慎使用

表 3.5 Dempster 组合规则适用性判别 (二)

例	m_1	m_2	$cf(m_1,m_2)$	规则适用性 [基于 $cf(m_1,m_2)$]	k_r	规则适用性 (基于 k_r)
1	{1}:0.8;{2}:0.2	{1}:0.8;{2}:0.2	$\langle 0.32,0.0\rangle$	可以使用	0.0 (低)	可以使用
2	{i}:0.1	{i}:0.1	$\langle 0.9,0.0\rangle$	可以使用	0.0 (低)	可以使用
3	{1,2,3,4}:1.0	{4,5}:0.8;{3,6}:0.2	$\langle 0.0,0.65\rangle$	谨慎使用	0.757(中)	谨慎使用
4	Θ:1.0	{4,5}:0.5;{2}:0.5	$\langle 0.0,0.4\rangle$	谨慎使用	0.788(中)	谨慎使用
5	{1,2}:0.8; {2,4},0.2	{1,2,3}:0.8; {2,3,4}:0.2	$\langle 0.0,0.23\rangle$	可以使用	0.344(低)	可以使用

续表

例	m_1	m_2	$cf(m_1,m_2)$	规则适用性 [基于 $cf(m_1,m_2)$]	k_r	规则适用性 (基于 k_r)
6	{1,2}:0.8; {3}:0.1; {4}:0.1	{1,2}:0.1; {3}:0.1; {4}:0.8	⟨0.83,0.7⟩	谨慎使用	0.742 (中)	谨慎使用
7	{1,2,4}:0.8; {3}:0.1; {4}:0.1	{1,2}:0.1; {3}:0.1; {4}:0.8	⟨0.19,0.464⟩	谨慎使用	0.48 (中)	谨慎使用
8	{1,2}:0.8; {1,3},0.2	{1}:0.5,{2}:0.1; {1,3}:0.4	⟨0.02,0.3⟩	可以使用	0.317 (低)	可以使用
9	{1}:0.3;{2}:0.3; {3}:0.2;{4}:0.2	{1}:0.2;{2}:0.2; {3}:0.3;{4}:0.3	⟨0.76,0.1⟩	可以使用	0.077(低)	可以使用
10	{1,2}:1.0	{3,4,5}:1.0	⟨1.0,1.0⟩	不能使用	1.0 (高)	不能使用
11	{1,2}:1.0	{1,2}:1.0	⟨0.0,0.0⟩	可以使用	0.0 (低)	可以使用
12	{i}:0.1	Θ	<0.0,0.0>	可以使用	0.68 (中)	谨慎使用

设辨识框架 Θ 中的元素个数为 10，即 $\Theta = \{1,2,3,4,5,6,7,8,9,10\}$。$m_1(A,1)$，$m_2(B,1)$ 分别表示两条证据对于子集 A 和子集 B 的信度为 1。$\dfrac{|A \cap B|}{|A \cup B|}$ 用来直观地考察焦元的互斥情况。表 3.4 展示基于证据关联系数的组合规则适用性判别，并与基于二元组的组合规则适用判别结果进行对比。

表 3.4 中例 1 和例 2 是证据完全冲突的情况。此时冲突系数 k 为 1，由组合规则定义可知，Dempster 组合规则不再适用，可以看出 k_r 和二元组的判断都正确。例 4 是证据高度冲突的情况。两条证据焦元的交集只有一个有效元素，由前面的分析可知，存在相容性的证据之间可以通过 Pignistic 概率转换建立转换关系，然而只有 1/9 的交并比值说明它们之间向对立面转化的倾向更大，从而冲突也应该很大，假如直接融合两条证据，则融合后全部的信度都将分配给元素 4。二元组中只有 difBet$P$ 有效，而 k 度量结果不合理，借助参数 $\dfrac{|A \cap B|}{|A \cup B|}$ 分析后得出组合规则不能使用。可以看出，新方法下组合规则适用性一样有效，但是判断过程更加简便。例 3，例 6，例 7，例 10 是证据中度冲突的情况，得出的结论与二元组方法是基本一致的。但对于第 10 条证据，基于二元组的方法判别结果是 Dempster 组合规则可以使用，而所提出的方法认为 Dempster 组合规则需要谨慎使用。从冲突程度方面，证据 m_1 和 m_2 之间存在较大的差异性，从 $\dfrac{|A \cap B|}{|A \cup B|}$ 也可以看出二者存在较大的非包含程度，因此认为中等程度的冲突较为合理。从融合结果上看，m_1 和

m_2 的合成结果为 $m(3, 4, 5, 6, 7) = 1$, 损失了近一半的信息, 说明证据融合的效果并不理想。因此, 这种情况下 Dempster 组合规则需要谨慎使用。例 5、例 8、例 9 是三种低冲突情况, 证据的特点是证据完全相同或相似。从结果上看出, 两种方法的判断结果完全相同。类似, 表 3.5 分析了另外 12 组 BPA 的组合规则适用情况, 这些 BPA 相比表 3.4 更加复杂。对比结果显示, 两种方法在前 11 组证据中的判别结果相同。对于第 12 组, 两条证据表示很大的不确定性且存在着较大的冲突程度。两条证据融合后的结果仍为 m_1, 说明第二条证据对于第一条证据没有任何影响, 所以需要谨慎应用 Dempster 组合规则, 这和二元组下的分析结果不同。

综上分析可知, 两种方法下组合规则适用性判断结果基本相同。但是新的冲突表示方法对于组合规则适用与否的判断标准更加简单直接, 而二元组不仅需要分别考虑 k 和 difBet$P$ 与阈值的关系, 还需要借助 $\frac{|A \cap B|}{|A \cup B|}$ 判断两组证据集合的相互包含情况。事实上, 由定义 3.9 可知, k_r 已经考虑了证据体之间焦元集合的这种包含关系, 因此判断上只需要最终的冲突度量结果 k_r 即可, 更加简单有效。

3.5 本章小结

本章从冲突角度出发, 首先介绍了冲突的含义, 其次考虑了冲突的成因, 最后分析了冲突的影响。重点分析了几种常用的冲突表示方法, 并指出了各自的优缺点, 之后提出了一种基于证据关联系数的新的冲突表示方法。关联系数法从信度和焦元两个方面入手, 从根本上考虑了证据冲突产生的原因。通过算例分析, 验证了该方法的有效性和合理性。与目前常用的冲突表示方法相比, 关联系数法简单有效, 具有较强的适用性和稳定性。

第 4 章　冲突证据融合研究

4.1　引　　言

多传感器信息融合本质上是对多源信息进行推理和决策的过程[113, 114]。针对该问题，专家学者提出了多种不同的融合理论与融合算法，其中，D-S 证据理论在不确定信息处理方面具有较为突出的优势，因此在信息融合领域得到了相当广泛的应用。在 D-S 证据理论中，Dempster 组合规则具有非常良好的数学性质，因此被广泛应用于多个证据的组合。然而，该组合规则也具有一些缺陷，如无法融合关联证据、无法有效融合高冲突证据等，其中，冲突证据融合问题是证据理论研究领域的热点和难点。实际应用中，如果证据之间存在较高的冲突，直接使用经典 Dempster 组合规则进行融合，可能会产生与直觉相悖的结果。因此，冲突证据融合问题是 D-S 证据理论研究的关键问题。针对这个问题，众多专家学者提出了许多冲突证据融合方法，这些方法大体可以分为两类：一类侧重于修改 Dempster 组合规则；另一类则基于修改原始数据模型。本章首先对 Dempster 组合规则进行分析和讨论，其次基于证据关联系数提出一种基于证据折扣思想的冲突证据融合方法，最后通过实验，表明提出的方法能有效处理冲突信息，得到较为满意的融合结果。

4.2　Dempster 组合规则分析

在 D-S 证据理论中，Dempster 组合规则作为其重要组成部分，可以在没有先验信息的情况下实现多条证据的融合。特别地，当 BPA 只分配在单子集时，BPA 就等同于概率论中的概率分布。此时，Dempster 组合规则的融合结果与 Bayes 公式的融合结果完全相同。此外，Dempster 组合规则还有很多优良的数学性质，如交换律、结合律等，从而使其成为证据理论框架下最基本、最经典的融合方法。虽然 Dempster 组合规则作为证据理论框架下的一种基本信息融合方法被广泛使用，但依然存在一些问题需要解决。冲突证据融合则是其中一个相当重要的研究热点。早在 1984 年，Zadeh [101] 就提出了 Dempster 组合规则的弊端，并给出了具体的算例。他指出当证据高度冲突时，如果仍然采用 Dempster 组合规则进行融合，会产生与直觉相悖的结果。在此之后，在证据理论框架下，学者展开了大量的研究，并陆续发现了信任偏移悖论[6]、证据吸收悖论[6, 115] 等更多违反直觉的现象，进一步说明了 Dempster 组合规则存在的弊端。这些悖论的发现引发了学术界对 Dempster 组合规则以及证据融合方法的持续性的争论。迄今为止，Dempster 组合规则的适用性仍然是一个开放性的问题。

下面，首先对 Dempster 组合规则的基本知识进行回顾，然后对冲突在融合中存在的问题进行详细分析，为后续讨论如何处理冲突信息奠定基础。

4.2.1 Dempster 组合规则及其性质

首先简单回顾证据理论中的 Dempster 组合规则，并对其的一些重要性质进行分析。

定义 4.1 设 m_1 和 m_2 为同一辨识框架 Θ 下的两条证据，则 Dempster 组合规则定义如下：

$$m(A) = (m_1 \oplus m_2)(A) = \frac{1}{1-k} \sum_{B \cap C = A} m_1(B)m_2(C) \tag{4.1}$$

$$k = \sum_{B \cap C = \varnothing} m_1(B)m_2(C) \tag{4.2}$$

其中，k 为归一化因子，它能在一定程度上反映该组证据之间的冲突程度，因此也称为冲突系数或冲突系数。当 $k = 1$ 时，意味着这两条证据完全冲突，此时 Dempster 组合规则无法使用。

基于此，设 $m_1, m_2, \cdots, m_n$ 为幂集 2^Θ 上的 n 个基本概率指派函数，则多条证据融合时的合成公式如下所示：

$$\begin{cases} m(A) = k \cdot \sum_{\cap A_i = A} \prod_{i=1}^{n} m_i(A_i), & A \neq \varnothing \\ m(\varnothing) = 0 \end{cases} \tag{4.3}$$

其中

$$k^{-1} = 1 - \sum_{\cap A_i = \varnothing} \prod_{i=1}^{n} m_i(A_i) = \sum_{\cap A_i \neq \varnothing} \prod_{i=1}^{n} m_i(A_i) \tag{4.4}$$

Dempster 组合规则具有很多优良的数学性质，如下所示。
1) 交换律

$$m_1 \oplus m_2 = m_2 \oplus m_1 \tag{4.5}$$

由式 (4.1) 易知，Dempster 组合规则具有交换律。
2) 结合律

$$m_1 \oplus m_2 \oplus m_3 = (m_1 \oplus m_2) \oplus m_3 = m_1 \oplus (m_2 \oplus m_3) \tag{4.6}$$

Dempster 组合规则还可以表示为众信度函数的相关形式, 详见第 1 章。此外,基本概率指派函数与众信度函数存在如下关系。

对于 $\forall A \subseteq \Theta$, 有

$$m(A) = \sum_{B \subseteq A} (-1)^{|B|-|A|} Q(B) \tag{4.7}$$

由于基本概率指派函数与众信度函数可以相互表示, 下面通过众信度函数证明 Dempster 组合规则满足结合律。

证明 4.1 设辨识框架 Θ 下有三条证据, 分别是 m_1、m_2 和 m_3。其相应的众信度函数分别是 Q_1、Q_2 和 Q_3, 焦元分别为 A_i、B_j 和 C_l, 那么 $\forall A_{12} = A_i \cap B_j \subseteq \Theta$, 且 $A_{12} \neq \varnothing$, 则 $Q_1 \oplus Q_2$ 的融合结果为

$$Q_{12}(A_{12}) = Q_1 \oplus Q_2 = K_{12} Q_1(A_{12}) Q_2(A_{12}) \tag{4.8}$$

其中

$$K_{12} = \left[\sum_{\substack{A_{12} \subseteq \Theta \\ A_{12} \neq \varnothing}} (-1)^{|A_{12}|+1} Q_1(A_{12}) Q_2(A_{12}) \right]^{-1}$$

$\forall A = A_{12} \cap C_l = A_i \cap B_j \cap C_l \subseteq \Theta$, 且 $A \neq \varnothing$, 则 $(Q_1 \oplus Q_2) \oplus Q_3$ 的融合结果为

$$Q(A) = (Q_1 \oplus Q_2) \oplus Q_3 = K Q_{12}(A) Q_3(A) \tag{4.9}$$

其中

$$K = \left[\sum_{\substack{A \subseteq \Theta \\ A \neq \varnothing}} (-1)^{|A|+1} Q_{12}(A) Q_3(A) \right]^{-1} \tag{4.10}$$

进一步, 将式 (4.8) 和式 (4.10) 代入式 (4.9), 可得

$$Q(A) = (Q_1 \oplus Q_2) \oplus Q_3$$

$$= \left[\sum_{\substack{A \subseteq \Theta \\ A \neq \varnothing}} (-1)^{|A|+1} Q_{12}(A) Q_3(A) \right]^{-1} \cdot Q_{12}(A) Q_3(A)$$

$$= \left[\sum_{\substack{A \subseteq \Theta \\ A \neq \varnothing}} (-1)^{|A|+1} K_{12} Q_1(A) Q_2(A) Q_3(A) \right]^{-1} \cdot K_{12} Q_1(A) Q_2(A) Q_3(A)$$

$$= \left[\sum_{\substack{A \subseteq \Theta \\ A \neq \varnothing}} (-1)^{|A|+1} Q_1(A) Q_2(A) Q_3(A) \right]^{-1} \cdot Q_1(A) Q_2(A) Q_3(A)$$

$$= Q_1 \oplus Q_2 \oplus Q_3$$

同理, $\forall A = A_i \cap B_j \cap C_l \subseteq \Theta$, 且 $A \neq \varnothing$, 则

$$Q(A) = Q_1 \oplus (Q_2 \oplus Q_3)$$

$$= \left[\sum_{\substack{A \subseteq \Theta \\ A \neq \varnothing}} (-1)^{|A|+1} Q_1(A) Q_2(A) Q_3(A) \right]^{-1} \cdot Q_1(A) Q_2(A) Q_3(A)$$

$$= Q_1 \oplus Q_2 \oplus Q_3$$

综上所述, 可得 $Q_1 \oplus Q_2 \oplus Q_3 = (Q_1 \oplus Q_2) \oplus Q_3 = Q_1 \oplus (Q_2 \oplus Q_3)$。由于基本概率指派函数与众信度函数是一一对应的, 可以相互转换, 从而可得 $m_1 \oplus m_2 \oplus m_3 = (m_1 \oplus m_2) \oplus m_3 = m_1 \oplus (m_2 \oplus m_3)$。该性质也可以推广到多条证据。这条性质说明, 多条证据的融合可看作两两证据的融合, 每条证据参与融合的顺序不影响最终的融合结果。

3) 鲁棒性

系统的鲁棒性指的是当输入发生小变化时, 其输出将不发生质的变化或能保持输出在允许的 (稳定) 范围之内变化[116]。同样, 在证据理论中, 鲁棒性是指当证据焦元的信度值发生微小变化时, 其融合结果不会发生质的变化。如果满足这一条件, 则称该组合规则具有鲁棒性。当不改变融合结果主焦元信任值的变化趋势时, 若证据基本概率指派函数发生变化, 称证据焦元的基本信度分配变化的最大范围为鲁棒范围。

Dempster 组合规则适用于无冲突或低冲突情况下的组合证据, 基本概率指派函数的微小变化对融合结果的影响甚小, 它能够有效增加命题的置信度, 具有良好的鲁棒性; 而在冲突过大时, 鲁棒性会大大减弱。由于不同的组合规则的鲁棒性不同, 合理地改进组合规则以增进证据推理结果的鲁棒性, 是组合规则的合理性分析的依据点之一。

4) 聚焦性

聚焦性是指多条证据融合后, 具有较大支持度的焦元信度分配值增加, 整体融合结果会朝着该焦元进行收敛。为了更清楚地描述该性质, 下面将通过一个例子来说明。

例 4.1　设系统的辨识框架为 $\Theta = \{A, B, C, D\}$, 四组证据分别为

$$m_1: \quad m_1(A) = 0.2, m_1(B) = 0.3, m_1(C) = 0.25, m_1(D) = 0.25$$

$$m_2: \quad m_2(A) = 0.1, m_2(B) = 0.5, m_2(A, B, C) = 0.3, m_2(D) = 0.1$$

$$m_3: \quad m_3(A) = 0.2, m_3(B) = 0.3, m_3(B, C) = 0.1, m_3(B, D) = 0.4$$

$$m_4: \quad m_4(A) = 0.1, m_4(B) = 0.15, m_4(C) = 0.15, m_4(\Theta) = 0.6$$

下面，采用 Dempster 组合规则对这些证据进行融合，每一步的融合结果如下所示。

证据 m_1 和 m_2 的融合结果为

$$m_{12}(A) = 0.1905, m_{12}(B) = 0.5714, m_{12}(C) = 0.1786, m_{12}(D) = 0.0595$$

证据 m_1、m_2 和 m_3 的融合结果为

$$m_{123}(A) = 0.0710, m_{123}(B) = 0.8514, m_{123}(C) = 0.0333, m_{123}(D) = 0.0443$$

证据 m_1、m_2、m_3 和 m_4 的融合结果为

$$m_{1234}(A) = 0.0672, m_{1234}(B) = 0.8631, m_{1234}(C) = 0.0338, m_{1234}(D) = 0.0359$$

从融合结果可以看出，由于每条证据对命题 B 都有相对较大的支持度，在每一次的融合过程中，融合结果都会向命题 B 收敛，使证据对命题 B 的支持度增大。而且随着证据的不断累积，融合结果越来越向命题 B 聚焦。Dempster 组合规则的这种现象被称为聚焦性。

Dempster 组合规则还有一些其他性质，这里不再一一介绍，有兴趣的读者可查阅相关文献。

4.2.2　冲突证据融合问题

在证据组合中，证据间存在冲突的情况非常普遍。因此，正确处理证据间的冲突融合问题是十分重要的。虽然 Dempster 组合规则有很多优良的性质，但当证据之间高度冲突时，也存在融合结果有误的问题，具体表现为：当两条证据完全冲突时，即 $k = 1$ 的情况下，Dempster 组合规则将无法使用；当两条证据存在较大冲突，即 $k \to 1$ 时，Dempster 组合规则可能会融合出有悖于常理的结果。Zadeh 在文献 [101] 中用例 4.2 指出了 Dempster 组合规则的弊端。

例 4.2　若两位医生针对同一病人的病情进行诊断，认为病症可能是脑膜炎 (M)、脑震荡 (C) 及脑肿瘤 (T) 三种病症中的一种，设辨识框架为 $\Theta = \{M, C, T\}$，两位医生的诊断结果 m_1 和 m_2 分别为

$$m_1: \quad m_1(M) = 0.99, m_1(T) = 0.01$$
$$m_2: \quad m_2(C) = 0.99, m_2(T) = 0.01$$

根据 Dempster 组合规则得到的融合结果为

$$k = 0.9999, \quad m(M) = m(C) = 0, \quad m(T) = 1$$

根据融合结果可得，该患者所患疾病被确诊为脑肿瘤 (T)。然而，两位医生都认为该患者患脑肿瘤的概率非常低，这个结果是和常理相悖的。分析两位医生各自的诊断结果可以看出，他们对患者病症的诊断存在较大分歧，此时采用 Dempster 组合规则进行融合将会得出错误的融合结果。这是一个高冲突证据融合的例子，它很好地反映了 Dempster 组合规则在融合高度冲突证据时可能存在的问题。

例 4.3 若两位医生针对同一病人的病情进行诊断，认为病症可能是脑膜炎 (M)、脑震荡 (C) 及脑肿瘤 (T) 三种病症中的一种，设辨识框架为 $\Theta = \{M, C, T\}$，两位医生的诊断结果 m_1 和 m_2 分别为

$$m_1: \quad m_1(M) = 0.98, m_1(C) = 0.01, m_1(T) = 0.01$$
$$m_2: \quad m_2(C) = 0.99, m_2(T) = 0.01$$

根据 Dempster 组合规则得到的融合结果为

$$k = 0.99, \quad m(M) = 0, \quad m(C) = 0.99 \quad m(T) = 0.01$$

可以看到，本例与例 4.2 十分相似，仅仅是证据 m_1 发生了很小的变化，然而融合结果却出现了剧烈的变化。这个特点反映了 Dempster 组合规则在证据间冲突大时，鲁棒性较差的特点，侧面体现了 Dempster 组合规则比较不适合直接用于冲突证据的融合。

4.3 冲突证据融合方法概述

为了解决高度冲突证据的融合问题，国内外众多学者进行了深入研究并提出了很多处理方法[117]。这些方法主要可以归结为两类：一类是修改 Dempster 组合规则，主要解决冲突再分配问题；另一类是修改原始证据，核心思路是修改原始证据后再利用 Dempster 组合规则进行融合。在处理高度冲突的证据时，产生与直觉相悖的结果主要是因为归一化过程导致冲突信息被完全丢弃。因此，组合规则的修改需要重点研究冲突的再分配，该问题又可以进行如下细化。

(1) 如何确定分配冲突的子集。

(2) 在确定可以接受冲突的子集后，应以什么样的比例将冲突分配给这些子集。

而修改原始证据的方法则认为：Dempster 组合规则本身没有问题，证据冲突的产生是自然环境干扰、人为干扰以及传感器的自身精度等原因造成的，问题在于

数据本身而非组合规则。解决此类冲突的方法是首先对冲突证据进行预处理, 然后再使用 Dempster 组合规则进行融合。

4.3.1　基于修改 Dempster 组合规则的方法

下面将重点介绍四种模型并进行讨论。

1. 可传递置信模型

Smets[109] 认为在许多实际情况下, 常常难以确定一个完备的辨识框架, 因此导致了证据之间的冲突。在能够确保证据完全可靠的条件下, Smets 提出了可传递置信模型 (transferable belief model, TBM)。该模型认为导致冲突证据融合结果不合理的主要原因是在未知环境中不可能得到一个有穷且完备的识别框架 Θ, 因此必然存在着一些人们无法判断其真假甚至是否存在的未知命题, 而冲突部分正是由这些未知命题造成的。也就是说, 辨识框架中存在着未知元素, 这些未知元素构成了辨识框架中的空集。基于此, TBM 将冲突重新分配给空集, 即未知的新命题, 这就是 Smets 提出的解决高冲突证据的可传递置信模型方法的核心。其组合规则如下所示:

对任意的 $A \subseteq \Theta$, 有

$$
m\left(A\right)=\begin{cases} \displaystyle\sum_{A_i \cap B_j = A} m_1\left(A_i\right) m_2\left(B_j\right), & A \neq \varnothing \\[4mm] \displaystyle\sum_{A_i \cap B_j = \varnothing} m_1\left(A_i\right) m_2\left(B_j\right), & A = \varnothing \end{cases}
\tag{4.11}
$$

该方法虽然保持了 Dempster 组合规则的优点, 但仍然存在缺陷。Smets 的模型改变了 D-S 证据理论的封闭性, 是建立在开放性辨识框架 Θ 上的, 因此其方法在辨识框架已知的情况下并不适用。同时, 在实际生活中证据完全可靠的条件并不易满足, 限制了 Smets 模型的应用范围。

2. 统一信度函数法

针对全局冲突在各个命题之间如何分配, Lefevre 等在文献 [61] 中提出了一种比较经典的融合算法, 是该类算法的代表, 其公式如下:

$$
m\left(A\right)=\sum_{\substack{A_i, B_j \subseteq \Theta \\ A_i \cap B_j = A}} m_1\left(A_i\right) m_2\left(B_j\right) + m^c\left(A\right), \quad \forall A \subseteq \Theta
\tag{4.12}
$$

其中, $m^c\left(A\right)$ 表示指派给命题 A 的可信度, 它的另一种表示形式为

$$
\begin{cases} m^c\left(A\right) = w\left(A, m\right) \cdot k, & \forall A \subseteq P \\ m^c\left(A\right) = 0, & \text{其他} \end{cases}
\tag{4.13}
$$

其中, k 为证据理论中的冲突系数; P 为分配冲突的子集合; $w(A, m)$ 为证据 m 中 A 的权数。

许多学者之后按照重新设定分配冲突的子集合 P 以及 A 的权数 $w(A, m)$ 这一思想进行了大量研究并提出了许多新的方法, 但这些方法从本质上并没有脱离 Lefevre 等[61] 提出的方法的框架。

例如, 在证据不完全可靠的前提下, Yager[110] 认为冲突信息虽然个能提供有效信息, 但也不应该将其完全抛弃, 而是应当取消正则化过程, 将其分配给未知 (即全集)。冲突之所以存在是对客观世界的认知不足造成的。因此, 将冲突 k 赋给全集, 而对于未冲突部分则仍然采用 Dempster 组合规则进行融合。Yager 的证据合成方法如下:

$$
\begin{cases}
m(A) = \sum\limits_{\cap A_i = A} \prod\limits_{1 \leqslant j \leqslant n} m_j(A_i) \\
m(\Theta) = \sum\limits_{\cap A_i = \Theta} \prod\limits_{1 \leqslant j \leqslant n} m_j(A_i) + k, \quad A \neq \Theta, A \neq \varnothing \\
m(\varnothing) = 0
\end{cases}
\tag{4.14}
$$

式中, k 为冲突系数; $\varnothing$ 为空集; Θ 为辨识框架。Yager 的方法虽然解决了高冲突证据融合问题, 但是将冲突全部赋给了未知, 即全盘否定了冲突 k, 认为冲突的证据无法提供任何有用的信息, 对证据的扰动过于敏感, 大大增加了推理的不确定性, 在证据源数目比较多时, 融合结果并不理想。而且, 该方法还具有一票否决的缺点。

不同于 Dempster 组合规则这样的乘性融合算法, 平均法作为一种加性融合算法, 仅仅将融合规则简化为数学上的算术平均, n 条证据的融合公式如下所示[118]:

$$
m(A) = \frac{m_1(A) + m_2(A) + \cdots + m_n(A)}{n}, \quad \forall A \subseteq \Theta
\tag{4.15}
$$

该方法并没有对冲突信息和非冲突信息进行合理区分, 并且丧失了证据理论乘性融合中诸如合成后主焦元的信任度提升、整体不确定性减小及信息量增加等优良性能。

考虑到乘性融合和加性融合算法不同的优势, Takashi[119] 对平均法进行扩展, 提出了加权证据融合法:

$$
m(A) = \sum\limits_{A_i \cap B_j = A} [\omega_i m_i(A_i) + \omega_j m_j(B_j)]
\tag{4.16}
$$

式中, m_i, m_j 为待融合证据; ω_i, ω_j 为证据各自的权重。

　　该方法应用于某些模式分类问题时是有效的。虽然它把问题转化为可调权值，但是在处理冲突方面还停留在 Dempster 组合规则和 Yager 的合成公式上，同样有归一化的缺陷。

　　Inagaki[120] 将 Dempster 组合规则和 Yager 的合成公式进行了研究，把二者结合起来得出一个统一的合成规则，如下所示：

$$m(A) = \begin{cases} \{1 + k \cdot \mathrm{Com}(\varnothing)\} \mathrm{Com}(\varnothing), & A \neq \Theta \\ \{1 + k \cdot \mathrm{Com}(\varnothing)\} \mathrm{Com}(\Theta) + \{1 + k \cdot \mathrm{Com}(\varnothing) - k\} \mathrm{Com}(\Theta), & A = \Theta \end{cases} \tag{4.17}$$

其中，$0 \leqslant k \leqslant [1 - \mathrm{Com}(\varnothing) - \mathrm{Com}(\Theta)]^{-1}$，$\mathrm{Com}(A) = \sum\limits_{A_i \cap B_j = A} m_1(A_i) m_2(B_j)$。当 $k = 0$ 时，公式为 Yager 的合成公式；当 $k = [1 - \mathrm{Com}(\varnothing)]^{-1}$ 时，公式为 Dempster 组合规则。但在该方法中，对系数 k 的物理意义不是十分明确，因此对其进行最优化选择仍然是一个难点，并且证据的融合顺序也会影响最终的融合结果，即不满足结合律。

　　针对 Yager 方法的问题，Dubois 等[121] 提出了将冲突的信度分配给冲突焦元的并集的思路。当两条证据存在冲突时，假设有一条是可靠的。设两条证据分别支持命题 X 和 Y，若 $X \cap Y \neq \varnothing$，则融合结果应当支持两个命题的公共部分；若 $X \cap Y = \varnothing$，在命题 X 和 Y 中必有一个命题是真的，由于无法判断哪个命题是可靠的，融合结果可设为支持于两个命题的并集部分。

　　设 Θ 为辨识框架，对于 $\forall A \in 2^\Theta$，$A \neq \varnothing$，Dubois 等的组合规则是

$$\begin{cases} m_{\mathrm{DP}}(\varnothing) = 0 \\ m_{\mathrm{DP}}(A) = \sum\limits_{X \cap Y = A} m_1(X) m_2(Y) + \sum\limits_{\substack{X \cup Y = A \\ X \cap Y = \varnothing}} m_1(X) m_2(Y) \end{cases} \tag{4.18}$$

当焦元一致，即 $X \cap Y \neq \varnothing$ 时，该方法采用合取算子

$$\begin{cases} m_{\mathrm{DP}}(\varnothing) = 0 \\ m_{\mathrm{DP}}(A) = \sum\limits_{X \cap Y = A} m_1(X) m_2(Y) \end{cases} \tag{4.19}$$

当焦元冲突，即 $X \cap Y = \varnothing$ 时，其中一条证据可靠，另一条证据不可靠，然而不确定哪条证据是可靠的，此时采用析取算子

$$\begin{cases} m_\cup(\varnothing) = 0 \\ m_\cup(A) = \sum\limits_{X \cup Y = A} m_1(X) m_2(Y) \end{cases} \tag{4.20}$$

总体来说，Dubois 等给出的这种方法适合于冲突剧烈的情况，而在一般情况下显得比较保守。

孙全等在文献 [122] 中提出了一种基于证据可信度的方法，弥补了 D-S 证据理论和 Yager 合成公式所存在的不足。而李弼程等 [123] 则认为证据的可信度是具有主观随意性的，因此并没有采用证据可信度的概念，而是将支持证据冲突的概率按各个命题的平均支持程度进行加权分配。新方法提高了融合结果的可靠性与合理性，是 Yager 合成公式和孙全等的合成公式的推广，即使对于高冲突证据的融合，也能得到较为满意的结果。但以上几种方法均不满足结合律，极大地降低了其实用性。

3. 基于集合属性的证据重构法

从集合的角度看待证据理论，$\{A\}$，$\{A,B\}$，$\{A,B,C\}$，$\{B,C\}$ 等命题位于不同的层次上，如 $A_M = \{A,B,C\}$ 表示不能确定信任度 $m(A_M)$ 如何分配给单子集 $\{A\}$，$\{B\}$，$\{C\}$，并且分配的不确定性随着 A_M 包含的单子集数目增多而增大。因此，应区别对待多元素命题和单元素命题对冲突的影响。证据冲突处理时在考虑集合间关系的基础上重新按照某种方式调整证据的信度，该类方法可以用式 (4.21) 统一表示：

$$m(A) = (1-\mu)^{-1} \sum_{(A_i,B_j,A)} m_1(A_i) m_2(B_j) w(A_i,B_j) \eta_{m_1,m_2,A_i,B_j}(A) \qquad (4.21)$$

式中，μ 表示一种广义的证据冲突程度；(A_i,B_j,A) 表示 A_i，B_j 和 A 相互之间的相关联系；$w(A_i,B_j)$ 用于衡量 A_i，B_j 和 A 三者的一致性程度；$\eta_{m_1,m_2,A_i,B_j}(A)$ 表示 $m_1(A_i)$ 和 $m_2(B_j)$ 对命题集合 A 的支持度。

采用上述思路的方法有很多，如 Zhang[124] 的方法；Fixsen 等[125] 的条件 D-S 组合规则；黎湘等[126] 提出的 λ 组合方法；杜文吉等[127] 基于集合的加权 "与" 运算，提出了加权组合规则；向阳等[128] 提出用聚焦系数 s_1 确定权重的方法，即

$$s_1 = \frac{\|A_i \cap B_j\|}{\|A_i\| + \|B_j\| - \|A_i \cap B_j\|} \qquad (4.22)$$

其中，$\|\cdot\|$ 是集合的基数。由此可定义两个证据 m_1 和 m_2 的合成公式为：当 $k \neq 1$ 时，对所有 $A_i \cap B_j \neq 0 (A_i \subseteq \Theta$ 且 $B_j \subseteq \Theta)$，则

$$\begin{cases} m(A_i \cap B_j) = m_1(A_i) \times m_2(B_j) \times \dfrac{s_1}{1-k} \\ m(A_i) = m_1(A_i) \times m_2(B_j) \times \dfrac{1-s_1}{1-k} \times \dfrac{m_1(A_i)}{m_1(A_i) + m_2(B_j)} \\ m(B_j) = m_1(A_i) \times m_2(B_j) \times \dfrac{1-s_1}{1-k} \times \dfrac{m_2(B_j)}{m_1(A_i) + m_2(B_j)} \end{cases} \qquad (4.23)$$

该方法在合成两条证据时效果较好，但是当证据数目多于两条时则不能进行有效融合，而且聚焦系数与证据集合的基呈比例关系，属于线性平行运算，不满足 D-S 组合规则中"与运算"的合成规则。

4. 局部冲突的局部分配

局部冲突的局部分配方法的主要思想是：基于证据冲突在焦元之间分配的原则，将全局冲突细化为局部冲突，再分别将局部冲突在涉及冲突的焦元集合内完全分配。该类方法可以表示为

$$
\begin{cases}
m(A) = \displaystyle\sum_{A_i \cap B_j = A} m_1(A_i)\, m_2(B_j) + c(A) \\
c(A) = \displaystyle\sum_{X \cap Y = \varnothing} w\,[m_1(X)\, m_2(Y)]
\end{cases}
\tag{4.24}
$$

式中，$c(A)$ 为局部冲突；w 为分配系数。

局部冲突分配的空间为 X、Y 和 A 及其组合的空间集合，w 不仅与命题相关，而且与引起冲突的焦元的基本概率指派有关，根据 X、Y 和 A 三者之间的关系与 w 的不同形式引申出局部冲突的不同局部分配方法：张山鹰等[129] 认为不受扰动焦元的 BPA 值一般比受扰动焦元的 BPA 值大，把冲突分配给 BPA 值较大的不受扰动的焦元是合理的，并基于此提出了吸收法，即将局部冲突分配给产生冲突的 BPA 值较大的焦元，而与证据的可靠性无关。这种方法虽然简单易行，但在计算中失去了多组数据组合的可交换性，其结果与组合顺序有关。王壮等[130] 提出一种基于均衡信度分配准则的冲突证据组合规则，该方法根据不同证据对冲突焦元的支持程度来决定冲突再分配的比例。Diniel[131] 提出的 minC 组合规则细化了分配空间和局部冲突，提出了潜在冲突的概念。Martin 等[132] 提出了一种折扣比例冲突再分配 (discounting proportional conflict redistribution，DPCR)，该方法综合了冲突全局分配和局部分配的思想，即在比例冲突再分配思想的基础上，通过削减过程 (discounting procedure) 将部分冲突分配给部分未知项。这种混合证据合成方法可以有效处理证据的非精确性及冲突性，是经典组合规则所不能很好处理的。但是，这种方法仍然有缺点，在一定程度上增加了融合结果的不确定性。

4.3.2   基于修改原始证据的方法

第二类解决冲突证据的方法建立在修改数据模型上，该类方法的观点认为：Dempster 组合规则具有完备的数学性质，其本身没有错。证据冲突的产生是由于证据源受到环境因素、人为因素的干扰或者证据源自身精度等原因造成的。因此，融合高度冲突证据时应先进行证据修正处理，之后再使用 Dempster 组合规则进行证据融合。Haenni [111] 在 *Information Fusion* 上发表了自己的见解。

(1) 从工程角度来看，改进的 Dempster 组合规则在计算量上并没有很大的优势，因此将其应用在工程上比较困难。现实中需要融合的证据数量可能很大，冲突分配集合的确定要比理论分析更加复杂。Dempster 组合规则满足交换率和结合率，便于大量数据处理。同时，实际当中一般利用局域计算以提高系统运算效率，而改进的 Dempster 组合规则大多不具备结合律性质，无法进行局域计算。

(2) 从哲学角度来看，当遇到"使用方法 y 在模型 x 取得了一个有悖常理的结果 z"这类问题时，Lefevre 等 [61] 认为问题出现在方法 y 上，忽略了模型 x 本身错误或不全面导致问题出现的可能。同时，Haenni 以 Smets 的 TBM 中的开放世界问题为例进一步说明了修改模型的必要性。

(3) 从数学的角度来看，Dempster 组合规则是对概率论中 Bayes 方法的进一步推广，它建立在较强的数学基础上，并且有着完备的数学性质。

下面介绍两种比较常用的修改证据模型的冲突证据处理方法。

1. 加权融合算法

加权融合算法的代表是 Murphy [112] 的证据平均组合规则。他在具体分析已有改进方法的基础上提出了一种修改模型而不改变组合规则的方法，即在融合前，针对系统的 n 条证据，将它们进行简单平均得到一条新的证据，然后用该证据替代原来的 n 条证据，之后用 D-S 组合规则将其自身融合 $n-1$ 次。实验结果表明该方法能有效处理冲突证据，且收敛速度较快。但是 Murphy 的方法只是进行简单的平均，在这个过程中各个证据的权重相同，这似乎是不够合理的。

针对 Murphy 方法的不足，徐凌宇等[133] 引入有效因子 λ 来衡量证据的可靠性，并将其引入信任函数，对各证据的有效性进行评估之后再进行融合。梁昌勇等[134] 通过分析 Dempster 组合规则产生悖论的原因，引入权威系数的概念对各个证据进行修正，但是权威系数需要根据专家的经验得到。徐凌宇等和梁昌勇等提出的方法都在一定程度上弥补了 Murphy 方法的不足，但是这两种方法中参数的取值需要根据先验信息来获得，这会导致在多传感器信息融合中带有较强的主观随意性，从这个角度来说这些方法也没有从根本上解决 Murphy 方法中存在的问题。邓勇等 [64] 通过引入证据距离的方法来度量证据之间的相似度，然后给出证据的支持度作为权重，最后对证据加权平均再进行融合。该方法逻辑清晰、步骤明确、计算量适中、合成过程收敛速度快，是目前这类算法中最简便有效的一种。

2. 折扣融合算法

折扣融合算法是另一种较常用的冲突证据组合算法，由 Shafer 首先提出 [16]。原始 Dempster 组合规则假设证据之间相互独立，且完全可靠。但在实际应用中，由于个别传感器的时变效应、环境的变化以及敌方的干扰等问题，都会导致传感器报告结果不稳定或不可靠, 相对不可靠的证据往往会导致组合焦元的倾斜, 给融合结果带来较大的影响, 很难做出有效决策。因此, 在融合过程中需要引入可信度的概念, 使各个证据拥有不同的可靠性。通过赋予证据体不同权重可以使得融合结果更加客观, 从而避免得出错误的结论或决策, 这类方法的一般步骤如下所示。

(1) 确定各个证据的权重。

(2) 利用权重对证据进行折扣。

(3) 利用 Dempster 组合规则对折扣后的证据进行融合, 得到最终结果。

众多学者根据这一思想提出了很多算法。陈一雷等[135] 提出利用证据距离来构造待组合证据的支持矩阵, 利用该矩阵的特征向量来衡量各条证据的可信度, 并由此来对原始证据模型进行修正。王小艺等[136] 同样是引入距离矩阵, 但是在求解证据的可信度方面区别于陈一雷等的方法。该方法将距离矩阵进行优化得到最短距离目标优化模型, 然后进一步转化为无约束问题模型求解, 最终得到各个证据的可信度, 并对信息源进行修正。这两种方法都能取得不错的融合效果, 但是都存在计算量较大的问题。

4.3.3　其他冲突证据组合方法

除了前面介绍的修改 Dempster 组合规则与修改原始证据的思路外, 国内外学者还提出了其他的一些冲突证据组合方法, 下面进行简要介绍。

张山鹰等[137] 提出两种去掉合成规则中的归一化过程的方法。

1) 加权冲突分配法

在证据组合时, 因为证据冲突可能是两个传感器数据误差造成的, 所以可以把冲突基本概率指派值 q_{ij} 按比例 $(w, 1-w)$ 分给这两个产生冲突的焦元。其中权系数 $w(0 < w < 1)$ 定义为两传感器数据可靠程度或精度的比值。文献 [120] 用先验概率方差的比值 $\left(w_i = \frac{1}{\sigma_i^2} / \sum_j \frac{1}{\sigma_j^2}\right)$ 来定义权系数, 此时组合规则可写为

$$m(A) = \sum_{B \cap C = A} m_1(B) m_2(C) + \Delta \tag{4.25}$$

其中

$$\Delta = \sum_{\substack{A \cap B = \varnothing \\ A \cap C = \varnothing}} w m_1(A) m_2(C) + (1-w) m_1(B) m_2(A) \tag{4.26}$$

式 (4.26) 满足 $0 \leqslant w \leqslant 1; C \subseteq \Theta$。

加权冲突分配法包含了优先级证据分配冲突方法[138], 也可以有效减小证据的不确定性。然而, 该公式中的权重系数的确定需要利用先验知识, 这带有主观随意

性。与此同时，式 (4.25) 失去了多条证据组合的可交换性，即融合结果与融合顺序有关。如果同时有多个数据源组合时，需加入组合顺序因素。

2) 代数分派冲突法

在没有先验信息时，分配冲突指派只能依靠合成前的各个证据信息，冲突分配函数 $\Psi_X(S)$ 为

$$
\begin{aligned}
&\Psi_X(S) \\
&= \frac{m_1(S)+m_2(S)}{m_1(A)+m_1(X)+m_1(AX)+m_2(A)+m_2(X)+m_2(AX)}, \quad S \in \{A, X, \{AX\}\}
\end{aligned}
\tag{4.27}
$$

新的组合规则如下所示：

$$
m(A) = \sum_{B \cap C = A} m_1(B) m_2(C) + \Delta
\tag{4.28}
$$

其中

$$
\begin{aligned}
\Delta &= \sum_{A \cap X = \varnothing} \Psi_X(A) \left[m_1(A) m_2(X) + m_1(X) m_2(A) \right] \\
&\quad + \sum_{\substack{X \cap Y = \varnothing \\ X \cup Y = A}} \Psi_X(A) \left[m_1(X) m_2(Y) + m_1(Y) m_2(X) \right]
\end{aligned}
\tag{4.29}
$$

容易验证，代数分派冲突法不但可以减小证据的不确定性，而且基本保持了 D-S 证据理论的基本性质，如可交换性、吸收态 $[m(A)=1]$ 和空信任函数 $[m(\Theta)=1]$ 等。然而如何确定冲突分配函数 Ψ_X 是一个相当复杂的问题，在实际应用中具有较大的困难。

除此之外，Xu 等[139] 基于灰色关联分析的思想，建立了待组合证据的灰色关联矩阵，提出了一种能够对冲突证据进行识别和分配的预处理方法。Fan 等[140] 提出的解决思想与 Xu 等相似，是通过建立关系矩阵来识别冲突证据，达到降低冲突证据对融合结果影响的目的。

关欣等[141] 结合了 Dempster 组合规则收敛性好以及加性融合可靠性高的优点，首先对证据进行冲突检验，其次进行加性融合，消除证据之间的冲突，最后利用 Dempster 组合规则进行新证据的融合。该方法的关键是对冲突证据阈值的选取，文中只说了阈值选取与 BPA 的数据准确度有关，并没有给出计算阈值确定的公式，因此该阈值的选取可能会带有主观性。另外，当证据集中只有一条证据与其他证据冲突时，文中任选一条正常证据与其进行加性融合的做法明显不合理，其有效性需要进一步讨论。

Yang 等[142] 提出的证据推理 (evidential reasoning, ER) 方法得到了较为广泛的应用, 是 D-S 证据理论应用于决策评估领域的代表性成果。该方法兼备了修改 Dempster 组合规则和修改原始证据模型的思想。证据推理组合规则通过权重来修改原始证据, 沿用了 D-S 证据理论的融合思想, 在融合过程中对未分配证据进行了进一步细化, 通过修正系数的方法, 使新的组合规则效果更好。下面对证据推理的核心思想进行简要介绍。

设在给定的辨识框架 Θ 下, 有两条待融合的证据 m_1 和 m_2, 其权重分别为 w_1 和 w_2。首先, 利用权重对基本可信度分配进行预处理, 将分配给辨识框架的基本可信度分解成 $\widetilde{m_i'}(\Theta)$ 和 $\widehat{m_i'}(\Theta)$ 两部分, $\widetilde{m_i'}(\Theta)$ 表示由权重引起的未分配, $\widehat{m_i'}(\Theta)$ 表示对事物的无知引起的未分配。下面对证据进行预处理:

$$m_i(\Theta) = \widetilde{m_i'}(\Theta) + \widehat{m_i'}(\Theta) \tag{4.30}$$

$$\widetilde{m_i'}(\Theta) = 1 - w_i \tag{4.31}$$

$$\widehat{m_i'}(\Theta) = w_i\left(1 - \sum m_i(X_n)\right) \tag{4.32}$$

$$m_i'(X_n) = w_i m_i(X_n) \tag{4.33}$$

其中, $i = 1, 2$。

对证据进行上述处理后, 利用 Dempster 组合规则进行证据融合, 并利用式 (4.34) 和式 (4.35) 去除由权重引起的未分配信度 $\widetilde{m_i'}(\Theta)$ 的影响:

$$m_{1,2}(X_n) = \frac{m_{1,2}'(X_n)}{1 - \widetilde{m_{1,2}'}(\Theta)} \tag{4.34}$$

$$m_{1,2}(\Theta) = \frac{\widehat{m_{1,2}'}(\Theta)}{1 - \widetilde{m_{1,2}'}(\Theta)} \tag{4.35}$$

证据推理组合规则能很好地处理证据融合中的冲突问题, 且满足交换律、结合律和非幂等性质。Dempster 组合规则在一定意义上就是 ER 组合规则的特例。但是, 该方法的收敛速度比较慢, 而且证据权重的确定具有一定的主观性。

4.4   基于证据关联系数的冲突证据融合

为了有效融合高度冲突证据, 本节提出了一种基于证据关联系数的冲突处理方法。仿真算例的结果表明了即使系统存在干扰, 该方法仍能快速有效地识别目标。

4.4.1 基于证据关联系数的加权平均组合模型

基于证据关联系数的良好性质，本小节提出了一种新的证据加权平均融合模型。该方法的核心思想是，不同传感器收集到的证据应该具有不同的权重。如果一个证据与其他证据的关联系数越大，则认为该证据受其他证据的支持程度越大，从而具有较高的可信度，因此给其分配较高的权重。通过判断证据的可信度，对证据的基本概率指派进行加权平均后，再利用 Dempster 组合规则进行融合。该方法的具体过程如图 4.1 所示。

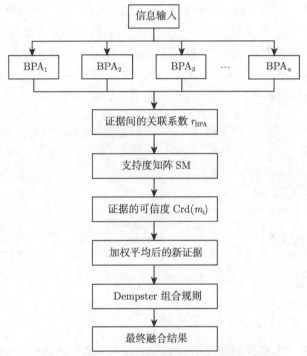

图 4.1 基于证据关联系数的加权平均融合过程

设系统所收集的证据个数为 n，首先计算两两证据 m_i 和 m_j 间的关联系数，并将证据之间的关联系数作为支持度，即 $\mathrm{Sup}\,(m_i, m_j) = r_{\mathrm{BPA}}\,(m_i, m_j)$[后文将 $\mathrm{Sup}\,(m_i, m_j)$ 简写为 S_{ij}]，得到一个支持度矩阵：

$$
\mathrm{SM} = \begin{bmatrix}
1 & S_{12} & \cdots & S_{1j} & \cdots & S_{1n} \\
\vdots & \vdots & & \vdots & & \vdots \\
S_{i1} & S_{i2} & \cdots & S_{ij} & \cdots & S_{in} \\
\vdots & \vdots & & \vdots & & \vdots \\
S_{n1} & S_{n2} & \cdots & S_{nj} & \cdots & 1
\end{bmatrix}
$$

显然若两个证据之间的冲突越小，关联系数就越大，相互支持程度也就越高。定义其他证据对某一证据 m_i 的总支持程度为

$$\mathrm{Sup}\,(m_i) = \sum_{\substack{j=1 \\ j \neq i}}^{n} \mathrm{Sup}\,(m_i, m_j) = \sum_{\substack{j=1 \\ j \neq i}}^{n} S_{ij} \tag{4.36}$$

式 (4.36) 是将支持度矩阵中每一行除自身的支持度之外的所有元素求和得到的结果。可以看出，$\mathrm{Sup}\,(m_i)$ 反映了证据 m_i 被其他证据所支持的程度。如果一个证据与其他证据关联程度高，则认为它们彼此之间的相互支持程度比较高；反之，认为相互支持程度比较低。一般认为，一个证据被其他证据所支持的程度越高，该证据的可信程度也就越高。因此，将支持度归一化后就得到可信度，可信度反映的是一个证据的可信程度。如果一个证据几乎不被其他证据所支持，则认为该证据的可信程度较低。从而定义证据 m_i 的可信度 $\mathrm{Crd}\,(m_i)$ 为

$$\mathrm{Crd}\,(m_i) = \frac{\mathrm{Sup}\,(m_i)}{\sum\limits_{i=1}^{n} \mathrm{Sup}\,(m_i)} \tag{4.37}$$

由式 (4.37) 可以看出

$$\sum_{i=1}^{n} \mathrm{Crd}\,(m_i) = 1 \tag{4.38}$$

然后将可信度 $\mathrm{Crd}\,(m_i)$ 作为证据 m_i 的权重。在获得各个证据的权重之后，就可以对证据进行加权平均，之后利用 Dempster 组合规则进行融合，可实现对高度冲突证据的融合。

4.4.2　算例分析

为了让读者对本节提出的基于证据关联系数的加权平均组合方法有更清晰的了解，下面将给出一些算例。通过对比本节提出的方法和 Dempster 方法、Yager 方法、Murphy 方法等证据组合方法的实验结果，来说明本节提出方法的有效性。

例 4.4　现有五条证据如表 4.1 所示，其中 $m(A)$, $m(B)$ 和 $m(C)$ 表示目标 A、B 和 C 的基本概率指派赋值。

表 4.1　五条原始证据 BPA

m_i	A	B	C
m_1	0.5	0.2	0.3
m_2	0	0.9	0.1
m_3	0.55	0.1	0.35
m_4	0.55	0.1	0.35
m_5	0.55	0.1	0.35

下面用不同的方法依次对这 5 条证据进行融合, 并对不同结果进行比较。融合结果如表 4.2 所示。

表 4.2 仿真算例结果比较

方法	m_1, m_2	m_1, m_2, m_3	m_1, m_2, m_3, m_4	m_1, m_2, m_3, m_4, m_5
Dempster 组合规则[15]	$m(A) = 0$	$m(A) = 0$	$m(A) = 0$	$m(A) = 0$
	$m(B) = 0.8571$	$m(B) = 0.6316$	$m(B) = 0.3288$	$m(B) = 0.1228$
	$m(C) = 0.1429$	$m(C) = 0.3684$	$m(C) = 0.6712$	$m(C) = 0.8772$
Yager 的方法[110]	$m(A) = 0$	$m(A) = 0$	$m(A) = 0$	$m(A) = 0$
	$m(B) = 0.18$	$m(B) = 0.018$	$m(B) = 0.0018$	$m(B) = 0.00018$
	$m(C) = 0.03$	$m(C) = 0.0105$	$m(C) = 0.00368$	$m(C) = 0.00129$
	$m(X) = 0.79$	$m(X) = 0.9715$	$m(X) = 0.99452$	$m(X) = 0.99853$
Murphy 的方法[112]	$m(A) = 0.1543$	$m(A) = 0.3500$	$m(A) = 0.6027$	$m(A) = 0.7958$
	$m(B) = 0.7469$	$m(B) = 0.5224$	$m(B) = 0.2627$	$m(B) = 0.0932$
	$m(C) = 0.0988$	$m(C) = 0.1276$	$m(C) = 0.1346$	$m(C) = 0.1110$
孙全等的方法[122]	$m(A) = 0.090$	$m(A) = 0.160$	$m(A) = 0.194$	$m(A) = 0.211$
	$m(B) = 0.377$	$m(B) = 0.201$	$m(B) = 0.160$	$m(B) = 0.138$
	$m(C) = 0.102$	$m(C) = 0.125$	$m(C) = 0.137$	$m(C) = 0.144$
	$m(X) = 0.431$	$m(X) = 0.486$	$m(X) = 0.509$	$m(X) = 0.507$
邓勇等的方法[64]	$m(A) = 0.1543$	$m(A) = 0.5816$	$m(A) = 0.8060$	$m(A) = 0.8909$
	$m(B) = 0.7469$	$m(B) = 0.2439$	$m(B) = 0.0482$	$m(B) = 0.0086$
	$m(C) = 0.0988$	$m(C) = 0.1745$	$m(C) = 0.1458$	$m(C) = 0.1005$
证据关联系数加权平均组合法	$m(A) = 0.1543$	$m(A) = 0.6195$	$m(A) = 0.8218$	$m(A) = 0.8964$
	$m(B) = 0.7469$	$m(B) = 0.2010$	$m(B) = 0.0345$	$m(B) = 0.0058$
	$m(C) = 0.0988$	$m(C) = 0.1795$	$m(C) = 0.1437$	$m(C) = 0.0978$

从表 4.2 中可以看出, Dempster 组合规则无法有效处理高度冲突的证据, $m(A)$ 在融合结果中始终为 0。尽管后来收集到的证据都是支持目标 A 的, 但是由于存在一条证据 m_2 否定了目标 A, 系统就认为识别目标不可能是 A, 是一种典型的一票否决。在 Yager 方法的融合结果中, 无论支持 A 的证据增加多少条, 未知项 $m(X)$ (X 表示全集 $\{A, B, C\}$) 的数值都在增加, 即系统未知的可能性随证据数量的增加而增加。孙全等[122] 对 Yager 的方法进行了改进, 克服了原来分配给未知的缺点, 但是同样存在计算复杂等问题: 随着支持 A 的证据越来越多, $m(A)$ 的数值也在增加, 这是合情合理的; 但与此同时, $m(A)$ 的增长速度很慢, 且未知项 $m(X)$ 的数值并没有明显减少, 系统依然无法有效做出决策。相较之下, 随着证据数量的逐渐增多, Murphy 的平均方法、邓勇等的方法以及证据关联系数加权平均组合法都

能做出正确的决策, 有效地识别出目标 A。但是 Murphy 的平均方法没有考虑证据之间的关联性, 在系统收集到第 4 条证据时才能有效识别目标。邓勇等的方法和本节的方法都考虑了证据之间的关联性, 有效地降低了 "干扰数据" 对融合结果的影响, 在证据数目相同的情况下, 都能有效识别目标 A。但是, 从融合结果可以看出, 基于证据关联系数的折扣融合方法有更快的收敛速度, 识别效率更高。

例 4.5　本例采用电机转子故障诊断中的数据, 来说明新方法的有效性。实验数据为由加速度、速度、位移三种传感器采集到的振动信号, 假设 F_1 表示正常运行, F_2 表示不平衡, F_3 表示不对中, F_4 表示基座松动, 它们构成辨识框架 $\Theta = \{F_1, F_2, F_3, F_4\}$。传感器收集到的数据经转化后形成了表 4.3 所示的三条基本概率指派。

表 4.3　关于电机转子故障情况的三条证据

m_i	F_1	F_2	F_3	F_4	Θ
m_1	0.06	0.68	0.02	0.04	0.20
m_2	0.02	0	0.79	0.05	0.14
m_3	0.02	0.58	0.16	0.04	0.20

从表 4.3 给出的证据来看, 外界因素的各种干扰, 使得单一传感器得到的结论各不相同。人们无法直接从传感器给出的信息判断设备究竟是哪种运行状态。因此, 使用合适的融合方法对传感器信息进行有效处理有利于帮助人们做出正确决策。

以 m_1 和 m_2 为例, 根据式 (3.9) 可求得二者的关联系数为

$$S_{12} = S_{21} = 0.1830$$

同理, 可求得 m_1 和 m_3 以及 m_2 和 m_3 的关联系数, 分别为

$$S_{13} = S_{31} = 0.9755$$

$$S_{23} = S_{32} = 0.3895$$

进一步得到支持度矩阵, 如下所示:

$$SM = \begin{bmatrix} 1 & 0.1830 & 0.9755 \\ 0.1830 & 1 & 0.3895 \\ 0.9755 & 0.3895 & 1 \end{bmatrix}$$

利用式 (4.36) 可求得每条 BPA 的总支持程度 $\mathrm{Sup}\,(m_i)$ 分别为

$$\mathrm{Sup}\,(m_1) = 1.1585, \quad \mathrm{Sup}\,(m_2) = 0.5725, \quad \mathrm{Sup}\,(m_3) = 1.3650$$

之后根据式 (4.37) 得到证据的可信度分别为

$$\text{Crd}\,(m_1) = 0.3742, \quad \text{Crd}\,(m_2) = 0.1849, \quad \text{Crd}\,(m_3) = 0.4409$$

加权平均后，得到一条新证据为

$$m\,(F_1) = 0.0350, \quad m\,(F_2) = 0.5102, \quad m\,(F_3) = 0.2241$$

$$m\,(F_4) = 0.0418, m\,(F_1, F_2, F_3, F_4) = 0.1889$$

采用 Dempster 组合规则将加权后的新证据自身融合两次，便可得到最终的融合结果。在进行故障诊断时，通常会设定一个阈值 Δ，当该种故障类型的 BPA 值大于该阈值时，认为设备发生该故障。这里，设置阈值 $\Delta = 0.6$，即当某个故障发生的信任度达到 60% 以上，认为设备此时出现该故障。

为了便于比较，表 4.4 给出了采用不同证据组合方法得到的证据融合结果和故障诊断结果。

表 4.4 不同方法得到的融合结果和故障诊断结果

方法	正常 (F_1)	不平衡 (F_2)	不对中 (F_3)	基座松动 (F_4)	未知 (Θ)	诊断结果
加速度传感器	0.06	0.68	0.02	0.04	0.20	不平衡 (F_2)
速度传感器	0.02	0	0.79	0.05	0.14	不对中 (F_3)
位移传感器	0.02	0.58	0.16	0.04	0.20	不确定
Dempster 组合规则[15]	0.0205	0.5229	0.3933	0.0309	0.0324	不确定
Murphy 的方法[112]	0.0112	0.6059	0.3508	0.0153	0.0168	不平衡 (F_2)
本节的方法	0.0108	0.8063	0.1534	0.0133	0.0162	不平衡 (F_2)

从表 4.4 中可以看出，直接利用 Dempster 组合规则进行证据融合，依然无法判断设备究竟发生何种故障。Murphy 的方法虽然判断出设备发生的故障类型为不平衡，但从融合结果看，发生故障不平衡和不对中的概率差别相对较小，结果有待讨论。相比其他方法而言，本节方法具有更好的收敛性，与此同时，该方法降低了干扰证据的可信度，有效减小了干扰证据对最终融合结果的影响，提高了故障诊断的准确率。

4.5 本 章 小 结

Dempster 组合规则无法有效融合高冲突证据，针对这个问题，目前有两种思路：一是修改组合规则；二是修改原始数据。本章采用了第二种观点，提出了一种基于证据关联系数的加权平均组合模型。本章首先介绍了证据组合的基本框架，讨论了消解冲突的方法，详细介绍了现有的几类冲突处理融合算法。之后，引入证据关联系数，提出了一种新的证据加权平均组合模型，并用仿真算例验证了该方法的有效性。

第 5 章 信度决策模型

5.1 引 言

决策是当代社会的一个关键问题，它广泛存在于各个领域。人们生活中的各项工作都离不开决策，即通过对获取的信息进行分析、筛选和选择，依靠一定的准则做出决策[143-146]。D-S 证据理论，作为一种相对新颖却发展十分迅速的信息处理方法，具有理论基础完善、表示直观、便于融合等优势，目前已经被广泛应用于风险评估、图像处理、目标识别、故障诊断和专家系统等多个领域。事实上，这些问题虽然涉及多个领域，但实际均可以抽象为决策问题。至今已经有一些利用 D-S 证据理论进行决策的工作[147-149]，文献 [150] 提出了将信度函数作为粗化赋值的决策算法，文献 [151] 将 D-S 证据理论与层次分析法 (analytic hierarchy process，AHP) 相结合，能够表达决策者关于不同决策方法的判断，文献 [152] 研究了群决策问题，给出了多属性决策的模型与方法。除此之外，将证据理论中的信度函数全部转换到单子集上，即类似于概率分布的形式，这显然是相当符合直觉又简单的一种决策方法。本章将对已有的基于证据理论的决策模型进行一些介绍与讨论，并提出一种基于证据关联系数最大准则下的转换模型。

5.2 基于 BPA 的决策方法

通过专家系统或证据融合获取 BPA 后，就可以利用 BPA 中的信息来帮助决策[153]。事实上，我们常常不自觉地就运用了概率的相关知识来做出决策。例如，有一枚均匀的骰子，与朋友打赌猜骰子掷出的点数，概率论的知识表明任何一个点数的获胜概率都是相同的，可以任意选择一个点数。又假设有一枚质地不均匀的骰子，它的点数 "3" 对应的面要重于另外 5 个面，使得其出现概率高于其余面，那么打赌时选择 "掷出点数为 3" 就能够拥有一个较高的胜率。上述例子可以用数学语言描述为：若系统状态集合 (辨识框架) 为 $\{1,2,3,4,5,6\}$，决策集合 $x_1,x_2,\cdots,x_6$ 对应 6 个面，当决策与系统状态相同时，收益函数值为 1，不相同时收益为 0，则均匀骰子对应的 BPA(实际此时退化为概率分布) 为 $m(1)=\cdots=m(6)=\dfrac{1}{6}$，因此无论做何种决策，收益的期望都是相同的 $\dfrac{1}{6}$，而当骰子不均匀时，所对应 BPA 变为 $m(3)>m(1)=\cdots=m(6)$，此时显然做出 "3" 这个决策，能获得最高收益，从

而应该选择 "掷出点数为 3"。又如专家系统中，多个专家给出了针对不同系统的基本概率指派，则通过 Dempster 组合规则融合后直接选择具有最大信度的焦元命题为决策方案，这也是最简单直接的决策方案。

5.2.1 最大信度值原则

给定辨识框架 Θ，设 m 为定义在 Θ 上的基本概率指派，令

$$m(A_0) = \max_{A \subseteq \Theta} m(A) \tag{5.1}$$

$$m(A_1) = \max_{A \subseteq \Theta, A \neq A_0} m(A) \tag{5.2}$$

对满足式 (5.1) 和式 (5.2) 的 A_0, A_1，若有

$$\begin{cases} m(A_0) - m(A_1) > \varepsilon_1 \\ m(\Theta) < \varepsilon_2 \\ m(A_0) > m(\Theta) \end{cases} \tag{5.3}$$

则判决结果即为 A_0，其中 ε_1, ε_2 为预设门限。

本质上，该方法就是选取具有最大信度值的焦元，如果该焦元信度值又显著大于次大的焦元信度值，那就选取该焦元作为判决结果。$m(\Theta) < \varepsilon_2$ 和 $m(A_0) > m(\Theta)$ 用来保证 $m(A_0)$ 不会过分小，全集所包含的信度即完全未知信息不过分大，这样的结果才更具有可信度与决策力。类似，还有根据信任函数与似真函数进行决策的方法，此处不再赘述。

5.2.2 "最小点"原则

文献 [154] 中介绍了 "最小点" 原则寻找真值，即决策值的方法。该方法是在辨识框架全集中，在保证命题信度函数值不发生突变的条件下，逐个去除单子集命题，最终获得一个可以用于决策的 "最小点" 命题。

假设待决策问题的辨识框架为 $\Theta = \{\theta_1, \theta_2, \cdots, \theta_N\}$，则显然必有 $\mathrm{Bel}(\Theta) = 1$。在全集 Θ 中依次去掉每个元素，记为

$$\begin{cases} \Theta_1 = \overline{\{\theta_1\}} = \{\theta_2, \theta_3, \cdots, \theta_N\} \\ \Theta_2 = \overline{\{\theta_2\}} = \{\theta_1, \theta_3, \cdots, \theta_N\} \\ \vdots \\ \Theta_N = \overline{\{\theta_N\}} = \{\theta_1, \theta_2, \cdots, \theta_{N-1}\} \end{cases} \tag{5.4}$$

计算这 N 个集合的信度函数值，记 $j = \arg\max \mathrm{Bel}(\Theta_i), i = 1, 2, \cdots, N$，即具有最大信度值的集合角标。若有

$$\mathrm{Bel}(\Theta) - \mathrm{Bel}(\Theta_j) < \varepsilon \tag{5.5}$$

其中，ε 为预设阈值，则说明在全集的 N 个元素中，去除元素 θ_j 使新辨识框架成为 Θ_j，这不会使信度函数值大幅下降。换言之，原始证据体对 Θ_j 的支持度相当高，这样就可以在不损失过多信息的条件下用 Θ_j 近似代替全集 Θ。然后对 Θ_j 重复上述过程，直到"全集"成为 Θ' 后，此时无法去掉任何一个元素，能够保持信度不会显著下降。则表明根据现有证据 Θ' 就是能做到的最好的决策了。如果还需要对决策进行精细化，就需要新证据的加入。

例 5.1   给定辨识框架 $\Theta = \{\theta_1, \theta_2, \cdots, \theta_4\}$，$m$ 是定义在 Θ 上的一个 BPA，有

$$m(\{\theta_1\}) = 0.2, \quad m(\{\theta_1, \theta_3\}) = 0.1, \quad m(\{\theta_1, \theta_2, \theta_3\}) = 0.05$$

$$m(\{\theta_1, \theta_2, \theta_3, \theta_4\}) = 0.05, \quad m(\{\theta_3, \theta_4\}) = 0.1, \quad m(\{\theta_1, \theta_3, \theta_4\}) = 0.05$$

$$m(\{\theta_2\}) = 0.05, \quad m(\{\theta_4\}) = 0.15, \quad m(\{\theta_1, \theta_4\}) = 0.25$$

并设置阈值 $\varepsilon = 0.3$。

首先，分别计算 Θ_1 至 Θ_4 的信度函数值，有

$$\text{Bel}(\Theta_1) = \text{Bel}(\{\theta_2, \theta_3, \theta_4\}) = 0.1 + 0.05 + 0.1 = 0.25$$

$$\text{Bel}(\Theta_2) = \text{Bel}(\{\theta_1, \theta_3, \theta_4\}) = 0.2 + 0.1 + 0.1 + 0.05 + 0.15 + 0.25 = 0.85$$

$$\text{Bel}(\Theta_3) = \text{Bel}(\{\theta_1, \theta_2, \theta_4\}) = 0.2 + 0.05 + 0.15 + 0.25 = 0.65$$

$$\text{Bel}(\Theta_4) = \text{Bel}(\{\theta_1, \theta_2, \theta_3\}) = 0.2 + 0.1 + 0.05 + 0.05 = 0.4$$

且有

$$\text{Bel}(\Theta) - \text{Bel}(\Theta_2) = 1 - 0.85 = 0.15 < \varepsilon \tag{5.6}$$

这样就可以用 Θ_2 来近似代替原辨识框架 Θ。接着，对新辨识框架 Θ_2，重复上面操作，仍是逐个去除框架中单子集元素，考察它们的信度函数值。

$$\text{Bel}(\Theta_{21}) = \text{Bel}(\{\theta_3, \theta_4\}) = 0.1 + 0.15 = 0.25$$

$$\text{Bel}(\Theta_{22}) = \text{Bel}(\{\theta_1, \theta_4\}) = 0.2 + 0.15 + 0.25 = 0.6$$

$$\text{Bel}(\Theta_{23}) = \text{Bel}(\{\theta_1, \theta_3\}) = 0.2 + 0.1 = 0.3$$

有

$$\text{Bel}(\Theta_2) - \text{Bel}(\Theta_{22}) = 0.85 - 0.6 = 0.25 < \varepsilon \tag{5.7}$$

从而继续缩小辨识框架，用更精确的 Θ_{22} 来做待决策命题。然后，继续进行第三次缩小，有

$$\text{Bel}(\Theta_{221}) = \text{Bel}(\{\theta_4\}) = 0.15$$

$$\text{Bel}(\Theta_{222}) = \text{Bel}(\{\theta_1\}) = 0.2$$

此时

$$\mathrm{Bel}(\Theta_{22}) - \mathrm{Bel}(\Theta_{222}) = 0.6 - 0.2 = 0.4 > \varepsilon \tag{5.8}$$

不满足可以继续缩小待决策值的条件, 从而寻找 "最小点" 过程结束。根据现有证据精确度和设定阈值, 做出的决策为 Θ_{22}, 即 $\{\theta_1, \theta_4\}$。如果想要进一步收缩决策命题, 就需要更精确、更丰富的证据体信息; 抑或调整阈值, 但这样可能导致决策精度降低。

上面的讨论和例子中, 没有考虑 Θ 在去掉一个单元素后有多个子集的信度同时最大的情况。如果 $\Theta_{j_1}, \Theta_{j_2}, \cdots, \Theta_{j_k}$ 的信度函数在 $\Theta_1, \Theta_2, \cdots, \Theta_N$ 中同时取得最大值, 表明除了 $\Theta_{j_1}, \Theta_{j_2}, \cdots, \Theta_{j_k}$ 的公共部分之外, 余集部分的改变不影响信度的变化, 这时可能需要一次去除多个元素。不妨假设

$$A = \bigcap_{i=1}^{k} \Theta_{j_i}, \quad B_i = \Theta_{j_i} - A, \quad B = \bigcup_{i=1}^{k} B_i$$

则 A 为这些具有相等信度函数值对应的命题为公共部分, B_i 为 A 对 Θ_{j_i} 的余集。当最大信度函数值对应的子集仅有一个时, 此时交集 A 不存在。但当有多个子集同时信度最大时, 出现交集 A, 其中含若干个子命题。这样就有两种处理思路: 仿照前面的思路去除不相交部分 B_i, 这样所有的 Θ_{j_i} 去除各自的 B_i 后剩余均为 A; 但同时可能发生的情况是交集 A 的信度函数值发生了骤降, 此时就有理由怀疑交集的可信度, 那么这种情况下通常去除交集而保留余集 B_i 更接近真值。为了验证去掉交集 A 是否合理, 需要对 $\mathrm{Bel}(\Theta_{j_i})$ 和 $\mathrm{Bel}(A)$ 的大小进行比较, 如果差值小于阈值 ε', 就说明在全框架 Θ_{j_i} 中去除 B_i 对信度影响很小, 可以去除而保留交集。否则就说明在余集中可能存在真值, 此时反而可以考虑保留 B_i 而去除 A。

例如, 设 $\Theta = \{1, 2, 3, 4, 5\}$, 则依次去掉单元素得到的子集为

$$\Theta_1 = \{2, 3, 4, 5\}, \quad \Theta_2 = \{1, 3, 4, 5\}, \quad \Theta_3 = \{1, 2, 4, 5\}$$

$$\Theta_4 = \{1, 2, 3, 5\}, \quad \Theta_5 = \{1, 2, 3, 4\}$$

假设 $\Theta_1, \Theta_2, \Theta_3$ 的信度均为最大, 而 $\Theta_1 \cap \Theta_2 \cap \Theta_3 = \{4, 5\}$, 也即在子集 $\{4, 5\}$ 上增加无论是 $\{2, 3\}$、$\{1, 3\}$ 或 $\{1, 2\}$ 都不影响信度值。这时可以比较 $\mathrm{Bel}(\Theta_1)$ 与 $\mathrm{Bel}(\{4, 5\})$, 若差值小于阈值则表明真值可能在 $\{4, 5\}$, 即交集中, 这样考虑去掉余集 B_i 中的元素比较合理, 比如 Θ_1 中的 $B_1 = \{2, 3\}$; 反之就表示证据体更倾向于真值在 B_i 中, 此时就应该去掉公共部分 $\{4, 5\}$, 再取余下情况中具有较大信度的对应集合。

值得注意的是, 上述过程必须从全集 Θ 开始, 因为 $\mathrm{Bel}(\Theta) = 1$ 才能保证信度不遗漏。而且需要多步递归, 直至信度差值大于预设阈值。同时阈值 ε 的选择应根

据辨识框架的大小适度调整，若框架中元素较多，则阈值应较小，反之则应适当增大阈值以使缩小辨识框架过程能顺利进行。

5.2.3 基于最小风险的决策

文献 [155] 中介绍了基于最小风险的决策方法。假设系统状态集为 $D = \{d_1, d_2, \cdots, d_m\}$，判决方案集为 $X = \{x_1, x_2, \cdots, x_n\}$。在第 j 个系统状态 d_j，第 i 个决策 x_i 下的风险函数为 $\gamma(x_i, d_j)$, $(i = 1, 2, \cdots, m; j = 1, 2, \cdots, n)$，现假设证据 E 在 D 上的基本概率指派为 $m(A_1), m(A_2), \cdots, m(A_p)$，令

$$\overline{\gamma}(x_i, A_j) = \frac{1}{|A_j|} \sum_{d_k \in A_j} \gamma(x_i, d_k), \ i = 1, 2, \ldots, n; j = 1, 2, \cdots, p \tag{5.9}$$

$$R(x_i) = \sum_{j=1}^{p} \overline{\gamma}(x_i, A_j) m(A_j) \tag{5.10}$$

则可取最优决策为 $x_k \in X$，使得

$$x_k = \arg\min\{R(x_1), R(x_2), \cdots, R(x_n)\} \tag{5.11}$$

$\overline{\gamma}(x_i, A_j)$ 的意义是焦元 A_j 在决策 x_i 下的平均风险。例如，求焦元 $A_1 = \{d_2, d_3\}$ 在决策 x_1 下的平均风险，则

$$\overline{\gamma}(x_1, A_1) = \frac{1}{|A_1|} \sum_{d_k \in A_1} \gamma(x_1, d_k) = \frac{1}{2}(\gamma(x_1, d_2) + \gamma(x_1, d_3))$$

之后根据式 (5.10) 求和即得 $R(x_i)$ 为决策的总平均风险，从而在决策集中选取总风险最小的决策为最终决策方案。

5.3 BPA 转换概率的方法

5.2 节分析讨论了直接通过 BPA 进行决策的一些已有方法。然而通过 BPA 直接进行决策的思路存在一些天然的缺陷：首先，决策命题常常是包含多个真值的某个集合，而对具体值的信度大小无法得到确切的回答，这种情况下决策工作实际仅完成了一半；其次，只要信息的载体还存在多子集命题，就与概率论框架不兼容，从而缺失了一系列强有力的理论。对此，人们较常采用的方法是将 BPA 转换为概率分布，再对概率分布进行决策。此决策思路中，将 BPA 转化为概率论中的概率分布无疑是一个十分关键的问题，主要原因有以下几个方面。

(1) 在决策时，常出现的情况是一部分不确定信息由证据理论中的 BPA 来描述，而另一部分信息则由概率论中的概率分布给出。为了保证能够从整体上处理全

部的不确定信息, 需要一种将 BPA 和概率分布函数 (主要针对离散型变量) 相互转化的方法。D-S 证据理论对概率论是向下兼容的关系, 因此将 BPA 转化为概率分布就成了重中之重。

(2) 证据理论对决策模型的研究尚不成熟。在处理信息的过程中, 由于 D-S 证据理论在描述不确定性信息上的优势, 希望尽可能多地使用 D-S 证据理论的模型, 对信息进行接收、存储、转化以及融合等一系列过程。遗憾的是, 目前证据理论对决策模型的研究仍处于一个比较不成熟的阶段, 而概率论已经有了相当完善的信息处理体系, 从而在复杂信息的融合处理问题上, 有时不得不在数据级融合或特征级融合时就利用概率论处理信息。

(3) 证据理论中存在 "指数爆炸" 问题。BPA 是在辨识框架的幂集上进行分配的。当系统所包含的命题比较多时, 会产生所谓的 "指数爆炸" 问题, 无论是对 BPA 进行分析还是使用 Dempster 规则融合都有很高的计算复杂度, 从而影响决策系统的速度。在军事目标侦测和战场态势估计等实时性高的领域, 无法充分发挥证据理论的优势。

得到概率分布之后, 利用概率论中的收益期望最大化方法就能方便地进行决策。设待决策的方案集合为 $D = \{d_1, d_2, \cdots, d_m\}$, 候选决策方案为 $x_1, x_2, \cdots, x_n$。若第 i 个系统状态, 第 j 个决策方案所对应的收益函数为 $r(d_i, x_j)(i = 1, 2, \cdots, m; j = 1, 2, \cdots, n)$, 且由 BPA 转换后得到的概率分布为 $p(x_j)(j = 1, 2, \cdots, n)$, 则选择收益函数期望最大值所对应的决策方案为最佳待选方案, 即

$$W = \max_{d_i} \left\{ \sum_{j=1}^{n} r(d_i, x_j) \times p(x_j) \right\}, \quad i = 1, 2, \cdots, m \tag{5.12}$$

下面介绍一些常用的将 BPA 转换为概率分布的方法。

5.3.1 Pignistic 概率转换

Smets 等提出了 BPA 的 Pignistic 转换[1], 将辨识框架 Θ 上的 BPA 转换为 Pignistic 概率分布函数[96, 156]。

定义 5.1 (Pignistic 转换) 假设 m 为辨识框架 Θ 上的一条 BPA, 则其 Pignistic 转换表示为 $\text{Bet}P_m$, 定义如下:

$$\text{Bet}P_m(X) = \sum_{\substack{Y \in 2^{\Theta} \\ Y \neq \varnothing}} \frac{|X \cap Y|}{|Y|} \frac{m(Y)}{1 - m(\varnothing)} \tag{5.13}$$

其中, 2^{Θ} 表示 Θ 的幂集; $|Y|$ 表示集合 Y 的势, 即 Y 中所含元素的个数。可以看到 Pignistic 转换是定义在幂集 2^{Θ} 的全部子集上的。

---

① Pignistic 来源于拉丁文 "pignus", 意为赌注或典质 [157]。

如今考虑 Pignistic 概率转换的公式，将经典证据理论中 $m(\varnothing) = 0$ 的条件代入，并仅计算式 (5.13) 中单子集 $\theta_i \in \Theta$ 的 Pignistic 转换，即得 BPA 的 Pignistic 概率转换公式。

定义 5.2 (Pignistic 概率转换)

$$\mathrm{Bet}P_m(\theta_i) = \sum_{\substack{Y \in 2^\Theta \\ \theta_i \subseteq Y}} \frac{m(Y)}{|Y|} = m(\theta_i) + \sum_{\substack{Y \in 2^\Theta \\ \theta_i \subset Y}} \frac{m(Y)}{|Y|} \tag{5.14}$$

式 (5.14) 称为 BPA 的 Pignistic 概率转换。

下面用一个算例说明 Pignistic 概率转换的具体步骤。

例 5.2   假设辨识框架为 $\Theta = \{a, b, c\}$，m 是定义在 Θ 上的一个 BPA，有

$$m(\{a\}) = 0.2, \quad m(\{b\}) = 0.1, \quad m(\{a,b\}) = 0.3$$
$$m(\{b,c\}) = 0.25, \quad m(\{a,b,c\}) = 0.15$$

则可以根据式 (5.13)，求得 m 的 Pignistic 概率转换如下：

$$\mathrm{Bet}P_m(\{a\}) = \sum_{\substack{Y \in 2^\Theta \\ \{a\} \subseteq Y}} \frac{m(Y)}{|Y|} = m(\{a\}) + \sum_{\substack{Y \in 2^\Theta \\ \{a\} \subset Y}} \frac{m(Y)}{|Y|}$$
$$= m(\{a\}) + \frac{1}{|\{a,b\}|} m(\{a,b\}) + \frac{1}{|\{a,b,c\}|} m(\{a,b,c\})$$
$$= 0.2 + \frac{1}{2} \times 0.3 + \frac{1}{3} \times 0.15 = 0.4$$

$$\mathrm{Bet}P_m(\{b\}) = m(\{b\}) + \sum_{\substack{Y \in 2^\Theta \\ \{b\} \subset Y}} \frac{m(Y)}{|Y|}$$
$$= 0.1 + \frac{1}{2} \times 0.3 + \frac{1}{2} \times 0.25 + \frac{1}{3} \times 0.15 = 0.425$$

$$\mathrm{Bet}P_m(\{c\}) = m(\{c\}) + \sum_{\substack{Y \in 2^\Theta \\ \{c\} \subset Y}} \frac{m(Y)}{|Y|}$$
$$= \frac{1}{2} \times 0.25 + \frac{1}{3} \times 0.15 = 0.175$$

$$\mathrm{Bet}P_m(\{a,b\}) = \sum_{\substack{Y \in 2^\Theta \\ Y \neq \varnothing}} \frac{|\{a,b\} \cap Y|}{|Y|} m(Y)$$
$$= m(\{a,b\}) + \frac{|\{a\} \cap \{a,b\}|}{|\{a\}|} m(\{a\}) + \frac{|\{b\} \cap \{a,b\}|}{|\{b\}|} m(\{b\})$$
$$+ \frac{|\{b,c\} \cap \{a,b\}|}{|\{b,c\}|} m(\{b,c\}) + \frac{|\{a,b,c\} \cap \{a,b\}|}{|\{a,b,c\}|} m(\{a,b,c\})$$

$$=0.3 + \frac{1}{1} \times 0.2 + \frac{1}{1} \times 0.1 + \frac{1}{2} \times 0.25 + \frac{2}{3} \times 0.15 = 0.825$$

$$\mathrm{Bet}P_m(\{a,c\}) = \frac{|\{a\} \cap \{a,c\}|}{|\{a\}|} m(\{a\}) + \frac{|\{a,b\} \cap \{a,c\}|}{|\{a,b\}|} m(\{a,b\})$$

$$+ \frac{|\{b,c\} \cap \{a,c\}|}{|\{b,c\}|} m(\{b,c\}) + \frac{|\{a,b,c\} \cap \{a,c\}|}{|\{a,b,c\}|} m(\{a,b,c\})$$

$$= \frac{1}{1} \times 0.2 + \frac{1}{2} \times 0.3 + \frac{1}{2} \times 0.25 + \frac{2}{3} \times 0.15 = 0.575$$

$$\mathrm{Bet}P_m(\{b,c\}) = m(\{b,c\}) + \frac{|\{b\} \cap \{b,c\}|}{|\{b\}|} m(\{b\})$$

$$+ \frac{|\{a,b\} \cap \{b,c\}|}{|\{a,b\}|} m(\{a,b\}) + \frac{|\{a,b,c\} \cap \{b,c\}|}{|\{a,b,c\}|} m(\{a,b,c\})$$

$$= 0.25 + \frac{1}{1} \times 0.1 + \frac{1}{2} \times 0.3 + \frac{2}{3} \times 0.15 = 0.6$$

$$\mathrm{Bet}P_m(\{a,b,c\}) = m(\{a,b,c\}) + \frac{|\{a\} \cap \{a,b,c\}|}{|\{a\}|} m(\{a\}) + \frac{|\{b\} \cap \{a,b,c\}|}{|\{b\}|} m(\{b\})$$

$$+ \frac{|\{a,b\} \cap \{a,b,c\}|}{|\{a,b\}|} m(\{a,b\}) + \frac{|\{b,c\} \cap \{a,b,c\}|}{|\{b,c\}|} m(\{b,c\})$$

$$= 0.15 + \frac{1}{1} \times 0.2 + \frac{1}{1} \times 0.1 + \frac{2}{2} \times 0.3 + \frac{2}{2} \times 0.25 = 1$$

从而根据 Pignistic 概率转换后的概率分布为

$$\mathrm{Bet}P_m = (0.4, 0.425, 0.175)$$

继而做出的决策为 $\{b\}$。

从上例可以得

$$\mathrm{Bet}P_m(\{a,b\}) + \mathrm{Bet}P_m(\{a,c\}) + \mathrm{Bet}P_m(\{b,c\}) = \sum_{\substack{Y \in 2^\theta \\ |Y|=2}} \mathrm{Bet}P_m(Y) = 2$$

$$\mathrm{Bet}P_m(\{a,b,c\}) = 1$$

事实上, 有下述结论: 若辨识框架 Θ 所包含元素数为 N, 则

$$\sum_{\substack{Y \in 2^\theta \\ |Y|=n}} \mathrm{Bet}P_m(Y) = \frac{nC_N^n}{N} \tag{5.15}$$

$$\mathrm{Bet}P_m(\Theta) = \frac{NC_N^N}{N} = 1 \tag{5.16}$$

Pignistic 概率转换是基于期望效用理论 (expected utility theory) 的一种 BPA 概率转化方式, 其本质是保持单子集的信度不变, 将多子集的信度平均分配给所包含的单子集。该转换公式向下兼容概率论, 当 BPA 退化为概率分布形式时, 其

Pignistic 概率转换保持不变。由于 Pignistic 概率转换具有物理意义清晰，计算简洁等优点，得到了广泛的关注和使用[56, 158]。然而，其转换过程遵循最大熵的思想[159]，思路比较保守，可能会造成信息的部分丢失[160]。例如，对辨识框架 $\Theta = \{a, b, c\}$，考虑下列两条 BPA

$$m_1: \quad m_1(\{a, b, c\}) = 1$$

$$m_2: \quad m_2(\{a\}) = m_2(\{b\}) = m_2(\{c\}) = \frac{1}{3}$$

显然两者的 Pignistic 概率转换是相同的，但是它们所包含的信息却迥然不同，m_1 表示已知证据无法提供有效信息指向任何子命题，仅能将全部信度赋给辨识框架全体；而 m_2 则包含明确的信息，辨识框架中三个子命题 a, b, c 分别拥有 1/3 的可信度，说明三者发生的概率是确定相等的。m_2 本身就是概率分布形式，其 Pignistic 概率转换保持不变，然而对 m_1 进行概率转换之后，其表达载体由不确定度较高形式更灵活的 BPA 转变为了概率分布，必须要对其中的不确定性信息增加附加条件，随之而来就导致了部分信息的丢失。

5.3.2　似真函数概率转换

Cobb 等[105] 提出了一种基于似真函数的 BPA 转换方法，称作 BPA 的似真概率函数 (plausibility probability function)①，定义如下。

定义 5.3 (似真函数概率转换)　假设 m 为辨识框架 Θ 上的一条 BPA，则其似真函数概率转换 (plausibility function transformation, PFT) 表示为 Pl_P_m，定义如下：

$$\mathrm{Pl\_}P_m(\theta_i) = \frac{\mathrm{Pl}(\theta_i)}{\sum\limits_{\theta_i \in \Theta} \mathrm{Pl}(\theta_i)} \tag{5.17}$$

似真函数概率转换是基于似真函数的一种转换方式，它通过各个单子集的似真函数大小之比来度量转换后概率的之比，再经归一化得到似真函数概率转换。而似真函数 $\mathrm{Pl}(\theta_i)$ 表明 BPA 中与子集 θ_i 有交集的部分的信度之和，一定程度上表明了 BPA 对其的支持程度。由于 Dempster 组合规则考虑的是命题子集之间的相互包含 (或相交) 关系，似真函数概率转换较完整地涵盖了这种包含关系，因此在处理需要使用 Dempster 组合规则融合的多条证据时，具有很强的适用性，文献 [105] 中的例子如下。

例 5.3　现有一个 BPA 定义在辨识框架 $\Theta = \{\theta_1, \theta_2, \cdots, \theta_{70}\}$ 上，且定义如下：

$$m(\{\theta_1\}) = 0.3, \; m(\{\theta_2\}) = 0.01, \; m(\{\theta_2, \theta_3, \cdots, \theta_{70}\}) = 0.69$$

---

① 此处只是如此命名，事实上其与概率论中的概率分布函数等概念完全不同。

则可以由式 (5.17) 计算其似真函数概率转换。首先计算:

$$\mathrm{Pl}(\theta_1) = 0.3$$

$$\mathrm{Pl}(\theta_2) = \sum_{Y \cap \theta_2 \neq \varnothing} m(Y) = 0.01 + 0.69 = 0.7$$

$$\mathrm{Pl}(\theta_3) = \cdots = Pl(\theta_{70}) = 0.69$$

$$\sum_{\theta_i \in \Theta} \mathrm{Pl}(\theta_i) = 47.92$$

因此

$$\mathrm{Pl\_}P_m(\theta_1) = \frac{Pl(\theta_1)}{\displaystyle\sum_{\theta_i \in \Theta} \mathrm{Pl}(\theta_i)} = \frac{0.3}{47.92} = 0.0063$$

$$\mathrm{Pl\_}P_m(\theta_2) = \frac{Pl(\theta_2)}{\displaystyle\sum_{\theta_i \in \Theta} \mathrm{Pl}(\theta_i)} = \frac{0.7}{47.92} = 0.0146$$

$$\mathrm{Pl\_}P_m(\theta_3) = \cdots = \mathrm{Pl\_}P_m(\theta_{70}) = \frac{Pl(\theta_3)}{\displaystyle\sum_{\theta_i \in \Theta} \mathrm{Pl}(\theta_i)} = \frac{0.69}{47.92} = 0.0144$$

可以看到，θ_2 的转换概率约是 θ_1 的 2.33 倍，表示原 BPA 在 θ_1 和 θ_2 中明显倾向于 θ_2。为了证明这个观点，假设又得到了一个完全相同的证据 $m' = m$，将 m 与 m' 融合后的证据求似真函数概率转换得到 θ_2 的转换概率约是 θ_1 的 2.33^2 倍。如此循环下去，可以得到 n 个相同的证据 m 融合之后的概率转换结果中 θ_2 的概率转换约是 θ_1 的 2.33^n 倍，也就是每一个 m 都加强了决策结果，这与 Dempster 组合规则的特点是相符的，即相同或相近的证据不断叠加会增强融合结果。

文献 [105] 的作者同时论述了如果使用 Pignistic 概率转换，对原始证据体 m，θ_1 的转换后概率约是 θ_2 的 15 倍，随着相同证据的不断加入，决策将逐渐向 θ_2 倾斜。这个结果一方面体现了 Pignistic 概率转换存在一定的信息缺失，当证据数较少时，可能由于信息的利用不充分而导致误判，在得到的信息足够后才能够得到正确的决策。但是另一方面，本例过于极端，而且从直观分析，m 将仅约 2/3 的信度分配给了一个具有相当多元素 (69 个) 的子集，得到的却是这 69 个单子集的概率转换比拥有确定信息 $m(\theta_1) = 0.3$ 的 θ_1 要高得多的结果，这未必是我们想得到的。并且在本例中，证据体 m 展现了 BPA 具有描述不确定信息的特质，即焦元含有多子集命题，从而具有较高的不确定度，单凭一条证据无法准确地进行判断，反而单子集 θ_1 的信度是证据所能提供的确定信息，Pignistic 概率转换主要利用这部分信息得到了 θ_1 的可信度较高的结论。而随着证据体的增多，提供的信息越来越准确，也渐渐收敛至符合实际的结果。

文献 [105] 中证明了将证据使用 Dempster 组合规则融合后进行似真函数概率转换和将各个证据分别进行似真函数概率转换后将这些概率相组合的两种结果是一致的。这个特性在某些场合是十分重要的。例如，对一些 Dempster 组合规则无法融合或不适合融合的证据体，决策时不进行融合，而直接进行似真函数概率转换再对概率进行组合，从而对此类问题进行处理，这是其他转换方式难以做到的。但是从例 5.3 中，可以看到似真函数概率转换对确定的信息 $m(\theta_1)$ 存在削弱，转换结果关于 θ_1 的信度相当低。由证据理论的定义，单子集信度的地位就等价于概率论中的概率，转换之后其值大幅下降，这其实与直觉是相悖的。

5.3.3　区间概率转换

蒋雯等[161] 提出了一种基于区间信息的 BPA 的概率转换方法。此方法并不直接使用 BPA 来转换以得到概率分布，而是通过 BPA 信息计算出各子集的信度函数和似真函数，得到区间 $[\mathrm{Bel}(A), \mathrm{Pl}(A)]$，使用信度区间中的信息来进行概率转换。文献 [32] 证明了 BPA 信息与上下概率信息可以通过 Möbius 变换等价转换，即两者可以互求，一定程度上表明了基于信度区间来计算 BPA 的概率转换的合理性。

定义 5.4 (区间概率转换)　假设 m 为辨识框架 Θ 上的一条证据，其区间概率转换 (interval probability transformation, IPT) 表示为 $\mathrm{IPT}P_m$，定义如下：

$$\mathrm{IPT}P_m(\theta_i) = \mathrm{Bel}(\theta_i) + \frac{\mathrm{Pl}(\theta_i) - \mathrm{Bel}(\theta_i)}{\sum\limits_{\theta_i \in \Theta}(\mathrm{Pl}(\theta_i) - \mathrm{Bel}(\theta_i))}(1 - \Sigma^{\mathrm{Bel}}) \tag{5.18}$$

式中，$\mathrm{Bel}(\theta_i)$，$\mathrm{Pl}(\theta_i)$ 分别表示单子集 θ_i 的信度函数和似真函数，Σ^{Bel} 表示全部单子集的信度函数之和，即 $\Sigma^{\mathrm{Bel}} = \sum_{\theta_i \in \Theta} \mathrm{Bel}(\theta_i)$。

例 5.4　与例 5.2 中相同，给定辨识框架 $\Theta = \{a, b, c\}$，设 m 是定义在 Θ 上的一个 BPA：

$$m(\{a\}) = 0.2, \quad m(\{b\}) = 0.1, \quad m(\{a, b\}) = 0.3$$
$$m(\{b, c\}) = 0.25, \quad m(\{a, b, c\}) = 0.15$$

则可以计算 m 的区间概率转换如下：

$$\Sigma^{\mathrm{Bel}} = \sum_{\theta_i \in \Theta} \mathrm{Bel}(\theta_i) = m(\{a\}) + m(\{b\}) = 0.2 + 0.1 = 0.3$$

$$\sum_{\theta \in \Theta}(\mathrm{Pl}(\theta_i) - \mathrm{Bel}(\theta_i)) = \mathrm{Pl}(\{a\}) - \mathrm{Bel}(\{a\})$$

$$+ \mathrm{Pl}(\{b\}) - \mathrm{Bel}(\{b\}) + \mathrm{Pl}(\{c\}) - \mathrm{Bel}(\{c\})$$

$$= 0.65 - 0.2 + 0.8 - 0.1 + 0.4 - 0 = 1.55$$

因此

$$\text{IPT}P_m(\{a\}) = \text{Bel}(\theta_a) + \frac{\text{Pl}(\{a\}) - \text{Bel}(\{a\})}{\sum\limits_{\theta \in \Theta}(\text{Pl}(\theta_i) - \text{Bel}(\theta_i))}(1 - \Sigma^{\text{Bel}})$$

$$= 0.2 + \frac{0.45}{1.55} \times (1 - 0.3) = 0.40$$

$$\text{IPT}P_m(\{b\}) = \text{Bel}(\theta_b) + \frac{\text{Pl}(\{b\}) - \text{Bel}(\{b\})}{\sum\limits_{\theta \in \Theta}(\text{Pl}(\theta_i) - \text{Bel}(\theta_i))}(1 - \Sigma^{\text{Bel}})$$

$$= 0.1 + \frac{0.7}{1.55} \times (1 - 0.3) = 0.42$$

$$\text{IPT}P_m(\{c\}) = \text{Bel}(\theta_c) + \frac{\text{Pl}(\{c\}) - \text{Bel}(\{c\})}{\sum\limits_{\theta \in \Theta}(\text{Pl}(\theta_i) - \text{Bel}(\theta_i))}(1 - \Sigma^{\text{Bel}})$$

$$= 0 + \frac{0.4}{1.55} \times (1 - 0.3) = 0.18$$

计算结果表明，最受支持的单子集命题为 $\{b\}$，与例 5.2 中采用 PPT 的结果是一致的。虽然命题 $\{b\}$ 的信度值并不高，但它拥有较宽的上下信任区间，表明证据对其的潜在支持度较高，这样区间概率转换的最终结果就得到 $\{b\}$ 的概率最高。区间概率转换其实是对 BPA 中不确定的部分信息通过上下概率区间的长度进行加权平均的再分配过程。可以看到，BPA 中的确定信息，即单子集信度 $\text{Bel}(\theta_i)$ 经过转换之后原封不动地进入了转换概率 $\text{IPT}P_m(\theta_i)$ 中。而不确定部分的信息由 $(1 - \Sigma^{\text{Bel}})$ 表示，分配给各个单子集。对于上下概率区间长度，对单子集 θ_i 来说，假定其信度函数 $\text{Bel}(\theta_i)$ 一定的情况下，它的似真函数 $\text{Pl}(\theta_i)$ 越大，则表示 BPA 中与 θ_i 不冲突的部分越多，理论上就应该将多子集信度较多地分配给 θ_i，体现在公式中的 $\text{Pl}(\theta_i) - \text{Bel}(\theta_i)$ 部分。例如，两个命题的上下概率区间分别为 $(0.6, 0.8)$ 和 $(0.6, 0.9)$，两者对比显然是后一个信任度较高。因为似真概率虽然不是精确的概率，只是一种不冲突度，但在下概率一致的情况下，它越大，信任度越高。

区间概率转换综合采用了 BPA 函数、信度函数与似真函数中的信息，体现了信息融合的思想，转换结果比较准确，然而此方法将多子集信度划归为一个整体 $(1 - \Sigma^{\text{Bel}})$，对其具体的分配情况并没有精确描述。

5.3.4　DSmP 概率转换

Dezert 等[162] 提出了一种可调参数的概率转换方法。此方法是基于文献 [163] 中所提出的 DSmT(Dezert-Smarandache theory) 及超幂集等理论和概念，本书不再赘述，仅介绍 DSmP 概率转换在 D-S 证据理论框架下的相应计算公式。

定义 5.5 (DSmP 概率转换)　假设 m 为辨识框架 Θ 上的一条 BPA，则其对

应参数为 ε 的 DSmP 概率转换表示为 DSmP_ε，定义如下：

$$\mathrm{DSm}P_\varepsilon(\theta_i) = \sum_{Y\in 2^\Theta} \frac{\sum\limits_{\substack{Z\subseteq\theta_i\cap Y\\|Z|=1}} m(Z) + \varepsilon|\theta_i\cap Y|}{\sum\limits_{\substack{Z\subseteq Y\\|Z|=1}} m(Z) + \varepsilon|Y|} m(Y) \tag{5.19}$$

其中，$\varepsilon \in [0,1]$ 为调整参数。考虑到 θ_i 为单子集，将式 (5.19) 化简如下：

$$\mathrm{DSm}P_\varepsilon(\theta_i) = \sum_{Y\in 2^\Theta} \frac{m(\theta_i) + \varepsilon}{\sum\limits_{\theta_i\subseteq Y} m(\theta_i) + \varepsilon|Y|} m(Y) \tag{5.20}$$

下面讨论调整参数 ε 取 0 和 1 两种极端情况下式 (5.20) 的不同形式，并分析其意义。

(1) 当 $\varepsilon = 0$ 时，式 (5.20) 化为

$$\mathrm{DSm}P_0(\theta_i) = \sum_{Y\in 2^\Theta} \frac{m(\theta_i)}{\sum\limits_{\theta_i\subseteq Y} m(\theta_i)} m(Y) \tag{5.21}$$

当 Y 为单子集 θ_i 时，右端即为 $m(\theta_i)$；当 Y 为多子集时，右端化为 $\dfrac{m(\theta_i)}{\sum\limits_{\theta_i\subseteq Y} m(\theta_i)} m(Y)$，

等价于将信度 $m(Y)$ 按 Y 中所含单子集的对应信度比例来分配给这些单子集。可以说这是一种最"乐观"的分配方法，因为如此分配表示完全相信单子集信度的信息准确性，多子集的信度多少亦或是所包含子集情况的不同，都对最终转换概率不产生影响。

(2) 当 $\varepsilon = 1$ 时，式 (5.20) 化为

$$\mathrm{DSm}P_1(\theta_i) = \sum_{Y\in 2^\Theta} \frac{m(\theta_i) + 1}{\sum\limits_{\theta_i\subseteq Y} m(\theta_i) + |Y|} m(Y) \tag{5.22}$$

当 Y 为单子集 θ_i 时，右端为 $m(\theta_i)$ 不变；当 Y 为多子集时，右端表示将 $m(Y)$ 按 $\dfrac{m(\theta_i) + 1}{\sum\limits_{\theta_i\subseteq Y} m(\theta_i) + |Y|}$ 的方式分配。对于绝大多数 BPA 和绝大多数 θ_i，$m(\theta_i)$ 和 1 以及 $\sum\limits_{\theta_i\subseteq Y} m(\theta_i)$ 和 $|Y|$ 是小于或远小于的关系，这样有

$$\mathrm{DSm}P_1(\theta_i) \approx m(\theta_i) + \sum_{\substack{Y\in 2^\Theta\\\theta_i\subset Y}} \frac{1}{|Y|} m(Y) = \mathrm{Bet}P_m(\theta_i) \tag{5.23}$$

与之前相反, 此时采用的策略是比较"悲观"的。即单子集信度 (BPA 中的确定信息) 对如何分配多子集信度帮助不大, 只能平均分配给所含单子集, 结果受其大小与包含子集情况影响。

通过上述分析, 可以将式 (5.20) 中的参数 ε 视作乐观程度。如果决策者通过对传感器可信度及证据自身特性能够认定信息的准确度高, 可以较乐观地对其进行处理, 就可以调整 ε 为一个较小的值; 反之就采用一个接近 1 的 ε。DSmP 概率转换加入了参数 ε, 通过参数对决策策略进行调整, 相对于单一的概率转换公式, 具有更高的灵活性。但是参数的调整缺乏客观标准, 全依赖于主观判断, 从而影响了可信性。此外, 转换结果与 ε 呈非线性关系, 并且对信息的可信度缺乏合理的量化方法, 导致了参数的选取相当困难。

例 5.5 与例 5.2 中相同, 给定辨识框架 $\Theta = \{a, b, c\}$, 设 m 是定义在 Θ 上的一个BPA, 且有

$$m(\{a\}) = 0.2, \quad m(\{b\}) = 0.1, \quad m(\{a, b\}) = 0.3$$
$$m(\{b, c\}) = 0.25, \quad m(\{a, b, c\}) = 0.15$$

则可以计算 m 的 DSmP_0 概率转换如下:

$$\mathrm{DSm}P_0(\{a\}) = \sum_{Y \in 2^\Theta} \frac{m(\{a\})}{\sum\limits_{\{a\} \subseteq Y} m(\theta_i)} m(Y)$$

$$= m(\{a\}) + \frac{m(\{a\})}{m(\{a\}) + m(\{b\})} m(\{a, b\})$$

$$+ \frac{m(\{a\})}{m(\{a\}) + m(\{b\}) + m(\{c\})} m(\{a, b, c\})$$

$$= 0.2 + \frac{0.2}{0.2 + 0.1} \times 0.3 + \frac{0.2}{0.2 + 0.1 + 0} \times 0.15 = 0.5$$

$$\mathrm{DSm}P_0(\{b\}) = m(\{b\}) + \frac{m(\{b\})}{m(\{a\}) + m(\{b\})} m(\{a, b\})$$

$$+ \frac{m(\{b\})}{m(\{b\}) + m(\{c\})} m(\{b, c\}) + \frac{m(\{b\})}{m(\{a\}) + m(\{b\}) + m(\{c\})} m(\{a, b, c\})$$

$$= 0.1 + \frac{0.1}{0.2 + 0.1} \times 0.3 + \frac{0.1}{0.1 + 0} \times 0.25 + \frac{0.1}{0.2 + 0.1 + 0} \times 0.15 = 0.5$$

$$\mathrm{DSm}P_0(\{c\}) = \frac{m(\{c\})}{m(\{b\}) + m(\{c\})} m(\{b, c\}) + \frac{m(\{c\})}{m(\{a\}) + m(\{b\}) + m(\{c\})} m(\{a, b, c\})$$

$$= \frac{0}{0.1 + 0} \times 0.25 + \frac{0}{0.2 + 0.1 + 0} \times 0.15 = 0$$

从结果中可以看出, DSmP_0 概率转换过于乐观, 单子集信度对最终转换结果有决定性的影响。由于原 BPA 中 $\{c\}$ 的信度函数值为 0, 导致虽然证据体对其有

一点的潜在支持度, 但是它的 $\mathrm{DSm}P_0$ 转换概率值也为 0.

m 的 $\mathrm{DSm}P_1$ 概率转换如下:

$$\mathrm{DSm}P_1(\{a\}) = \sum_{Y \in 2^{\Theta}} \frac{m(\{a\}) + 1}{\sum_{\{a\} \subseteq Y} m(\theta_i) + |Y|} m(Y)$$

$$= m(\{a\}) + \frac{m(\{a\} + 1)}{m(\{a\}) + m(\{b\}) + 2} m(\{a, b\})$$

$$+ \frac{m(\{a\}) + 1}{m(\{a\}) + m(\{b\}) + m(\{c\}) + 3} m(\{a, b, c\})$$

$$= 0.2 + \frac{0.2 + 1}{0.2 + 0.1 + 2} \times 0.3 + \frac{0.2 + 1}{0.2 + 0.1 + 0 + 3} \times 0.15 = 0.41$$

$$\mathrm{DSm}P_1(\{b\}) = m(\{b\}) + \frac{m(\{b\}) + 1}{m(\{a\}) + m(\{b\} + 2)} m(\{a, b\})$$

$$+ \frac{m(\{b\}) + 1}{m(\{b\}) + m(\{c\}) + 2} m(\{b, c\})$$

$$+ \frac{m(\{b\}) + 1}{m(\{a\}) + m(\{b\}) + m(\{c\}) + 3} m(\{a, b, c\})$$

$$= 0.1 + \frac{0.1 + 1}{0.2 + 0.1 + 2} \times 0.3 + \frac{0.1 + 1}{0.1 + 0 + 2}$$

$$\times 0.25 + \frac{0.1 + 1}{0.2 + 0.1 + 0 + 3} \times 0.15 = 0.42$$

$$\mathrm{DSm}P_1(\{c\}) = \frac{m(\{c\} + 1)}{m(\{b\}) + m(\{c\}) + 2} m(\{b, c\})$$

$$+ \frac{m(\{c\} + 1)}{m(\{a\}) + m(\{b\}) + m(\{c\}) + 3} m(\{a, b, c\})$$

$$= \frac{0 + 1}{0.1 + 0 + 2} \times 0.25 + \frac{0 + 1}{0.2 + 0.1 + 0 + 3} \times 0.15 = 0.17$$

与前文的分析证明一致, BPA 的 $\mathrm{DSm}P_1$ 概率转换与例 5.2 中 PPT 的结果相当接近, 并且做出的决策也是一致的.

本节介绍了一些比较常用的 BPA 概率转换方法. 事实上, 除此之外, 众多学者还提出了一些其他的 BPA 概率转换方法. 例如, 文献 [164] 基于转换前后先验信息量守恒建立方程, 然后通过迭代方法求得超越方程的解; 文献 [165] 提出了一种基于区间 BPA 的转换方法, 能够对不精确数值的 BPA 进行转换等.

5.4 证据关联系数最大准则下的 BPA 转换概率

抽象地说, BPA 与概率分布的不同体现在对总体信度的分配不同, 基本概率指派是分配在辨识框架的幂集 2^{Θ} 上的, 而概率分布仅分布在 2^{Θ} 的一部分元素,即单子集中。两者的区别集中在是否对多子集命题分配信度。将 BPA 转换为概率分布，实质是将 BPA 中的多子集信度进行再分配的过程。这样，一个符合直觉的转换方法应满足下述条件。

(1) 当基本概率指派退化为概率时，其转换结果应保持不变，即概率转换方法应兼容概率分布。

(2) 对基本概率指派 m，转换后应保证 $\text{Bel}(\theta_i) \leqslant P(\theta_i) \leqslant \text{Pl}(\theta_i)$。即转换后的各单子集命题概率值应不小于其信度函数值 (精确信任程度)，也不大于其似真函数值 (不应溢出与其不冲突的部分)。

对条件 (1)，在证据理论中，概率分布作为一种特殊的基本概率指派，若使用概率转换之后其值与原始值不同，显然这样的转换是不合理的。对条件 (2)，考虑证据理论中信度函数与似真函数的定义，信度函数 $\text{Bel}(A)$ 表示基本概率指派中支持命题 A(无论单子集还是多子集) 的信度，似真函数 $\text{Pl}(A)$ 表示基本概率指派中不否定 (或者称作潜在支持) 命题 A 的信度，因此对命题 A，基本概率指派对其的支持度就介于其信度函数与似真函数之间。那么同样对于单子集元素来说，转换后的概率值应介于其信度函数与似真函数之间，也即处于上下概率区间中。

若将转换后的概率分布视作一个特殊的 BPA，则一种最优转换思路为：使转换后的概率 BPA 与原 BPA 的冲突程度应该尽可能小，即两者的证据关联系数应该最大，从而更完整地保存原证据体中的信息。

定理 5.1 对于基本概率指派 m_0，定义其概率转换为

$$P_{m_0}(\theta_i) = \sum_{\substack{Y \in 2^\theta \\ \theta_i \subseteq Y}} \frac{m(Y)}{|Y|} = m(\theta_i) + \sum_{\substack{Y \in 2^\theta \\ \theta_i \subset Y}} \frac{m(Y)}{|Y|} \tag{5.24}$$

则 P_{m_0}(实质就是 Pignistic 概率转换) 是令与 m_0 的证据关联系数最大的概率转换方式，且满足条件 (1) 和条件 (2)。

证明 5.1 由证据关联系数的公式有

$$r_{\text{BPA}}(m_1, m_2) = \frac{c(m_1, m_2)}{\sqrt{c(m_1, m_1) \times c(m_2, m_2)}} \tag{5.25}$$

由证据关联系数的性质有 $r_{\text{BPA}}(m_1, m_2) = r_{\text{BPA}}(m_2, m_1)$，不妨设 m_1 为待转换的基本概率指派 m_0，m_2 为任意一种概率转换结果 p。这样需讨论的证据关联系数表达式如下：

$$r_{\text{DPA}}(m_0, p) - \frac{c(m_0, p)}{\sqrt{c(m_0, m_0) \times c(p, p)}} \tag{5.26}$$

其中，$c(m_0, m_0)$ 在 m_0 确定后为一固定常数。用 3.4 节的方法将 $r_{\text{BPA}}(m_0, p)$ 表示为矩阵乘积形式如下：

$$r_{\text{BPA}}(m_0, p) = \frac{x^{\text{T}} D y}{\sqrt{c(m_0, m_0) y^{\text{T}} D y}} \tag{5.27}$$

x, y 分别为 m_0, p 的向量表示形式。下面讨论 $x^{\mathrm{T}} D y$ 增加了 p 为概率形式限制之后的特点。首先分析对一般的 n 维行向量 $\xi = (\xi_1, \xi_2, \cdots, \xi_n)$, $n \times n$ 矩阵 $A = (a_{ij})_{n \times n}$ 和 n 维列向量 $\eta = (\eta_1, \eta_2, \cdots, \eta_n)^{\mathrm{T}}$, $\xi A \eta$ 的表达式为

$$\xi A \eta = \sum_{j=1}^{n} \left(\sum_{i=1}^{n} \xi_i a_{ij} \right) \eta_j = \sum_{j=1}^{n} \sum_{i=1}^{n} \xi_i a_{ij} \eta_j \tag{5.28}$$

式 (5.27) 中 y 为概率 p 的对应列向量, 从而 $y = (p(\theta_1), \cdots, p(\theta_n), 0, 0, \cdots)^{\mathrm{T}}$。令

$$D' = (d'_{ij})_{2^n \times 2^n} = \left\{ \begin{array}{ll} d_{ij} = \dfrac{|A_i \cap \theta_j|}{|A_i \cup \theta_j|}, & j \leqslant n \\ 0, & j > n \end{array} \right. \tag{5.29}$$

即 D' 是保留矩阵 D 的前 n 列, 其余元素都改作 0 而成的新矩阵。由矩阵相乘的展开式 (5.28), 可得

$$x^{\mathrm{T}} D y = x^{\mathrm{T}} D' y \tag{5.30}$$

而

$$\begin{aligned} x^{\mathrm{T}} D' &= \left(\sum_{i=1}^{2^n} x_i d_{i1}, \sum_{i=1}^{2^n} x_i d_{i2}, \cdots, \sum_{i=1}^{2^n} x_i d_{in}, 0, 0, \cdots \right) \\ &= \left(\sum_{i=1}^{2^n} m_0(A_i) \frac{|A_i \cap \theta_1|}{|A_i \cup \theta_1|}, \cdots, \sum_{i=1}^{2^n} m_0(A_i) \frac{|A_i \cap \theta_n|}{|A_i \cup \theta_n|}, 0, 0, \cdots \right) \end{aligned} \tag{5.31}$$

其中, A_i 表示 $\{\theta_1, \cdots, \theta_n, \theta_1 \cup \theta_2, \cdots, \theta_1 \cup \theta_2 \cup \theta_3, \cdots\}$ 中的第 i 个元素 (幂集 2^{Θ} 中的第 i 个子集)。讨论 A_i 和 θ_j 的关系, 得

$$\frac{|A_i \cap \theta_j|}{|A_i \cup \theta_j|} = \left\{ \begin{array}{ll} \dfrac{1}{|A_i|}, & \theta_j \in A_i \\ 0, & \theta_j \notin A_i \end{array} \right. \tag{5.32}$$

从而有

$$\sum_{i=1}^{2^n} m_0(A_i) \frac{|A_i \cap \theta_j|}{|A_i \cup \theta_j|} = \sum_{\theta_j \in A_i} \frac{m_0(A_i)}{|A_i|} = \mathrm{Bet}P_{m_0}(\theta_j) \tag{5.33}$$

$$x_T D' = (\mathrm{Bet}P_{m_0}(\theta_1), \mathrm{Bet}P_{m_0}(\theta_2), \cdots, \mathrm{Bet}P_{m_0}(\theta_n), 0, 0, \cdots) \tag{5.34}$$

则

$$x_T D' y = (\text{Bet}P_{m_0}(\theta_1), \text{Bet}P_{m_0}(\theta_2), \cdots, \text{Bet}P_{m_0}(\theta_n), 0, 0, \cdots) \begin{pmatrix} p(\theta_1) \\ p(\theta_2) \\ \vdots \\ p(\theta_n) \\ 0 \\ \vdots \end{pmatrix}$$

$$= (\text{Bet}P_{m_0}(\theta_1), \text{Bet}P_{m_0}(\theta_2), \cdots, \text{Bet}P_{m_0}(\theta_n)) \begin{pmatrix} p(\theta_1) \\ p(\theta_2) \\ \vdots \\ p(\theta_n) \end{pmatrix} \quad (5.35)$$

又显然

$$y^{\mathrm{T}} D y = y^{\mathrm{T}} y = \sum_{i=1}^{n} p(\theta_i)^2 \quad (5.36)$$

将式 (5.27) 表示成内积的形式如下:

$$\begin{aligned} r_{\text{BPA}}(m_0, p) &= \frac{x^{\mathrm{T}} D y}{\sqrt{c(m_0, m_0) y^{\mathrm{T}} D y}} \\ &= \frac{1}{\sqrt{c(m_0, m_0)}} \frac{x^{\mathrm{T}} D' y}{\sqrt{y^{\mathrm{T}} y}} \\ &= \frac{1}{\sqrt{c(m_0, m_0)}} \frac{\langle \text{Bet}P_{m_0}, y \rangle}{\sqrt{\langle y, y \rangle}} \\ &= \frac{\sqrt{\langle \text{Bet}P_{m_0}, \text{Bet}P_{m_0} \rangle}}{\sqrt{c(m_0, m_0)}} \frac{\langle \text{Bet}P_{m_0}, y \rangle}{\sqrt{\langle \text{Bet}P_{m_0}, \text{Bet}P_{m_0} \rangle \langle y, y \rangle}} \\ &\leqslant \frac{\sqrt{\langle \text{Bet}P_{m_0}, \text{Bet}P_{m_0} \rangle}}{\sqrt{c(m_0, m_0)}} \cos(\text{Bet}P_{m_0}, y) \end{aligned} \quad (5.37)$$

式 (5.37) 左端为常数, 故当且仅当 $\cos(\text{Bet}P_{m_0}, y) = 1$, 即 $\text{Bet}P_{m_0} = y$ 时, 等号成立。这样就证明了当证据概率转换 p 取 Pignistic 概率转换 $\text{Bet}P_{m_0}$ 时, 证据关联系数 r_{BPA} 最大。

条件 (1) 显然成立; 对于条件 (2), 有

$$\text{Bet}P_{m_0}(\theta_i) = m(\theta_i) + \sum_{\substack{Y \in 2^{\Theta} \\ \theta_i \subset Y}} \frac{m(Y)}{|Y|}$$

而对单子集 θ_i, 有

$$\mathrm{Bel}(\theta_i) = m(\theta_i), \quad \mathrm{Pl}(\theta_i) = m(\theta_i) + \sum_{\substack{Y \in 2^\theta \\ \theta_i \subset Y}} m(Y) \tag{5.38}$$

从而有

$$\mathrm{Bel}(\theta_i) \leqslant \mathrm{Bet}P(\theta_i) \leqslant \mathrm{Pl}(\theta_i) \tag{5.39}$$

因此, 定理 5.1 得证。

5.3.1 小节提到, Pignistic 概率转换是基于期望效用理论, 使各单子集的期望保持不变, 并且满足最大熵的思想。热力学相关知识表明, 任意孤立系统的熵是永久处于不减的状态, 即趋于系统熵最大, 因此保证处理后的概率分布熵最大是符合直观的。另外, 将不确定度明显较高的基本概率指派函数转换为概率分布, 意味着在信息不充足的情况下做出决断, 那么应该对未知的部分进行最少的限制。此时附加的信息量达到最少, 可以看作最符合实际的一种推测方式。根据定理 5.1, Pignistic 概率转换还能够保证转换前后的证据关联系数最大, 也从另一个角度说明了 Pignistic 概率转换的最大熵特性, 其保留了大多数的有效信息, 而剩余的信息由于概率分布表达形式的缺陷无法完全表示, 不得已对这些信息进行丢弃, 但保证总体所蕴含的不确定度尽可能大。

例 5.6   假设有辨识框架为 $\Theta = \{1, 2, \cdots, 10\}$, m 是定义在 Θ 上的一个 BPA, 且有

$$m(\{3,4,5\}) = 0.15, \ m(\{6\}) = 0.05, \ m(\{\Theta\}) = 0.1, \ m(\{A\}) = 0.7$$

其中, A 为一变化的集合, 从 $\{1\}$ 开始每次按顺序增加一个元素, 最终使其变为 $\{1, 2, \cdots, 10\}$。下面分别计算 m 的 Pignistic 概率转换、似真概率转换、区间概率转换和参数为 0 与 1 的 DSmP 概率转换, 以及 m 与对应的概率转换之间的证据关联系数, 具体结果如表 5.1~ 表 5.5 所示。

表 5.1   例 5.6 中的 $\mathrm{Bet}P_m$ 与对应的证据关联系数

A	$P(1)$	$P(2)$	$P(3)$	$P(4)$	$P(5)$	$P(6)$	$P(7)$	$P(8)$	$P(9)$	$P(10)$	r_{BPA}
$\{1\}$	0.71	0.01	0.06	0.06	0.06	0.06	0.01	0.01	0.01	0.01	0.9831
$\{1,2\}$	0.36	0.36	0.06	0.06	0.06	0.06	0.01	0.01	0.01	0.01	0.7097
$\{1,2,3\}$	0.2433	0.2433	0.2933	0.06	0.06	0.06	0.01	0.01	0.01	0.01	0.6139
$\{1,2,\cdots,4\}$	0.185	0.185	0.235	0.235	0.06	0.06	0.01	0.01	0.01	0.01	0.5575
$\{1,2,\cdots,5\}$	0.15	0.15	0.20	0.20	0.20	0.06	0.01	0.01	0.01	0.01	0.5188
$\{1,2,\cdots,6\}$	0.1267	0.1267	0.1767	0.1767	0.1767	0.1767	0.01	0.01	0.01	0.01	0.4997
$\{1,2,\cdots,7\}$	0.11	0.11	0.16	0.16	0.16	0.16	0.11	0.01	0.01	0.01	0.4701
$\{1,2,\cdots,8\}$	0.0975	0.0975	0.1475	0.1475	0.1475	0.1475	0.0975	0.0975	0.01	0.01	0.4459
$\{1,2,\cdots,9\}$	0.0878	0.0878	0.1378	0.1378	0.1378	0.1378	0.0878	0.0878	0.0878	0.01	0.4259
$\{1,2,\cdots,10\}$	0.08	0.08	0.13	0.13	0.13	0.13	0.08	0.08	0.08	0.08	0.3878

表 5.2 例 5.6 中的 Pl_P_m 与对应的证据关联系数

A	$P(1)$	$P(2)$	$P(3)$	$P(4)$	$P(5)$	$P(6)$	$P(7)$	$P(8)$	$P(9)$	$P(10)$	r_{BPA}
$\{1\}$	0.3636	0.0455	0.1136	0.1136	0.1136	0.0682	0.0455	0.0455	0.0455	0.0455	0.9020
$\{1,2\}$	0.2759	0.2759	0.0862	0.0862	0.0862	0.0517	0.0345	0.0345	0.0345	0.0345	0.6948
$\{1,2,3\}$	0.2222	0.2222	0.2639	0.0694	0.0694	0.0417	0.0278	0.0278	0.0278	0.0278	0.6108
$\{1,2,\cdots,4\}$	0.1860	0.1860	0.2209	0.2209	0.0581	0.0349	0.0233	0.0233	0.0233	0.0233	0.5552
$\{1,2,\cdots,5\}$	0.16	0.16	0.19	0.19	0.19	0.03	0.02	0.02	0.02	0.02	0.5161
$\{1,2,\cdots,6\}$	0.1404	0.1404	0.1667	0.1667	0.1667	0.1491	0.0175	0.0175	0.0175	0.0175	0.4974
$\{1,2,\cdots,7\}$	0.125	0.125	0.1484	0.1484	0.1484	0.1328	0.125	0.0156	0.0156	0.0156	0.4670
$\{1,2,\cdots,8\}$	0.1127	0.1127	0.1338	0.1338	0.1338	0.1197	0.1127	0.1127	0.0141	0.0141	0.4420
$\{1,2,\cdots,9\}$	0.1026	0.1026	0.1218	0.1218	0.1218	0.1090	0.1026	0.1026	0.1026	0.0128	0.4207
$\{1,2,\cdots,10\}$	0.0941	0.0941	0.1118	0.1118	0.1118	0.1	0.0941	0.0941	0.0941	0.0941	0.3823

表 5.3 例 5.6 中的 IPTP_m 与对应的证据关联系数

A	$P(1)$	$P(2)$	$P(3)$	$P(4)$	$P(5)$	$P(6)$	$P(7)$	$P(8)$	$P(9)$	$P(10)$	r_{BPA}
$\{1\}$	0.7172	0.0172	0.0431	0.0431	0.0431	0.0672	0.0172	0.0172	0.0172	0.0172	0.9821
$\{1,2\}$	0.2667	0.2667	0.0833	0.0833	0.0833	0.0833	0.0333	0.0333	0.0333	0.0333	0.6928
$\{1,2,3\}$	0.2141	0.2141	0.2542	0.0669	0.0669	0.0768	0.0268	0.0268	0.0268	0.0268	0.6102
$\{1,2,\cdots,4\}$	0.1788	0.1788	0.2124	0.2124	0.0559	0.0724	0.0224	0.0224	0.0224	0.0224	0.5558
$\{1,2,\cdots,5\}$	0.1535	0.1535	0.1823	0.1823	0.1823	0.0692	0.0192	0.0192	0.0192	0.0192	0.5173
$\{1,2,\cdots,6\}$	0.1345	0.1345	0.1597	0.1597	0.1597	0.1845	0.0168	0.0168	0.0168	0.0168	0.4978
$\{1,2,\cdots,7\}$	0.1197	0.1197	0.1421	0.1421	0.1421	0.1697	0.1197	0.0150	0.0150	0.0150	0.4678
$\{1,2,\cdots,8\}$	0.1078	0.1078	0.1280	0.1280	0.1280	0.1578	0.1078	0.1078	0.0135	0.0135	0.4429
$\{1,2,\cdots,9\}$	0.0981	0.0981	0.1164	0.1164	0.1164	0.1481	0.0981	0.0981	0.0981	0.0123	0.4221
$\{1,2,\cdots,10\}$	0.0899	0.0899	0.1068	0.1068	0.1068	0.1399	0.0899	0.0899	0.0899	0.0899	0.3835

表 5.4 例 5.6 中的 DSmP_0 与对应的证据关联系数

A	$P(1)$	$P(2)$	$P(3)$	$P(4)$	$P(5)$	$P(6)$	$P(7)$	$P(8)$	$P(9)$	$P(10)$	r_{BPA}
$\{1\}$	0.7933	0	0.05	0.05	0.05	0.0567	0	0	0	0	0.9818
$\{1,2\}$	0.35	0.35	0.05	0.05	0.05	0.15	0	0	0	0	0.6981
$\{1,2,3\}$	0.2333	0.2333	0.2833	0.05	0.05	0.15	0	0	0	0	0.6012
$\{1,2,\cdots,4\}$	0.175	0.175	0.225	0.225	0.05	0.15	0	0	0	0	0.5441
$\{1,2,\cdots,5\}$	0.14	0.14	0.19	0.19	0.19	0.15	0	0	0	0	0.5050
$\{1,2,\cdots,6\}$	0	0	0.05	0.05	0.05	0.85	0	0	0	0	0.2605
$\{1,2,\cdots,7\}$	0	0	0.05	0.05	0.05	0.85	0	0	0	0	0.2361
$\{1,2,\cdots,8\}$	0	0	0.05	0.05	0.05	0.85	0	0	0	0	0.2175
$\{1,2,\cdots,9\}$	0	0	0.05	0.05	0.05	0.85	0	0	0	0	0.2029
$\{1,2,\cdots,10\}$	0	0	0.05	0.05	0.05	0.85	0	0	0	0	0.1812

表 5.5　例 5.6 中的 $\mathrm{DSm}P_1$ 与对应的证据关联系数

A	$P(1)$	$P(2)$	$P(3)$	$P(4)$	$P(5)$	$P(6)$	$P(7)$	$P(8)$	$P(9)$	$P(10)$	r_{BPA}
$\{1\}$	0.7158	0.0093	0.0593	0.0593	0.0593	0.0598	0.0093	0.0093	0.0093	0.0093	0.9830
$\{1,2\}$	0.3600	0.3600	0.0600	0.0600	0.0600	0.0604	0.0100	0.0100	0.0100	0.0100	0.7096
$\{1,2,3\}$	0.2432	0.2432	0.2932	0.0600	0.0600	0.0604	0.0100	0.0100	0.0100	0.0100	0.6138
$\{1,2,\cdots,4\}$	0.1849	0.1849	0.2349	0.2349	0.0600	0.0604	0.0100	0.0100	0.0100	0.0100	0.5574
$\{1,2,\cdots,5\}$	0.1499	0.1499	0.1999	0.1999	0.1999	0.0604	0.0100	0.0100	0.0100	0.0100	0.5186
$\{1,2,\cdots,6\}$	0.1144	0.1144	0.1644	0.1644	0.1644	0.2381	0.0100	0.0100	0.0100	0.0100	0.4928
$\{1,2,\cdots,7\}$	0.1092	0.1092	0.1592	0.1592	0.1592	0.1647	0.1092	0.0100	0.0100	0.0100	0.4701
$\{1,2,\cdots,8\}$	0.0969	0.0969	0.1469	0.1469	0.1469	0.1518	0.0969	0.0969	0.0100	0.0100	0.4458
$\{1,2,\cdots,9\}$	0.0873	0.0873	0.1373	0.1373	0.1373	0.1417	0.0873	0.0873	0.0873	0.0100	0.4259
$\{1,2,\cdots,10\}$	0.0796	0.0796	0.1296	0.1296	0.1296	0.1336	0.0796	0.0796	0.0796	0.0796	0.3876

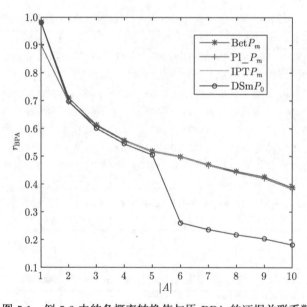

图 5.1　例 5.6 中的各概率转换值与原 BPA 的证据关联系数

　　通过表 $5.1\sim$ 表 5.5 和图 5.1(参数为 1 的 $\mathrm{DSm}P_1$ 转换, 因为前文已经说明其近似于 Pignistic 概率转换, 所以未加入图中对比) 可以看到 Pignistic 概率转换确实能保证转换前后的证据关联系数最大。集合 A 的基数较低时, 各个概率转换方式的转换结果相差较大, 可以看到 Pignistic 概率转换对应的证据关联系数明显高于其他方法, 随着 A 中单子集数量的增多, 不同转换方法的再分配方式差别不大, 但仍有 Pignistic 概率转换的证据关联系数最大。而 $\mathrm{DSm}P_0$ 的转换思路过于乐观, 结果极度依赖于单子集信度, 因此产生了较明显的不足现象。

5.5 本 章 小 结

　　不确定信息处理的目的之一是便于决策，而使用 D-S 证据理论中的基本概率指派函数来决策具有一定的局限性，常见的处理方法是将基本概率指派函数转换为概率分布来进行决策。本章介绍了多种概率转换方法，这些方法从不同的角度和思路对多子集命题进行再分配，因为基本概率指派函数和概率分布的主要不同在于是否给多子集命题分配信度。不确定信息问题通常很难有普适性，从而所介绍的方法有各自的优缺点和适用情境。之后提出了基于证据关联系数最大的概率转换方法，仿真结果说明可以用其处理基本概率指派函数的概率转换问题。

第6章 证据理论计算复杂度研究

6.1 引　言

D-S 证据理论虽具有很多的优点, 但是其计算复杂度随着辨识框架的增大呈指数性增长, 计算将消耗较长的时间。在专家系统、故障诊断[27, 92]等对工作速度没有过高要求的应用中, 这些系统更加关注的是结果的准确性, 因此这一不足并不明显。然而在实时性要求较高的应用场景中, 如航天、军事等, 过长的计算时间显然是无法满足应用需求的。因此, 研究 D-S 证据理论的计算复杂度, 减少融合过程的时间消耗, 对于实时性要求较高的应用是十分有意义的。

本章主要从 D-S 证据理论的计算复杂度出发, 研究如何减小证据理论的计算量以及通过硬件实现快速融合, 从而更好地将其应用于对实时性有要求的工程实践中, 重点介绍近似算法和硬件加速两方面内容。近似算法方面介绍几种现有的近似算法, 包括 k-l-x 算法[166]、Summarization 算法[167]、D1 算法[168] 和 Rank-level fusion[169] 算法等, 并提出一种基于证据关联系数的新的近似算法; 硬件加速方面介绍如何使用 FPGA 硬件实现 Dempster 组合规则, 从而减少证据融合所需的计算时间, 达到增强证据系统实时性的目的, 并对硬件加速的效果进行了讨论和分析。

6.2 问题简述

证据理论计算复杂度大的原因主要是信度的分配是在辨识框架的幂集上进行的, 当辨识框架增大时, 证据中焦元的数量会出现爆炸式的增长[53, 168]。此时, 通过 Dempster 组合规则对多个信息源进行融合所需的时间可能是相当长的。下面以一个简单的模拟对其进行简要的说明。

假设辨识框架 $\Theta = \{\theta_1, \theta_2, \cdots, \theta_n\}$, 其中 n 表示辨识框架中元素的个数。若给定辨识框架的大小 n, 易知其能够产生的 BPA 的最大焦元个数为 $2^n - 1$ 个。图 6.1 显示了证据可能包含的最大焦元数量随辨识框架大小 n 的变化曲线。可以很明显地看出当辨识框架增长时, 该辨识框架所对应的 BPA 中焦元数量迅速增大, 辨识框架所包含元素数达到 15 时, 对应生成的 BPA 焦元数量和辨识框架中元素数量之比已达 2185。接下来, 考虑证据理论的 Dempster 组合规则, 进一步分析辨识框架增长对该算法计算时间的影响。

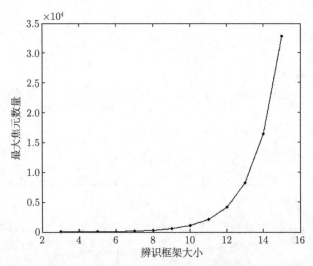

图 6.1　证据可能包含的最大焦元数量随辨识框架变化趋势

Dempster 组合规则涉及的基本运算包括乘法运算、除法运算和相交判断运算。由于不同 PC 设备对于同一算法的运行存在差异，在此用不同大小的辨识框架对不同运算操作的调用次数来反映 Dempster 组合规则的计算量，进而分析不同大小辨识框架在计算时间上的差异。

假设辨识框架 $\Theta = \{\theta_1, \theta_2, \cdots, \theta_n\}$，$m_1$、$m_2$ 是定义在 Θ 上的两个 BPA，其中辨识框架大小 n 由 3 变化至 15，根据 Dempster 组合规则可知，对 m_1, m_2 进行融合共需要进行 $(2^n)^2$ 次相交判断运算、$(2^n)^2$ 次相乘运算和 n 次除法运算 (相对较小可忽略不计)，因此两条证据做一次融合运算需要的运算次数为相交判断运算和乘法运算之和，Dempster 组合规则中基本运算操作执行次数随辨识框架大小 n 变化曲线如图 6.2 所示。

从图 6.1 和图 6.2 中可以看出，随着辨识框架大小的增长，最大焦元数量和 Dempster 组合规则中所需的基本运算执行次数均呈指数型增长。在辨识框架大小达到 15 时，最大焦元数量和所需的基本运算执行次数分别达到了 32767 个、2147352578 次。虽然这里没有对更大的辨识框架的情况进行分析，但是通过以上的讨论足以发现证据融合的计算量是随辨识框架大小指数增长的。如果精确地使用 Dempster 组合规则进行融合、推理，实时性是无法得到保证的。因此，研究证据理论的加速方法，以提高证据融合的速度是十分重要且有实际意义的。证据理论的加速方法主要包括近似算法和硬件加速两种。

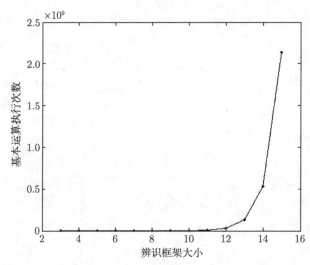

图 6.2　Dempster 组合规则中基本运算操作执行次数随辨识框架大小变化情况

6.3　近 似 算 法

证据理论近似算法的核心是两个字:"减"和"加"。"减"的含义是减少证据中焦元的数量以达到减小计算复杂度的目的,"加"的含义是由于证据理论要求所有焦元之和为 1,需要将被减去的焦元信度值以特定方式分配给剩余的焦元。

首先,简要讨论"减"。近似的目的是在对融合结果几乎不产生影响的前提下,尽量去除 BPA 中的焦元,从而缩短融合证据所需的计算时间。根据这个原则,证据理论的近似算法大体可以分为两类:第一类近似算法仅考虑焦元的信度值影响,即被去除的焦元在 BPA 中具有相对较小的信度值;第二类近似算法在焦元信度值的基础上还考虑了焦元模的大小,即尽量去除具有较大模的焦元。考虑焦元模的原因是相比于单子集或模较小的焦元,模较大的焦元会与更多的焦元相交,在两组 BPA 进行融合时这部分焦元会多次参与融合运算,导致这部分焦元的计算时间在总运算时间中占很大比重,因此去除这部分焦元对减少融合算法的时间来说是非常有效的。

其次,"加"的目的是保证证据之和为 1。分配策略的不同对于最终融合结果的准确性同样有较大影响。目前"加"的策略大致分为三类:第一类是将被去除的焦元信度按比例分给其余的焦元,即经典的归一化过程;第二类是将被去除的焦元的信度分给被去除焦元的并集;第三类是将被去除焦元的信度分给与其有关联的焦元。

从以上介绍可以看出证据理论近似算法的实质是对证据理论中 BPA 的近似,

焦元的去除可降低 BPA 中焦元爆炸性增长所带来的对计算时间的影响，通过减少焦元数量来从源头减少融合计算所消耗的时间，以达到加速 D-S 证据理论计算速度的目的。现有的证据理论近似算法的研究基本上是围绕以上分析的去除焦元原则展开的，主要着眼于以下两点。

(1) 去除标准的制定，如 k-l-x 近似算法依据焦元信度值的大小来衡量其在 BPA 中的重要程度，从而确定哪些焦元应该被去除；Rank-level fusion 算法则综合考虑焦元信度值和焦元中元素的个数来决定去除哪些焦元。

(2) 通过所制定的标准去除符合要求的焦元后，被去除的焦元的信度值如何分配给 BPA 中剩余焦元，也就是说去除焦元后归一化策略的选择，如 k-l-x 近似算法的改进算法 Summarization 近似算法、D1 近似算法。

下面详细介绍一些典型近似算法的具体思路，并通过具体的例子来说明它们的有效性。

6.3.1 经典近似算法介绍

1. k-l-x 算法

k-l-x 算法是一种经典的 BPA 近似算法，是由 Tessem 于 1993 年提出的[166]。该算法的总体思路是如果两组 BPA 中的焦元数量都不是很多，则直接使用 Dempster 组合规则对两组 BPA 进行融合；否则，在 BPA 中移除部分信度值较小的焦元后进行归一化运算，再对这两组新产生的 BPA 用 Dempster 组合规则进行融合。

该算法需要提供四个参数：第一个参数是待近似的原始 BPA m；第二个参数是 k，表示最终近似后 BPA 最少剩余的焦元数量；第三个参数是 x，表示被去除焦元的信度值之和的最大值；第四个参数是 l，表示近似后 BPA 最多剩余的焦元数量，若所给出的原始 BPA 中的焦元数量已经少于该参数所给出的值，则不进行近似，直接使用 Dempster 组合规则直接对两组原始 BPA 进行融合。这个算法的具体思路是：首先对原始 BPA 中的焦元根据其信度值的大小进行排序，然后保留最大的 p 个焦元，其中 $k \leqslant p \leqslant l$，且 p 个焦元的信度值和大于 $1 - x$。被去除的焦元的信度值通过归一化重新分配给保留下来的其他焦元。k-l-x 算法的伪代码如表 6.1 所示。

下面举例说明如何使用 k-l-x 算法进行 BPA 的近似。

例 6.1 假设辨识框架为 $\Theta = \{\theta_1, \theta_2, \theta_3, \theta_4, \theta_5\}$，其上的一组 BPA m 如下：

$$m(A_1) = 0.6, \quad m(A_2) = 0.2, \quad m(A_3) = 0.1, \quad m(A_4) = 0.05, \quad m(A_5) = 0.05$$

其中，

$$A_1 = \{\theta_1, \theta_2\}, \quad A_2 = \{\theta_1, \theta_3, \theta_4\}, \quad A_3 = \{\theta_3\}, \quad A_4 = \{\theta_3, \theta_4\}, \quad A_5 = \{\theta_4, \theta_5\}$$

表 6.1 k-l-x 算法

算法步骤
Input：m，待近似原始 BPA；
$\qquad k$，近似后 BPA 最少焦元数量；
$\qquad l$，近似后 BPA 最多焦元数量；
$\qquad x$，去除焦元信度值之和；
Output：m_D，近似后的 BPA；
1: **begin initial**
2:   $p = 0$；% 已移动的焦元数量；
3:   totalmass $= 0$；% 去除焦元信度值和；
4: **end initial**
5: **while** $p \leqslant l$ and $(p < k$ or totalmass $< 1 - x)$ **do**
6:   移动原始 BPA m 中较大的焦元至 m_D 中；
7:   $p = p + 1$；
8:   totalmass $=$ totalmass $+$ 本次移动的焦元信度值；
9: **end while**

应用 k-l-x 算法对 m 进行近似，如下所示。

第一步：指定近似参数，$k = 3$，$l = 3$，$x = 0.1$。

第二步：在去除焦元时，$A_4 = \{\theta_3, \theta_4\}$，$A_5 = \{\theta_4, \theta_5\}$ 的信度值相比于其他焦元较小，因此被去除，得到 m'，m' 中具体的焦元信度值分配情况是 $m(A_1) = 0.6$，$m(A_2) = 0.2$，$m(A_3) = 0.1$。

第三步：归一化得到最终近似的 BPA m_D，有

$$m_D(A_1) = 0.6667, \quad m_D(A_2) = 0.2222, \quad m_D(A_3) = 0.1111$$

从以上过程可以看出，k-l-x 算法仅需根据每个焦元的信度值就可进行有效的近似，因此具有计算简单、易于工程操作等优点。但该近似算法也有一些明显缺陷。

(1) k-l-x 算法的参数较多，如何选取合理的、有效的参数是非常重要的问题，这直接影响最终近似效果。在更极端的情况下某些参数的选取无法得到近似结果。例如，若参数 l 的取值相对于原始 BPA 的焦元数量过小，参数 x 取值也过小，即需要去除较多焦元，且去除的焦元的信度值不能超过 x，这在信度值分布较为均匀的 BPA 中是相互矛盾的，从而两个条件难以同时满足，就无法有效使用该算法进行 BPA 近似。

(2) k-l-x 算法仅从焦元信度值角度考虑去除焦元，没有考虑焦元自身模大小对于计算量的影响。

(3) k-l-x 算法对于被去除的焦元信度值的分配策略为直接分给剩余的所有焦元，即直接进行归一化运算，没有考虑被去除焦元和剩余焦元的关系。

2. Summarization 算法

Summarization 算法是经典 k-l-x 算法的改进算法，改进的方面主要是在去除

焦元信度值的分配上[167]。这个算法在去除焦元的方法上保留了 k-l-x 近似算法的思想，去除焦元信度值较小的焦元。而对于去除元素的信度值分配策略上，该算法并不是简单地将去除的焦元信度值通过归一化的方法分配给剩余的焦元，而是将去除焦元的信度值分配给了被去除焦元的元素的并集。该算法的伪代码形式如表 6.2 所示。

表 6.2　Summarization 算法

算法步骤

Input：m，待近似原始 BPA；
　　　　k，近似后 BPA 的焦元数量；
Output：m_D，近似后的 BPA；
1: **begin initial**
2: $p = 0$; % 去除的焦元数量；
3: totalmass $= 0$; % 去除焦元信度值和；
4: **end initial**
5: while $p < k$ do
6: 　　将原始 BPA m 中较大的焦元加入到 m_D 中；
7: 　　$p = p + 1$;
8: 　　totalmass $=$ totalmass $+$ 本次移动的焦元信度值；
9: **end while**
9: $m_D(A) =$ totalmass; %A 表示去除焦元的并集；

例 6.2　本例仍采用例 6.1 给定的 BPA 说明 Summarization 算法的计算过程，即

$$m(A_1) = 0.6, \quad m(A_2) = 0.2, \quad m(A_3) = 0.1, \quad m(A_4) = 0.05, \quad m(A_5) = 0.05$$

其中，

$$A_1 = \{\theta_1, \theta_2\}, \quad A_2 = \{\theta_1, \theta_3, \theta_4\}, \quad A_3 = \{\theta_3\}, \quad A_4 = \{\theta_3, \theta_4\}, \quad A_5 = \{\theta_4, \theta_5\}$$

第一步：指定近似参数，$k = 3$。

第二步：根据焦元信度值大小去除焦元，本例中 $A_3 = \{\theta_3\}$，$A_4 = \{\theta_3, \theta_4\}$，$A_5 = \{\theta_4, \theta_5\}$ 被去除，并生成新的焦元 $A_U = A_3 \cup A_4 \cup A_5 = \{\theta_3, \theta_4, \theta_5\}$，该焦元为被去除焦元的并集，信度值为被去除焦元和。

第三步：得到归一化后的近似 BPA m_D 为

$$m_D(A_1) = 0.6, \quad m_D(A_2) = 0.2, \quad m_D(A_U) = 0.2$$

3. D1 算法

D1 算法也是对经典的 k-l-x 算法焦元信度值分配策略进行改进[168]。假设 m 是需要被近似的 BPA，k 是期望的最终剩余焦元数量，m_D 表示最终近似后的 BPA，

集合 M^+ 表示 m 保留下来的焦元的集合，M^- 表示被去除焦元的集合。将集合 M^- 的信度值分配给集合 M^+ 时，如果所去除焦元与 M^+ 中任意元素均无交集。

$$M^+ = \{A_1, \cdots, A_{k-1} | \forall A \notin M^+ : m(A_i) > m(A), i = 1, 2, \cdots, k-1\} \tag{6.1}$$

$$M^- = \{A \in \Theta | m(A) > 0, A \notin M^+\} \tag{6.2}$$

D1 算法的具体思路是：将 M^+ 集合中的焦元保留给最终近似的 BPA m_D，分配 M^- 集合中的焦元到 M^+ 集合中。此算法的焦元去除方法和分配策略的伪代码分别如表 6.3 和表 6.4 所示。

表 6.3　D1 算法

算法步骤
Input：m，待近似原始 BPA；
M^+，保留下来的焦元的集合；
k，近似后 BPA 最少焦元数量；
M^-，表示被去除焦元的集合；
Output：m_D，近似后的 BPA；
1: **begin initial**
2: $p = 0$; % 去除的焦元数量；
3: totalmass $= 0$; % 去除焦元信度值和；
4: **end initial**
5: **while** $p < k$ **do**
6:　　去除原始 BPA m 中较大的焦元并加入到 M^+ 中；
7:　　$p = p + 1$;
8: **end while**
9: 剩余原始 BPA m 中的焦元加入到 M^- 中；
10: 执行焦元信度值分配算法，将 M^- 分配至 M^+ 集合中得到最终的近似 BPA m_D；

例 6.3　假设辨识框架为 $\Theta = \{\theta_1, \theta_2, \theta_3, \theta_4, \theta_5\}$，其一组 BPA 为 m，具体的焦元信度值分配如下：

$$m(A_1) = 0.5, \quad m(A_2) = 0.3, \quad m(A_3) = 0.1, \quad m(A_4) = 0.05, \quad m(A_5) = 0.05$$

其中，

$$A_1 = \{\theta_1, \theta_2\}, \quad A_2 = \{\theta_1, \theta_3, \theta_4\}, \quad A_3 = \{\theta_3\}, \quad A_4 = \{\theta_3, \theta_4\}, \quad A_5 = \{\theta_4, \theta_5\}$$

下面应用 D1 算法对 m 进行近似。

第一步：确定近似参数 $k = 3$。

第二步：将信度值较小的焦元 A_3、A_4、A_5 加入集合 M^-，将信度值较大的焦元 A_1、A_2 加入 M^+。

第三步：根据 D1 算法分配策略，将 M^- 中的焦元信度值分配到与其相关的 M^+ 焦元上。本例中，焦元 A_1 与 M^- 中的任何一个相交都为空，故其保持不变；焦元 A_2 包含了焦元 A_3 和 A_4，且包含焦元 A_5 中的一个元素，故焦元 A_2

表 6.4　D1 算法分配策略

算法步骤

Input：M^+，保留下来的焦元的集合；

　　　　M^-，表示被去除焦元的集合；

Output：m_D，近似后的 BPA；

1: $M_A = \{B \in M^+ | A \subset B\}$

2: **if** $M_A \neq \varnothing$ **then**

3: 　　$\hat{M}_A - \{B \in M_A | \ |B| \text{minimal in } M_A\}$

4: 　　**for** $B \in \hat{M}_A$ **do**

5: 　　　$m_D(B) = m_D(B) + \dfrac{m(A)}{|\hat{M}_A|)}$

6: 　　**end for**

7: **else**

8: 　　$M'_A = \{B \in M^+ | A \cap B \neq \varnothing\}$

9: 　　**if** $M'_A = \varnothing$ **then**

10: 　　　$m_D(\Theta) = m_D(\Theta) + m(A)$

11: 　　**else**

12: 　　　hlp $= 0$

13: 　　　$M'_A = \{B \in M_A | \ |B| \text{minimal in } M'_A\}$

14: 　　　%let$M'_A = \{B_1, B_2, \cdots, B_l\}$

15: 　　　ratio $= \dfrac{\bigcup_{i=l}^{l} B_i \cap A}{|A|}$

16: 　　　number $= \sum_{i=l}^{l} |B_i \cap A|$

17: 　　　**for** $B \in \hat{M}_A$ **do**

18: 　　　　share $= (|B \cap A|/\text{number}) \cdot \text{ratio} \cdot m(\text{A})$

19: 　　　　$m_D(B) := m_D(B) + \text{share}$

20: 　　　　hlp $= \text{hlp} + \text{share}$

21: 　　　　**if** radio < 1 **then**

22: 　　　　　$A_{\text{rest}} = A / \bigcup_{i=l}^{l} B_i$

23: 　　　　　**if** $A_{\text{rest}} \neq \varnothing$ **then**

24: 　　　　　　再次分配；

25: 　　　　　**end if**

26: 　　　　**end if**

27: 　　　**end for**

28: 　　**end if**

29: **end if**

的信度值增加 $0.1 + 0.05 + 0.05/2$，焦元 A_5 中的剩余元素的信度值分配给全集 $\Theta = \{\theta_1, \theta_2, \theta_3, \theta_4, \theta_5\}$。最终近似后的 BPA m_D 为

$$m_D(A_1) = 0.5, \quad m_D(A_2) = 0.475, \quad m_D(\Theta) = 0.025$$

　　以上介绍的算法均是围绕焦元信度值这个标准进行 BPA 近似的，但仅依靠焦元信度值这一单一标准有一定的局限性，因此改进算法 Rank-level fusion 被提出，它同样是 k-l-x 算法的改进算法，该算法在考虑焦元信度值的同时也考虑了焦元的

模的大小。

4. Rank-level fusion 算法

由于 BPA 近似的目的是在最终使用 Dempster 组合规则时减小其计算量,许多研究均集中在造成这一计算量大的源头,即 BPA 上。很多学者提出了 BPA 的近似方法,即通过减少焦元来减少算法计算量,并保证近似后的 BPA 与原有 BPA 保持最大的相似性,以上介绍的算法均遵循该种思路。然而这样做虽然也能减少最终的融合计算量,但是近似时忽视了焦元的模对于融合计算速度的影响,具有较大模的焦元需要多次参与融合计算,对于算法的运算量的影响显著大于其余焦元,因此忽视焦元模大小的近似算法并没有达到系统最优。新的改进算法 Rank-level fusion 算法[169] 同时考虑焦元信度值和焦元的模的大小,使最终近似后的 BPA 效果更好且融合结果更加合理。

Rank-level fusion 算法实现的具体思路是:假设待融合的 BPA 有 L 个焦元,首先对原始 BPA 中的焦元根据其信度值大小按照升序排序得到序列 $r_m = [r_m(1), r_m(2), \cdots, r_m(L)]$,然后对原始 BPA 中的焦元根据其模的大小按照降序排序得到序列 $r_c = [r_c(1), r_c(2), \cdots, r_c(L)]$,接下来对根据焦元信度值和模大小得到的两组排序结果使用公式 $r_f(i) = \alpha \cdot r_m(i) + (1 - \alpha) \cdot r_c(i)$ 进行融合,得到融合结果 $r_f = [r_f(1), r_f(2), \cdots, r_f(L)]$,$\alpha \in [0,1]$,最后去掉融合 r_f 中序数最小的 k 个焦元,将剩余的焦元进行归一化后得到最终近似后的 BPA。该算法的伪代码形式如表 6.5 所示。

例 6.4　假设辨识框架为 $\Theta = \{\theta_1, \theta_2, \theta_3\}$,其一组 BPA m 中具体的焦元信度值如下所示。

$$m(A_1) = 0.05, \quad m(A_2) = 0.2, \quad m(A_3) = 0.25, \quad m(A_4) = 0.4, \quad m(A_5) = 0.1$$

其中,

$$A_1 = \{\theta_1\}, \quad A_2 = \{\theta_2\}, \quad A_3 = \{\theta_3\}, \quad A_4 = \{\theta_1, \theta_2\}, \quad A_5 = \{\theta_1, \theta_2, \theta_3\}$$

第一步:确定参数 $k = 4$,即需要保留 4 个焦元。

第二步:对原始 BPA 中的焦元根据其信度值大小进行升序排序。由于原始 BPA 中的各个焦元的信度值具有如下关系:

$$m(A_1) < m(A_5) < m(A_2) < m(A_3) < m(A_4)$$

因此可以得到 r_m 序列为

$$r_m = [r_m(A_1), r_m(A_2), r_m(A_3), r_m(A_4), r_m(A_5)] = [1, 3, 4, 5, 2]$$

表 6.5 rank-level fusion 算法

算法步骤

Input: m, 待近似原始 BPA;

      L, 待近似 BPA 焦元数量;

      k, 近似后 BPA 的焦元数量;

Output: m_D, 近似后的 BPA;

1: **begin initial**

2: $i = 1$;

3: $p = 0$;

4: $r_m = [r_m(1), r_m(2), \cdots, r_m(L)]$; % 根据焦元信度值排序;

5: $r_c = [r_c(1), r_c(2), \cdots, r_c(L)]$; % 根据焦元模大小排序;

6: **while** $i <= L$ **do**

7:     $r_f(i) = \alpha \cdot r_c(i) + (1 - \alpha) \cdot r_c(i)$;

8:     $i = i + 1$;

9: **end while**

10: $r_f = [r_f(1), r_f(2), \cdots, r_f(L)]$; % 得到加权以后的排序;

11: **while** $p < k$ **do**

12:     将原始 BPA m 排序中较大的焦元加入到 m_D 中;

13:     $p = p + 1$;

14: **end while**

15: normalization m_D;

即在 r_m 中排在第一位的焦元是 A_1, 第二位的焦元是 A_5, 第三位的焦元是 A_2, 第四位的焦元是 A_3, 第五位的焦元是 A_4。

第三步: 对原始 BPA 中的焦元根据其模大小进行降序排序。根据 BPA 中的焦元的模的大小关系可以得

$$|A_5| > |A_4| > |A_3| = |A_2| = |A_1|$$

因此可以得到 r_c 序列为

$$r_c = [r_c(A_1), r_c(A_2), r_c(A_3), r_c(A_4), r_m(A_5)] = [3, 3, 3, 2, 1]$$

即在 r_c 中排在第一位的焦元是 A_5, 第二位的焦元是 A_4, 第三位的焦元是 A_1, A_2, A_3。

第四步: 使用公式 $r_f(i) = \alpha \cdot r_m(i) + (1 - \alpha) \cdot r_c(i)$ 对 r_m, r_c 进行加权融合, α 取值为 0.5, 根据加权融合后的值可以得到如下排序:

$$r_f = [r_f(A_1), r_f(A_2), r_f(A_3), r_f(A_4), r_f(A_5)] = [2, 3, 3.5, 3.5, 1.5]$$

第五步: 保留 r_f 序列中排序最大的 k 个值, 即去掉 r_f 中排名最后的焦元 A_5, 并对留下的焦元进行归一化, 最终近似后的 BPA 为

$$m_D(A_1) = 0.0556, \quad m_D(A_2) = 0.2222, \quad m_D(A_3) = 0.2778, \quad m_D(A_4) = 0.4444$$

6.3.2　基于证据关联系数的 BPA 近似算法

证据理论近似算法的近似原则之一是保证近似后的 BPA 与原始 BPA 保持最大的相似程度，而证据理论关联系数可以度量两组证据之间的关联程度，因此本书将关联系数引入证据理论的近似算法，利用可以测量两组证据之间相似性的关联系数，找出对 BPA 影响较小的焦元。具体思路是：依次去除每个焦元，计算去除后的 BPA 与原始 BPA 之间的关联系数，得出每个焦元在 BPA 中的重要性，根据重要性去除一定量的焦元。本方法所采用的是 Jiang 提出的证据关联系数，能够有效度量两组 BPA 之间的相似程度[170]。下面对该近似算法的具体思路进行介绍。

定义 6.1　假设一个 BPA 中含有 N 个焦元，记做 $m = \{A_1, A_2, \cdots, A_N\}$，其中任意一个焦元 A_i 都是由一个或多个单子集元素组成的，这些组成 A_i 的单子集元素可以用集合 S_i 表示，集合中的元素用 E_j 表示，因此集合 $S_i = \{E_1, E_2, \cdots, E_n\}$ $(1 \leqslant n \leqslant |A_i|)$，集合中每个元素 E_j 的信度值大小为 $\dfrac{m(A_i)}{|A_i|}$。

假设给定待近似 BPA 记作 m，其中含有 L 个焦元。需要保留的焦元数量为 k，基于证据关联系数的近似算法具体过程如下。

步骤一：去除焦元并分配。从 m 中依次去除焦元 A_i 并分配给剩余的焦元 A_j 进行归一化，生成一组新的 BPA $m_i{}'$，其中 $i \neq j$，$(i, j = 1, 2, \cdots, L)$。被去除焦元信度值分配策略为：对每个被去除的焦元 A_i 由定义 6.1 可生成集合 S_i，若集合 S_i 元素中存在 $E_p \cap A_j \neq \varnothing$，其中 $j = 1, 2, \cdots, L$，$E_p \in S_i$ 且 $1 \leqslant p \leqslant |A_i|$，则将集合 S_i 中的 E_p 的信度值均分给与其相交的焦元 A_j。如果集合 S_i 中的 E_q 元素与其余所有元素均不相交，则将该焦元信度值分配给全集 Θ。

步骤二：计算原始 BPA m 与 $m_i{}'$ 之间的证据关联系数，记作 $r(i)$。对于所有的 $i = 1, 2, \cdots, L$，循环执行步骤一和步骤二。

步骤三：对所有焦元 A_i 根据去除后的 $m_i{}'$ 与 m 的关联系数 $r(i)$ 的大小进行从小到大排序，关联系数 $r(i)$ 的大小决定了焦元 A_i 在 m 中的重要程度，关联系数越大，则重要程度越小，反之关联系数越小，则表示其重要程度越大。

步骤四：保留步骤三排序中前 k 个焦元，即将 A_i 对应的关联系数相对最大的 $L - k$ 个去除，并对去除的焦元使用步骤一描述的焦元分配策略进行归一化，得到与原始 BPA 有最大相似性的近似 BPA m^*。

下面用一个简单的例子来说明基于证据关联系数的 BPA 近似算法的计算过程。

例 6.5　设原始 BPA 为 m，其辨识框架为 $\Theta = \{\theta_1, \theta_2, \theta_3, \theta_4, \theta_5\}$，$k=6$，如下

所示:

$$m(A_1) = 0.07, \quad m(A_2) = 0.09, \quad m(A_3) = 0.3$$
$$m(A_4) = 0.19, \quad m(A_5) = 0.1, \quad m(A_6) = 0.15$$
$$m(A_7) = 0.1$$

其中,

$$A_1 = \{\theta_1\}, \quad A_2 = \{\theta_2, \theta_3, \theta_4, \theta_5\}, \quad A_3 = \{\theta_4, \theta_5\}$$
$$A_4 = \{\theta_3, \theta_5\}, \quad A_5 = \{\theta_1, \theta_2\}, \quad A_6 = \{\theta_2, \theta_4, \theta_5\}, \quad A_7 = \{\theta_2, \theta_5\}$$

步骤一: 根据上文介绍的步骤可知, 首先 A_1 从 BPA m 中被去除, 并将其信度值分配给剩余焦元进行归一化产生新的 BPA m_1', 具体的分配方法是首先被去除的焦元 A_1 根据定义 6.1 可生成集合 S_1, 本例中 $S_1 = \{\theta_1\}$, 集合中唯一一个元素 E_1 信度值为 0.07, 然后在剩余焦元中寻找与集合 S_1 中元素 E_1 相交不为空的焦元, 在这里可以得到仅有 $\{\theta_1, \theta_2\}$ 与元素 θ_1 相交不为空, 因此元素 E_1 的信度值被完全分给焦元 $\{\theta_1, \theta_2\}$, 得到的新的 BPA m_1' 为

$$m_1'(A_2) = 0.09, \quad m_1'(A_3) = 0.3$$
$$m_1'(A_4) = 0.19, \quad m_1'(A_5) = 0.17$$
$$m_1'(A_6) = 0.15, \quad m_1'(A_7) = 0.1$$

步骤二: 计算原始 BPA m 与 m_1' 之间的证据关联系数, 得到关联系数 $r(1) = 0.9948$。对于剩余的 $i = 2, \cdots, 7$ 执行步骤一和步骤二。

A_2 从 BPA m 中被去除, 并将其信度值分配给剩余焦元进行归一化产生一组新的 BPA m_2', 与 A_2 对应的集合 $S_2 = \{\theta_2, \theta_3, \theta_4, \theta_5\}$, S_2 中的 $\theta_2, \theta_3, \theta_4, \theta_5$ 的信度值大小通过 $\dfrac{m(\{\theta_2, \theta_3, \theta_4, \theta_5\})}{|\{\theta_2, \theta_3, \theta_4, \theta_5\}|}$ 可得到均为 0.025。集合 S_2 中的元素 $E_p(p = 1, 2, 3, 4)$ 的信度值接下来被均分给与其相交不为空的剩余焦元。在本例中, θ_2 的信度 0.025 被分配给了 $\{\theta_1, \theta_2\}$, $\{\theta_2, \theta_4, \theta_5\}$ 和 $\{\theta_2, \theta_5\}$ 焦元, θ_3 的信度 0.025 被分配给了 $\{\theta_3, \theta_5\}$ 焦元, θ_4 的信度 0.025 被分配给了 $\{\theta_4, \theta_5\}$ 和 $\{\theta_2, \theta_4, \theta_5\}$ 焦元, θ_5 的信度 0.025 被分配给了 $\{\theta_4, \theta_5\}$, $\{\theta_3, \theta_5\}$, $\{\theta_2, \theta_4, \theta_5\}$ 和 $\{\theta_2, \theta_5\}$ 焦元。因此, 可得到最终的 m_2' 为

$$m_2'(A_1) = 0.07, \quad m_2'(A_3) = 0.3169$$
$$m_2'(A_4) = 0.2181, \quad m_2'(A_5) = 0.1075$$
$$m_2'(A_6) = 0.1744, \quad m_2'(A_7) = 0.1131$$

原始 BPA m 与 m_2' 之间的关联系数 $r(2) = 0.9962$。用同样的方法可得

$$m_3'(A_1) = 0.07, \quad m_3'(A_2) = 0.2025$$
$$m_3'(A_4) = 0.2275, \quad m_3'(A_5) = 0.1$$
$$m_3'(A_6) = 0.2625, \quad m_3'(A_7) = 0.1375$$

$$m_4'(A_1) = 0.07, \quad m_4'(A_2) = 0.2087$$
$$m_4'(A_3) = 0.3238, \quad m_5'(A_5) = 0.1$$
$$m_4'(A_6) = 0.1738, \quad m_4'(A_7) = 0.1237$$
$$m_5'(A_1) = 0.12, \quad m_5'(A_2) = 0.1066$$
$$m_5'(A_3) = 0.3, \quad m_5'(A_4) = 0.19$$
$$m_5'(A_6) = 0.1167, \quad m_5'(A_7) = 0.1166$$
$$m_6'(A_1) = 0.07, \quad m_6'(A_2) = 0.1442$$
$$m_6'(A_3) = 0.3375, \quad m_6'(A_4) = 0.2025$$
$$m_6'(A_5) = 0.1167, \quad m_6'(A_7) = 0.1291$$
$$m_7'(A_1) = 0.07, \quad m_7'(A_2) = 0.1192$$
$$m_7'(A_3) = 0.3125, \quad m_7'(A_4) = 0.2025$$
$$m_7'(A_5) = 0.1167, \quad m_7'(A_6) = 0.1791$$

它们与原始 BPA m 之间的关联系数分别为: $r(3) = 0.9359, r(4) = 0.9689, r(5) = 0.9929, r(6) = 0.9926, r(7) = 0.9935$。

步骤三: 对所有焦元 A_i 根据去除后的 m_i' 与 m 的关联系数 $r(i)$ 的大小排序, 根据关系

$$r(3) < r(4) < r(6) < r(5) < r(7) < r(1) < r(2)$$

即可得到如下排序结果 $A_3, A_4, A_6, A_5, A_7, A_1, A_2$。

步骤四: 根据步骤三的排序结果, 去除的焦元即 A_2, 并对去除的焦元使用步骤一描述的焦元分配策略进行归一化, 得到近似 BPA m^*:

$$m^*(A_1) = 0.07, \quad m^*(A_3) = 0.3169$$
$$m^*(A_4) = 0.2181, \quad m^*(A_5) = 0.1075$$
$$m^*(A_6) = 0.1744, \quad m^*(A_7) = 0.1131$$

6.3.3 近似算法的对比分析

本小节通过具体的算例对 6.3.2 小节提到的 BPA 近似算法进行比较和分析。衡量近似算法的指标主要是最终决策的准确性, 即在保留相同数量焦元的情况下, 对比近似算法融合后的决策结果与原始 BPA 融合后的决策结果是否一致。

例 6.6 假设辨识框架为 $\Theta = \{\theta_1, \theta_2, \theta_3, \theta_4, \theta_5\}$, 两个不同的传感器对辨识框架中目标的识别结果有以下两组 BPA:

$$m_1(\{\theta_2, \theta_3\}) = 0.0326, \quad m_1(\{\theta_3\}) = 0.0638$$
$$m_1(\{\theta_1, \theta_2, \theta_3\}) = 0.3859, \quad m_1(\{\theta_2, \theta_4\}) = 0.3130$$
$$m_1(\{\theta_1, \theta_3, \theta_4\}) = 0.0597, \quad m_1(\{\theta_3, \theta_5\}) = 0.1450$$
$$m_2(\{\theta_1, \theta_3\}) = 0.1305, \quad m_2(\{\theta_1, \theta_3, \theta_4\}) = 0.1123$$
$$m_2(\{\theta_3, \theta_4\}) = 0.1438, \quad m_2(\{\theta_1, \theta_2, \theta_4\}) = 0.1320$$
$$m_2(\{\theta_1, \theta_2, \theta_3, \theta_4\}) = 0.1804, \quad m_2(\{\theta_1, \theta_4\}) = 0.2010$$
$$m_2(\{\theta_3, \theta_5\}) = 0.1000$$

通过对两组原始 BPA 使用 Dempster 组合规则进行融合计算得到融合后的
BPA。表 6.6 为对原始 BPA 先使用不同方法进行近似，然后使用 Dempster 组合规
则进行融合的融合结果，其中每列的近似方法和对应参数如下。

表 6.6 融合结果

焦元	Original	M_1	M_2	M_3	M_4	M_5
$\{\theta_1\}$	0.0911	0.1020	0.0872	0.1130	0.0962	0.1046
$\{\theta_2\}$	0.0051	0	0	0.0063	0	0
$\{\theta_3\}$	0.2826	0.2287	0.1843	0.3024	0.2558	0.2815
$\{\theta_4\}$	0.1680	0.1882	0.1960	0.1572	0.1414	0.1467
$\{\theta_5\}$	0	0	0	0	0	0
$\{\theta_1, \theta_2\}$	0.0598	0.0670	0.0573	0.0742	0.0632	0.0717
$\{\theta_1, \theta_3\}$	0.1191	0.1335	0.1622	0.0734	0.0988	0.0824
$\{\theta_1, \theta_4\}$	0.0233	0.0261	0.0209	0	0.0277	0.0282
$\{\theta_1, \theta_5\}$	0	0	0	0	0	0
$\{\theta_2, \theta_3\}$	0.0069	0	0	0.0086	0	0
$\{\theta_2, \theta_4\}$	0.1148	0.1286	0.1099	0.1424	0.1700	0.1379
$\{\theta_2, \theta_5\}$	0	0	0	0	0	0
$\{\theta_3, \theta_4\}$	0.0101	0.0113	0.0149	0	0.0132	0.0124
$\{\theta_3, \theta_5\}$	0.0170	0	0.0346	0.0211	0.0083	0.0195
$\{\theta_4, \theta_5\}$	0	0	0	0	0	0
$\{\theta_1, \theta_2, \theta_3\}$	0.0817	0.0916	0.0783	0.1014	0.1641	0.0992
$\{\theta_1, \theta_2, \theta_4\}$	0	0	0.0137	0	0	0
$\{\theta_1, \theta_2, \theta_5\}$	0	0	0	0	0	0
$\{\theta_1, \theta_3, \theta_4\}$	0.0205	0.0230	0.0220	0	0.0234	0.0159
$\{\theta_1, \theta_3, \theta_5\}$	0	0	0	0	0	0
$\{\theta_1, \theta_4, \theta_5\}$	0	0	0	0	0	0
$\{\theta_2, \theta_3, \theta_4\}$	0	0	0	0	0	0
$\{\theta_2, \theta_3, \theta_5\}$	0	0	0	0	0	0
$\{\theta_2, \theta_4, \theta_5\}$	0	0	0	0	0	0
$\{\theta_3, \theta_4, \theta_5\}$	0	0	0	0	0	0
$\{\theta_1, \theta_2, \theta_3, \theta_4\}$	0	0	0.0187	0	0	0
$\{\theta_1, \theta_2, \theta_3, \theta_5\}$	0	0	0	0	0	0
$\{\theta_1, \theta_2, \theta_4, \theta_5\}$	0	0	0	0	0	0
$\{\theta_1, \theta_3, \theta_4, \theta_5\}$	0	0	0	0	0	0
$\{\theta_2, \theta_3, \theta_4, \theta_5\}$	0	0	0	0	0	0
Θ	0	0	0	0	0	0

　　Original: 未进行 BPA 近似, 直接使用 Dempster 组合规则进行融合。

　　M_1: 先采用 k-l-x 算法对两组 BPA 进行近似, 然后再使用 Dempster 组合规则对得到的近似证据进行融合。其中, 对 m_1: $k = l = 5, x = 0.1$; 对 m_2: $k = l = 6, x = 0.1$。

　　M_2: 先采用 Summarization 算法对两组 BPA 进行近似, 然后再使用 Dempster 组合规则对得到的近似证据进行融合。其中, 对 m_1: $k = 5$; 对 m_2: $k = 6$。

　　M_3: 先采用 Rank-level fusion 算法对两组 BPA 进行近似, 然后再使用 Dempster 组合规则对得到的近似证据进行融合。其中, 对 m_1: $k = 5$; 对 m_2: $k = 6$。

　　M_4: 先采用 D1 算法对两组 BPA 进行近似, 然后再使用 Dempster 组合规则对得到的近似证据进行融合。其中, 对 m_1: $k = 5$; 对 m_2: $k = 6$。

　　M_5: 先采用基于证据关联系数的 BPA 近似算法对两组 BPA 进行近似, 然后再使用 Dempster 组合规则对得到的近似证据进行融合。其中, 对 m_1: $k = 5$; 对 m_2: $k = 6$。

　　通过上面的计算得到了不同方法近似后 BPA 的融合结果, 下面将 BPA 转换成对于单子集目标的概率决策, 进而来对比分析目标识别结果的准确性。通过使用如 PPT 转换公式可以得到每个目标的决策概率为 $P(\theta_1)$、$P(\theta_2)$、$P(\theta_3)$、$P(\theta_4)$、$P(\theta_5)$, 结果如表 6.7 所示。

表 6.7　　BPA 转换后的概率值

m	Original	M_1	M_2	M_3	M_4	M_5
$\{\theta_1\}$	0.2263	0.2535	0.25	0.2206	0.2355	0.2341
$\{\theta_2\}$	0.1230	0.1283	0.1189	0.1527	0.1361	0.1379
$\{\theta_3\}$	0.3932	0.3393	0.3283	0.3878	0.3748	0.3770
$\{\theta_4\}$	0.2489	0.2789	0.2854	0.2284	0.2435	0.2413
$\{\theta_5\}$	0.0085	0	0.0173	0.0106	0.0101	0.0097

　　通过表 6.7 可以看出, 使用 5 种 BPA 近似算法得到的最终融合结果均与原始 BPA 的融合结果是一致的, 即 θ_3 是决策目标, 证明了 5 种近似算法对于该算例都是有效的。为进一步对比 5 种近似算法, 引入决策概率差值来衡量近似结果与原始 BPA 得到的融合结果之间的偏差度, 这里把决策偏差度记作 d_i:

$$d_i = |P_{M_n}(\theta_i) - P_{\text{original}}(\theta_i)| \tag{6.3}$$

通过式 (6.3), 可以得到表 6.8 所示的偏差结果。其中, d_1 表示原始 BPA 决策结果与近似 BPA 决策结果对于 θ_1 的偏差大小, d_2, d_3, d_4, d_5 依次类推, $\bar{d}$ 表示原始决策结果与近似决策结果对于所有目标识别的平均偏差大小, 即

$$\bar{d} = \frac{\sum_{i=1}^{|\Theta|} d_i}{|\Theta|} \tag{6.4}$$

表 6.8 决策结果偏差量对比

d_i	M_1	M_2	M_3	M_4	M_5
d_1	0.0272	0.0237	0.0057	0.0092	0.0078
d_2	0.0053	0.0041	0.0297	0.0131	0.0149
d_3	0.0539	0.0649	0.0054	0.0184	0.0162
d_4	0.0300	0.0365	0.0205	0.0054	0.0076
d_5	0.0085	0.0088	0.0021	0.0016	0.0012
$\bar{d}$	0.0243	0.0230	0.0106	0.0191	0.0080

从原始 BPA 融合提供的正确结果 θ_3 的决策偏差度来看, 近似算法 M_3 和 M_5 的决策概率最接近原始 BPA 融合后的参考值, 相对于其他算法较好; 从原始 BPA 融合提供的整体结果来看, 即平均偏差度, 近似算法 M_3 和 M_5 的平均偏差度同样好于其他的近似算法, 通过上述比较, 说明了本节所提出方法的有效性。

6.4 硬件加速

6.4.1 FPGA 简介

现场可编程门阵列 (field programmable gate array, FPGA) 属于可编程逻辑器件 (programmalbe logic device, PLD) 的一种, 从 20 世纪 90 年代至今获得了飞速的发展和广泛的应用。FPGA 凭借低延时、高吞吐和可并行的特点目前在航天、军事、汽车、医疗、通信及高性能计算等众多方面发挥了重要作用[171-173]。本小节主要从 FPGA 发展、芯片结构和工作原理对 FPGA 进行简要介绍。

PLD 是在专用集成电路 (application specific integrated circuit, ASIC) 的基础上发展起来的一种新型逻辑器件, 它的主要特点是完全由用户通过软件进行配置和编程, 从而完成特定的功能。从浅层次看, PLD 使硬件设计工作转化为软件开发工作, 但由于 PLC 内部结构不同于传统 CPU 的冯诺依曼结构, 实质上这种软件的编程是使用一种硬件描述语言对设计好的硬件电路结构进行描述, 其深层次运用的依然是硬件的知识和设计思维。这种基于 PLD 的计算机辅助设计大大缩短了系统设计的开发周期, 提高了灵活性且降低了开发成本, 因此目前在各个领域都得到了广泛的应用。

FPGA 属于 PLD 中的一种, 它是在 PAL、GAL、EPLD 和 CPLD 等可编程器件的基础上进一步发展的产物, 是作为 ASIC 领域的一种半定制电路出现的, 既克服了定制电路的不足, 又克服了原有可编程器件门电路有限的缺点[171]。FPGA 与通用 DSP(digital signal processing, DSP) 器件相比, 现有 FPGA 内部嵌入了 DSP 硬核, 可利用并行架构实现 DSP 功能, 在不少应用场合性能优于通用 DSP 处理器的串行执行架构。在需要大数据吞吐量、数据并行运算等高性能应用中, 往往使用具有 DSP 运算功能的 FPGA 或 FPGA 与 DSP 协同处理实现。

　　FPGA 的内部基于查找表 (look-up-table,LUT) 技术, 利用小型查找表存储真值表来实现组合逻辑, 每个查找表连接一个 D 触发器的输入端, 触发器再驱动其他逻辑电路或驱动 I/O, 由此构成了既可实现组合逻辑功能又可实现时序逻辑功能的基本逻辑单元模块, 这些模块间利用金属连线互相连接或连接 I/O 模块。FPGA 的逻辑是通过向内部静态存储单元加载编程数据来实现的, 存储在存储器单元中的值决定了逻辑单元的逻辑功能以及各模块之间或模块与 I/O 间的连接方式, 并最终决定了 FPGA 所能实现的功能。FPGA 内部结构包括由查找表构成的可配置逻辑模块 (configurable logic block, CLB)、输入输出模块 (input output block, IOB) 和内部连线 (interconnect) 三个部分, 并整合了常用功能的硬核模块, 如 RAM、DSP 和时钟管理等, 图 6.3 展示了 FPGA 芯片内部的结构示意图。下面简要介绍每个模块的功能。

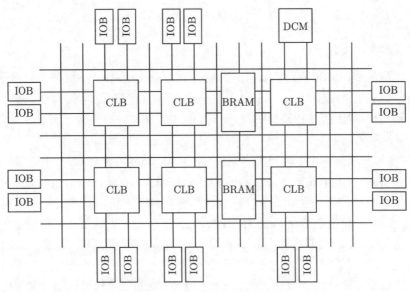

图 6.3　FPGA 内部结构图

1) 可编程输入/输出单元

　　可编程输入/输出单元简称 I/O 单元, 是芯片与外界电路的接口部分, 完成不同电气特性下对输入/输出信号的驱动与匹配要求, 提供输入缓冲、输出驱动、接口电平转换、阻抗匹配以及延时控制等功能。FPGA 内的 I/O 按组进行分类, 每组都能独立地支持不同的 I/O 标准, 通过软件的灵活配置可以适配不同的电气标准。

2) 可配置逻辑模块 (CLB)

CLB 是 FPGA 内部的基本逻辑单元。CLB 的实际数量和特性会依器件的不同而不同，每个 CLB 都由一个可配置开关矩阵、多个相同的 Slice 和附加逻辑构成，其中 Slice 是研发 FPGA 的 Xilinx 公司定义的基本逻辑单元，其内部有查找表、算数逻辑、进位逻辑、存储逻辑组成。每个 CLB 不仅可以用于组合逻辑、时序逻辑，还可以配置为分布式 RAM 和分布式 ROM。

3) 数字时钟管理模块

数字时钟管理模块包含一个混合模式的时钟管理器 (mixed-mode clock manager，MMCM) 和一个相位锁相环 (phase locked loop，PLL)。数字时钟管理模块可以实现小数的分频与倍频、动态的相位移动、多路时钟输出等功能。

4) 嵌入式块 RAM(BRAM)

大多数 FPGA 都具有内嵌的块 RAM，这大大拓展了 FPGA 的应用范围和灵活性。块 RAM 可被配置为单端口 RAM、双端口 RAM、地址存储器以及 FIFO 等常用存储结构。

5) 内嵌专用内核

随着 FPGA 的不断发展，一些常用的功能模块也被嵌入 FPGA 中，包括 DSP 硬核、CPU、延迟锁相环 (delay locked loop, DLL) 等。FPGA 片上资源的集成度的进一步提高，使其向 SOPC 可编程片上系统方向发展，FPGA 器件也从最早的通用型半导体器件向平台化的系统级器件发展，基于 FPGA 的系统设计方法也在近些年来得到了进一步的扩展。

6.4.2 FPGA 开发流程

图 6.4 给出了标准的 FPGA 设计流程，从图中可以看出可编程逻辑器件标准设计流程包括以下步骤: 输入设计和综合、设计实现、设计验证。下面以 Xilinx 公司 FPGA 为例简述每个步骤的具体任务。

1) 输入设计和综合

在设计流程这一步，设计的输入可以通过原理图编辑器、硬件描述语言 HDL 或高层次综合 (high level synthesis，HLS) 工具创建自己的设计，综合则是使用 FPGA 公司提供的综合工具将 HDL 文件综合到一个 EDIF 文件中。其中原理图编辑器、硬件描述语言 HDL 两种设计方式是传统的 FPGA 设计方法，更加贴近底层硬件描述，容易进行时序方面的控制，已被大多数硬件工程师广泛使用；高层次综合工具提供了将高层次语言综合为底层硬件网表文件的功能，在综合过程中可以通过多种方面的优化使生成的硬件具有流水线结构，具备更大的吞吐量，使用该种输入方式开发者可以更关注算法方面的设计，开发周期相比于传统的硬件描述语言大大缩短，设计出的模块被封装成为 IP 核供重复使用，但该种方法无法更加精

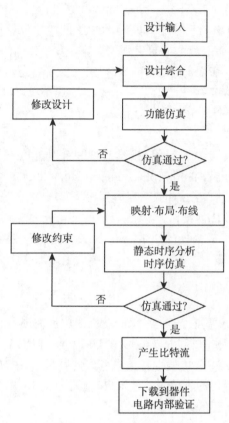

图 6.4　FPGA 设计流程

准地控制资源的使用和时序。

2) 设计实现

设计实现过程从逻辑设计文件映射或适配指定的器件开始，到物理设计布线成功并生成比特流文件时结束。在这个过程中首先 MAP 命令行程序将逻辑设计映射到 Xilinx 公司的 FPGA 芯片，MAP 命令的输入是本地通用数据库 (native generic database，NGD) 文件，这些文件主要包括设计的逻辑描述。而 MAP 命令的输出是一个本地电路描述 (native circuit description，NCD)，是设计被映射到 Xilinx 公司 FPGA 内元件的物理描述。其次运行 PAP 命令行程序对于 NCD 文件进行布局和布线，PAR 命令行程序用映射的 NCD 文件作为输入，输出一个布局布线的 NCD 文件，该文件被比特流生成器 BitGen 使用；最后 BitGen 命令行程序以完整布线的 NCD 文件作为输入，并生成一个配置比特流，BIT 文件包含所有来自 NCD 文件定义的内部逻辑和 FPGA 互联的配置信息，还有来自目标设备相关的文件。

3) 设计验证

设计验证包括仿真、静态时序分析和电路验证三大部分。其中仿真又分为判断设计中逻辑是否正确的功能仿真和设备是否可以在所需速度下运行的时序仿真,对设计进行功能和时序仿真对最终电路能否正确运行至关重要;静态时序分析是在布局布线之后,验证设计是否满足时序约束,并报告输入约束的冲突;电路验证可以验证设计在目标应用中的表现,可以将不同的设计加载到 FPGA 芯片并用内部电路测试。

以上介绍了 FPGA 一般的开发流程,现在的 FPGA 设计,规模巨大且功能复杂,设计人员如果从头开始一步一步设计,这种工作量是巨大的,因此在设计中常常使用现有功能模块来提高效率,缩短开发时间。设计人员通常将这些现成的功能模块制作为 IP(intellectual property) 核,它是具有知识产权的集成电路的总称,是经过反复验证过的具有特定功能的模块,可以移植到不同的半导体工艺中。IP 核从种类上划分为软核、硬核和固核。软核指的是综合之前的寄存器传输级模型,在 FPGA 中是对电路的硬件描述语言,包括逻辑描述、网表和帮助文档;硬核在 FPGA 中指布局和工艺固定、经过前端和后端验证过的设计,设计人员不能对其修改。固核是一种带有布局规划的软核,通常以 RTL 代码和对应的具体工艺网表的混合形式提供。目前的 FPGA 厂商均提供 IP 核设计封装工具,灵活运用 IP 核将对 FPGA 的加速开发起到至关重要的作用。

6.4.3 Dempster 组合规则的 FPGA 实现

6.3 节主要介绍了通过近似算法来减少 D-S 证据理论计算时间的方法,但这些均是从算法的角度对这一问题提出相应的解决方案,是以牺牲一部分精度为代价的,在对精度要求较高的场合不利于广泛应用与推广。本小节从另一角度出发,利用 FPGA 低延时、可并行的特点,介绍如何使用硬件 FPGA 实现 Dempster 组合规则,在不失精度的情况下也能加快算法的计算速度。

本小节介绍的 Dempster 组合规则的实现是基于 Xilinx 公司推出的 ZYNQ 系列 FPGA,具体型号为 XC7Z020-CLG484-1,该款 FPGA 的特征是它组合了一个双核 ARM Cortex-A9 处理器,称为 PS (processing system) 部分和一个传统的 FPGA,称为 PL(programmable logic) 部分,图 6.5 给出了 ZYNQ 构架的简化模型。其中 ARM Cortex-A9 是一个应用级的处理器,能运行应用程序和完整的操作系统如 Linux,而可编程逻辑是基于 Xilinx 7 系列的 FPGA 架构,两部分使用工业标准的 AXI 接口实现数据传送。在两者所构成的异构加速模型中,PL 部分利用可并行、低延时的优势实现复杂算法的加速计算,PS 部分负责与外部交换数据,运行应用程序,并进行一些 PL 部分必要的初始化和控制。

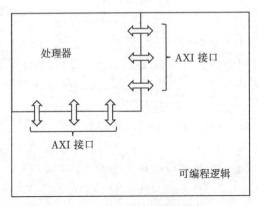

图 6.5   ZYNQ 构架简化模型

6.4.2 小节介绍了 FPGA 的开发流程，本小节的 Dempster 组合规则加速器的设计输入采用之前介绍过的 HLS[174] 工具生成针对 Dempster 组合规则的加速 IP 核，然后使用 AXI 总线将包含 Dempster 组合规则加速 IP 核的 PL 部分和 PS 部分连接。使用 Xilinx 公司提供的 HLS 工具 Vivado HLS 可以使我们更关注算法实现部分，而不用过多关注寄存器细节。简单来说，Vivado HLS 把 C、C++ 或 SystemC 的设计转换成 RTL 实现，然后就可以在 Xilinx FPGA 或 Zynq 芯片的可编程逻辑中综合并实现了。但在 HLS 中，所有基于 C 的设计都是要在可编程逻辑中实现的，也就是这和要运行在处理器上的软件代码是截然不同的。图 6.6 展示了 Vivado HLS 的完整设计流程。在所示的设计流程图中，HLS 过程的输入主要是一个 C/C++/SystemC 函数，以及一个基于 C 的测试集，这个测试集被用来检验这个函数，并验证运算是否正确。功能性的验证是将 HLS 输入的 C/C++/SystemC 代码的功能完整性进行测试，此步还未将代码综合进 RTL 级代码。高层综合涉及分析和处理基于 C 的代码，加上用户所给的指令和约束，来创建出回路的 RTL 描述。一旦 HLS 过程完成，就会产生一组输出文件，包括以所需的 RTL 语言写的设计文件、各种日志、输出文件、测试集、脚本等；C/RTL 协同仿真是将产生的等价 RTL 模型在 Vivado HLS 中通过 C/RTL 仿真与原本的 C/C++/SystemC 代码做比对，这个过程要重用原本的基于 C 的测试集来给 HLS 所产生的 RTL 版本提供输入，然后拿它的输出与预期值做比对看是否满足要求；设计迭代是在综合后根据报告中的延时、资源使用和时钟频率等选择新的约束条件，对实现进行进一步调整优化；最终的 RTL 输出将满足要求的 RTL 文件封装成为 IP 核使用，本小节设计的加速器最终封装成为 IP 核导入 Xilinx 提供的 Vivado IDE 里进一步使用。

Dempster 组合规则 FPGA 实现的详细步骤如下所示。

步骤一：输入两组待融合的 BPA 函数 m_1 和 m_2，根据输入的 BPA 函数 m_1 和 m_2 确定 FPGA 实现的 D-S 证据理论辨识框架大小 N，所述辨识框架在证据理论中

被定义为 $\Theta = \{\theta_1, \theta_2, \cdots, \theta_N\}$，所述 BPA 函数在证据理论中被定义为对任意一个属于 Θ 的子集 A，$\mathrm{m}(A) \in [0,1]$，且满足 $m(\varnothing) = 0$，$\sum\limits_{A \subseteq \Theta} m(A) = 1$，则 m 为 2^{Θ} 上的 BPA 函数，其中，2^{Θ} 为辨识框架的幂集，$2^{\Theta} = \{\{\varnothing\}, \{\theta_1\}, \{\theta_2\}, \cdots, \{\theta_N\}, \{\theta_1, \theta_2\}, \cdots, \{\theta_1, \theta_2, \cdots, \theta_i\}, \cdots, \{\theta_1, \theta_2, \cdots, \theta_N\}\}$。

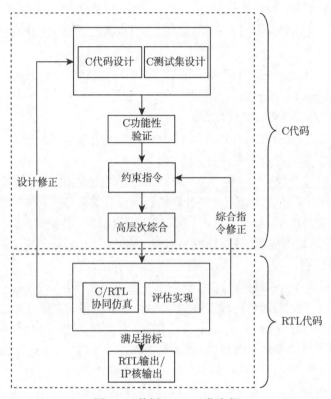

图 6.6 使用 HLS 开发流程

步骤二：将辨识框架的幂集 2^{Θ} 使用相交判断码进行编码。使用相交判断码进行编码的具体方法如下所示。

每个幂集中的元素使用 N 位的二进制编码表示，N 值大小在步骤一中已确定，所有单子集元素 $\{\theta_i\}(i \in [1, N])$ 用 N 位相交判断码表示时，从右向左第 i 位为 1，其余均为 0，这里的单子集元素 $\{\theta_i\}$ 是指步骤一中当且仅当子集 A 包含辨识框架 Θ 的第 $i(i \in [1, N])$ 个元素，而所有多子集元素，即步骤一中子集 A 包含辨识框架 Θ 中两个以上元素的集合的对应编码必须表示为各自所包含单子集元素编码相加。

步骤三：使用 Zynq 系列 FPGA 供应商 Xilinx 公司的 Vivado HLS 软件实现证据理论的组合规则，所述的证据理论的组合规则为：$m(A) = \sum\limits_{B \cap C = A} m_1(B) m_2(C) /$

$(1-k)$，其中 m_1 和 m_2 为步骤一中输入的两组 BPA 函数 m_1，m_2，$A, B, C \subseteq 2^\Theta$，$k$ 为两组 BPA 函数的冲突系数，$k = \sum\limits_{B \cap C = \varnothing} m_1(B)m_2(C)$，在组合规则的实现过程中两组证据的相交判断使用步骤二中的相交判断编码，若两元素 B、C 相交为空，则对应相交判断码做交运算结果为 0，若辨识框架两元素 B、C 相交不为空且等于 A，则相交判断编码做交运算结果等于 A 对应的相交判断码。

步骤四：使用 Vivado HLS 软件将步骤二中实现的组合规则进行优化，优化步骤如下所示。

(1) 将循环中的操作选为流水线模式，在 Vivado HLS 软件中对循环使用流水线优化指 set_directive_pipeline，循环中的操作在综合后使用流水线模式，这里的"综合"是将硬件描述语言转化硬件结构。

(2) 分割数组，在 Vivado HLS 软件中对数组使用数组优化指令 set_directive_array_partition，数组在综合后映射为 block RAM。

步骤五：对步骤四中生成的 RTL 级硬件语言代码进行仿真，检测仿真结果是否正确，即检测计算结果与使用传统计算机程序计算结果是否相同。若计算结果不正确，返回步骤二修改，直至 RTL 级仿真结果符合要求，并使用 Vivado HLS 软件封装为 IP 核，所述的应用场景包括使用 D-S 证据理论进行医学图像融合分割、故障诊断和目标识别。

步骤六：使用 Zynq 系列 FPGA 供应商 Xilinx 公司提供的 Vivado 软件调用步骤四中生成的 IP 核并配置 Zynq 系列中的 ARM 处理器，使用 AXI 总线对 IP 核和 ARM 处理器进行连接，并且将串口、DDR、复位与 ARM 处理器连接，然后将生成的底层硬件设计文件导出到 Zynq 系列 FPGA 供应商 Xilinx 公司提供的 SDK 软件中。

步骤七：使用 Zynq 系列 FPGA 供应商 Xilinx 公司提供的 SDK 软件根据底层硬件设计文件中的串口、IP 核自动生成底层驱动程序，使用底层驱动程序的应用程序编程接口 (API) 函数编写具有串口数据输入、运算计时和串口数据输出功能的上层软件程序。

步骤八：将步骤六中的底层硬件文件通过 SDK 软件中的 bit 流下载工具下载到 FPGA 中，并借助步骤七中编写的软件程序将步骤一中的两组 BPA 函数 m_1、m_2 通过串口发送至 FPGA 进行运算，并在串口输出中读取使用 D-S 证据理论计算出的结果和此次计算的时间。

在 FPGA 实现 Dempster 组合规则后，对 FPGA 与 PC 的计算时间进行对比分析，其中 PC 的参数为：处理器为 Intel(R) Pentium(R) CPU G3250 3.20GHz，内存为 4.00 GB，程序运行在 MATLAB 2014a；FPGA 芯片型号为 Xilinx XC7Z020CLG484-1，开发工具为 Xilinx Vivado HLS 2015.4、Xilinx Vivado 2015.4 和 Xilinx SDK

2015.4。

实验通过对不同大小的辨识框架进行 100 次测试并取平均值，所得数据如表 6.9 所示。从表 6.9 中可以看出使用 FPGA 相比于 PC 进行 Dempster 组合规则的融合更能取得预期的加速效果，证明了使用 FPGA 进行加速是解决证据理论计算时间的有效方法。

表 6.9 计算时间对比

辨识框架大小	PC 计算时间/s	FPGA 计算时间/s	加速倍数
3	0.332276	0.00143980	230
4	0.995847	0.00148531	670
5	3.957602	0.00179876	2200
6	24.148553	0.00417700	5781
7	179.401670	0.02281901	7862
8	1391.461705	0.17069487	8152
9	10054.496410	1.34921639	7452
10	81999.783006	10.76055469	7620

6.5 本章小结

本章主要对 D-S 证据理论的计算复杂度进行了分析研究，并从近似算法和硬件加速两个方面给出了减小 D-S 证据理论计算时间的方法。其中近似算法介绍了 k-l-x 算法、Summarization 算法、D1 算法和 rank-level fusion 算法，并重点介绍了基于证据关联系数的近似算法；硬件加速方面介绍了 FPGA 相关基本概念和设计实现 Dempster 组合规则的相关流程，最终使用 Xilinx 公司的 FPGA 实现并对加速效果进行了分析，证明了使用 FPGA 加速计算是有效的途径。

第 7 章　证据理论典型应用案例

证据理论是一种不确定推理方法。由于证据理论在不需要先验概率的前提下，能够很好地表示"不确定"信息，再加上 Dempster 组合规则可以有效综合多个信息源的数据，这使得证据理论广泛应用于信息融合[175, 176]、决策[177]、故障诊断[178, 179]、目标识别[180, 181] 和人工智能[143] 等领域。本章将介绍证据理论在故障诊断和目标跟踪方面的具体应用，展示证据理论处理实际问题的能力，并帮助读者了解基于证据理论的信息融合系统的全过程。

7.1　故　障　诊　断

7.1.1　引言

随着科学技术的不断进步，各种设备的结构日益复杂、功能不断完善以及自动化程度也越来越高。然而，设备长时间高负荷的持续运转和设备外部条件的不断变化等因素会导致设备出现各种故障，以至于设备无法很好地实现预先设定的功能，甚至可能造成严重的乃至灾难性的事故。因此，故障诊断技术在工业生产中起着越来越重要的作用，研究故障诊断技术具有重要意义[182]。

故障诊断主要研究如何对设备运行中出现的各类故障进行检测 (判断系统中是否发生了故障以及检测出故障发生的时刻)、分离 (确定故障的类型和位置) 和辨识 (确定故障的大小和时变特性)，从而判断设备是否发生故障、故障发生的种类及部位，以及确定故障的大小和发生的时间等。一般来说，评价一个故障诊断系统的性能指标主要有故障检测的及时性、早期故障检测的灵敏度、故障的误报率和漏报率、故障定位和故障评价的准确性、故障检测和诊断系统的鲁棒性等。当设备出现故障时，有效的故障诊断可以帮助维修人员迅速确定故障发生的位置、种类，采取相应的措施阻止故障的进一步恶化，从而避免事态的恶化。

现有的故障诊断方法主要可以分为基于模型的方法[183]、基于信号处理的方法[184]、基于知识的方法[185] 和基于人工智能优化的方法[186] 等几个大类，如图 7.1 所示。基于模型的故障诊断方法以现代控制理论和现代优化方法为指导，以系统的数学模型为基础，利用 Luenberger 观测器、等价空间方程等方法产生残差，然后基于某种准则对残差进行分析与评价，从而实现故障诊断。根据残差的产生方式可细分为状态估计诊断法[187]、参数估计诊断法[188] 和一致性检验诊断法[189] 等。基于信号处理的故障诊断方法通过某种信息处理和特征提取方法来进行故障诊断，应用较多的有谱分析方法[190] 和时间序列特征提取方法[191] 等。基于知识的故障诊断方法是人们利用长期的实践经验和大量故障信息设计出的智能计算机程序来实现故障诊断，可细分为专家系统[192]、模糊逻辑[193]、故障树分析[194] 和支持向量机[195] 等方法。基于人工智能优化的故障诊断方法利用启发式算法来实现故障诊断，主要有遗传算法[196]、粒子群算法[197] 和蚁群算法[198] 等。

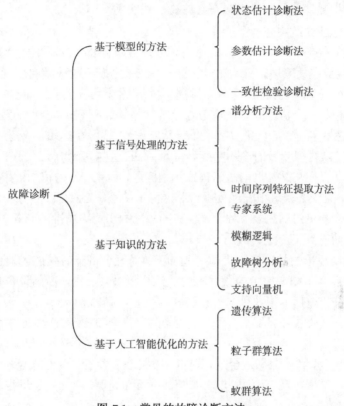

图 7.1 常见的故障诊断方法

信息融合方法也常用于故障诊断[199]。将信息融合应用于故障诊断，主要基于以下三个原因。

(1) 现代设备结构复杂、故障种类多种多样，因此常用多种传感器来监测设备工作状况。信息融合方法能够将多种传感器的信息综合利用，对设备故障做出准确的诊断。

(2) 在设备故障诊断中，由于故障成因复杂，不同的故障可能以同一征兆表现出来如不平衡、不对中、基座松动等故障都会引起旋转机械转子的异常振动，因此，转子的振动信号包含了大量反映转子状态的特征信息。基于信息融合的故障诊断方法将这些特征信息综合利用,可以更好地实现设备的故障诊断。

　　(3) 在故障诊断系统中,由于环境噪声、系统噪声以及传感器的测量误差等原因,传感器提供的信息一般是不精确和模糊的,甚至可能是矛盾的,即包含了大量的不确定性。

　　故障诊断的信息融合方法按其融合算法的不同,主要可分为贝叶斯理论信息融合故障诊断方法[200]、模糊信息融合故障诊断方法[201]、证据理论信息融合故障诊断方法[202] 和神经网络信息融合故障诊断方法[203] 等。

　　在故障诊断系统中包含了大量的不确定性,而证据理论在处理不确定性问题时具有独特的优势,因此利用证据理论来处理故障诊断中的不确定性是一个很好的选择。例如,在故障模式分类中,各故障模式数据有不同程度的交叉,如旋转机械不同故障模式均表现为振动信号不同程度的异常[204],电子设备的某一器件故障常会导致其相邻各个器件的特征电信号异常[205] 等。从模糊集合论的观点看,这些故障模式数据相互交叉,如果仅应用单传感器信号进行故障诊断,就会存在一定的误判现象,难以达到较高的诊断精度和可靠性。而证据理论对具有不确定性、两类故障模式之间存在交叉数据的故障模式识别问题,具有较好的识别效果。基于证据理论的信息融合方法,能很好地处理传感器测量的不确定性,可以将多个传感器的信息通过组合规则进行融合,对设备存在的故障做出更为精准的判断。因此,它在故障诊断方面得到了广泛的应用。

　　基于证据理论的故障诊断大体过程如下:对设备故障时传感器输出的信号进行特征提取后存入档案库中的模式称为故障样板模式,待诊断的设备传感器输出的信号经特征提取后的模式称为待检模式。在证据理论故障诊断中,辨识框架中的元素表示设备可能发生的各种故障,该框架幂集下的 BPA 函数,是由待检模式得到的一组诊断证据,表示待检模式与档案库中各故障样板模式匹配后得到的对各故障的支持程度。利用证据组合规则可以将多个证据组合,根据融合之后的结果即可实现故障的诊断决策。下面以电机转子故障诊断为例,给出基于证据理论实现故障诊断的方法。

7.1.2　应用背景

　　电机是用来实现电能与机械能间相互转化的装置,主要由转子和定子两部分组成。电机转子是电机中的旋转部件,如图 7.2 所示。转子可能发生的故障类型多种多样,如不平衡、不对中和基座松动等,这些故障的发生可能会使电机出现一系列不良反应,导致电机中轴承等部件的损坏,甚至引起系统的瘫痪。不平衡指的是在制造转子过程中造成的质心与形心的不重合问题。电动机与其负载之间、大型发电机机组内,通常由同轴连接的多个转子构成,不对中指的是由于机器的安装误差、工作状态下热膨胀、承载后的变形造成的各转子轴线之间的不对中。转子与轴承相连,基座松动指的是由于安装质量低下或长期的振动引起的轴承与基座之间的松动。

图 7.2 直流电机转子

本小节使用多功能柔性转子试验台来研究转子故障诊断,该试验台是用来研究柔性转子多种振动实验的装置,如图 7.3 所示。实验平台上的转子转速为 1500r/min,即转动频率为 25Hz,基频 (记为 1X) 为 25Hz,n 倍频 (记为 nX) 为 $n \times 25$Hz,$n = 1, 2, 3, \cdots$。在试验台上人为设置三种故障类型,分别为 $F_1 =$ 不平衡,$F_2 =$ 不对中,$F_3 =$ 支撑基座松动,观测故障发生时的特征参数值。试验台上某一故障设置后会引发转子的异常振动,产生一定频率成分的振动幅值增加,可能是单一频率,也可能是一组频率,如表 7.1 所示。转子正常工作时,其振动加速度频谱中 1X~3X 幅值均不超过 $0.1\mathrm{m/s^2}$,不同的故障出现时,振动加速度频谱 1X~3X 幅值的增加情况不同,因此转子振动加速度频谱中 1X~3X 幅值可作为故障特征。将振动位移传感器和加速度传感器分别安置在转子支撑座的水平和垂直方向采集转子振动信号,利用软件分析数据,得到转子振动加速度频谱 1X~3X 幅值和振动位移,作为故障诊断的特征数据。

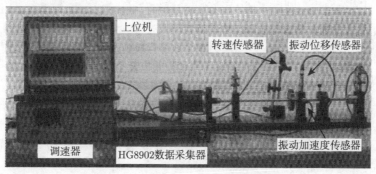

图 7.3 多功能柔性转子试验台[206]

表 7.1　　不同的故障发生时振动加速度频率幅值　　　　　　（单位：m/s²）

特征类型	正常运行	不平衡 (F_1)	不对中 (F_2)	支撑基座松动 (F_3)
基频 (1X) 幅值	<0.1	0.0661~0.2006	0.1567~0.2038	0.3006~0.3476
二倍频 (2X) 幅值	<0.1	0.1210~0.3468	0.3071~0.3510	0.2801~0.3647
三倍频 (3X) 幅值	<0.1	0.0899~0.1296	0.1865~0.3218	0.1151~0.1864

由于传感器工作时可能受环境噪声、系统噪声等因素的影响，其测量数据带有一定的模糊性：同一时段内传感器提取的特征数据会有一定浮动，不同的特征数据可能有交叉 (表 7.1)。在这种不确定环境下，传统的基于单个观测数据的待检模式匹配融合诊断方法正确率较低。因此，采取在同一时段多次记录传感器提取的特征数据，进而建立基于多次观测数据的待检模式，以实现较高准确率的故障诊断。采用的转子特征数据具体获取方法如下所示。

1) 故障样板模式实验数据的获取

随机选取 5 个时段，每个时段在 16s 内连续采集 40 次各个故障下振动加速度和振动位移传感器信号，提取振动加速度频谱 1X~3X 幅值和振动位移数据，作为故障样板模式的实验数据 (附表 1)。其中，X、Y、Z 分别代表不平衡、不对中、支撑基座松动三种故障类型，第一个数字 1、2、3、4 分别代表四种特征 1X 幅值、2X 幅值、3X 幅值、振动位移，第二个数字 1、2、3、4、5 指测量数据组数，如 X11 表示对不平衡故障的 1X 幅值测量的第一组特征数据，包含 40 个样本。

2) 待检模式实验数据的获取

某时刻，在试验平台设置一种故障类型 (模拟待检转子)，16s 内连续测量 40 次该故障下振动加速度和振动位移传感器信号，提取振动加速度频谱 1X~3X 幅值和振动位移数据，作为待检模式的实验数据 (附表 2)。同样，X、Y、Z 分别代表不平衡、不对中、支撑基座松动三种故障类型，其后的数字 1、2、3、4 分别代表四种特征 1X 幅值、2X 幅值、3X 幅值、振动位移，如 X1 表示对不平衡故障的 1X 幅值测量的一组特征数据，包含 40 个样本。

7.1.3　电机转子故障诊断框架

模糊方法在自然科学、工程技术和社会科学等各个领域得到了广泛的应用，并取得了良好的效果，因此考虑用模糊方法对传感器测量数据建模来处理传感器测量数据的模糊性，即用隶属度函数对故障样板模式和待检模式建模。隶属度函数的确定主要考虑两方面的因素：一是传感器的工作性能；二是传感器工作过程中受到的干扰，如电磁波和机械噪声。若仅考虑第二种因素，传感器测量值的概率密度函数一般被视为具有高斯分布的形式[207]。

根据上述讨论，本小节根据实验数据利用高斯形式的隶属度函数对故障样板模式和待检模式进行建模，然后将故障样板模式和待检模式相匹配得到 BPA。由于根据转子某个单一特征较难判定故障类型,通过基于证据关联系数的加权平均组合方法将时域 (振动位移特征) 和频域 (1X~3X 幅值特征) 得到的 BPA 进行融合,最后根据融合结果做出诊断决策。本例电机转子故障诊断框架如图 7.4 所示,分为故障样板模式隶属度函数的建立和诊断实施两部分。

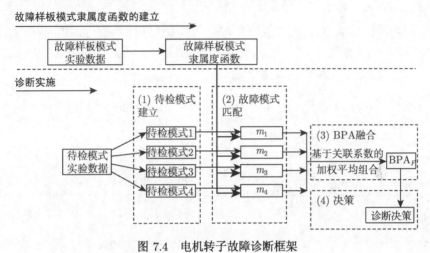

图 7.4　电机转子故障诊断框架

1. 故障样板模式隶属度函数的建立

取各故障各特征下故障样板模式的实验数据,分别建立高斯型隶属度函数。

2. 诊断实施

诊断实施过程分为以下四步。

(1) 待检模式建立。在附表 2 中取某故障的待检模式实验数据模拟具有该故障待检转子的特征数据 (如 Y1~Y4),求得各个特征下特征数据的均值和标准差,建立待检模式各个特征的高斯型隶属度函数,共生成 4 个待检模式隶属度函数。

(2) 故障模式匹配。将待检模式与故障样板模式某特征下的隶属度函数进行匹配,得到一组 BPA。4 种特征下分别匹配,共得到 4 组 BPA。

(3) BPA融合。利用基于证据关联系数的加权平均组合方法将得到的4组BPA进行融合,融合后的结果记为 m_F。

(4) 决策。用博弈概率转换方法将上一步得到的 m_F 转换为 组概率分布 p,取 p 中概率最大的故障类型作为最终的诊断结果。

7.1.4　故障样板模式隶属度函数的建立

根据附表 1 中故障样板模式实验数据,建立高斯型故障样板模式隶属度函数 $\mu_{F_{ij}}$ (其中 $i = 1, 2, 3$ 分别代表 F_1、F_2、F_3 三种故障,$j = 1, 2, 3, 4$ 分别代表 1X~3X

幅值及振动位移四种特征)。这里分别计算各个故障各个特征实验数据的均值和标准差，将其作为对应高斯型故障样板模式隶属度函数的均值和标准差，原理来源于统计理论：样本均值为总体均值的无偏估计，样本标准差为总体标准差的无偏估计。下面以 $\mu_{F_{21}}$(故障 F_2 下 1X 幅值特征的隶属度函数) 为例给出故障样板模式隶属度函数的建立过程。

在不同工作环境下对 F_2 故障 1X 幅值做 5 组观测，每组 40 次，共做了 5 组即 200 次观测 (见附表 1 中 Y11~Y15)，记为 $\vec{x} = (x_1, x_2, \cdots, x_{200})$。

(1) 计算这 200 次观测的均值 $\bar{X}_{\mu_{F_{21}}}$：

$$\bar{X}_{\mu_{F_{21}}} = \frac{x_1 + x_2 + \cdots + x_{200}}{200} = 0.1818 \mathrm{m/s^2}$$

(2) 计算这 200 次观测的标准差 $\sigma_{\mu_{F_{21}}}$：

$$\sigma_{\mu_{F_{21}}} = \sqrt{\frac{1}{200-1} \sum_{i=1}^{200} \left(x_i - \bar{X}_{\mu_{F_{21}}}\right)^2} = 0.0123$$

(3) 得到 $\mu_{F_{21}}$：

$$\mu_{F_{21}}(x) = \mathrm{e}^{-\frac{(x - \bar{X}_{\mu_{F_{21}}})^2}{2\sigma_{\mu_{F_{21}}}^2}} = \mathrm{e}^{-\frac{(x - 0.1818)^2}{2 \times 0.0123^2}}$$

按照同样的方法可以得到 12 个故障样板模式隶属度函数的均值及标准差，如表 7.2 所示。它们所对应的隶属度函数如图 7.5 所示。

表 7.2　故障样板模式隶属度函数的均值及标准差

类别	(均值, 标准差)	类别	(均值, 标准差)	类别	(均值, 标准差)
$\mu_{F_{11}}$	(0.1615, 0.0096)	$\mu_{F_{21}}$	(0.1818, 0.0123)	$\mu_{F_{31}}$	(0.3294, 0.0072)
$\mu_{F_{12}}$	(0.1492, 0.0156)	$\mu_{F_{22}}$	(0.3293, 0.0110)	$\mu_{F_{32}}$	(0.3439, 0.0140)
$\mu_{F_{13}}$	(0.1124, 0.0066)	$\mu_{F_{23}}$	(0.2420, 0.0339)	$\mu_{F_{33}}$	(0.1362, 0.0113)
$\mu_{F_{14}}$	(4.3257, 0.2900)	$\mu_{F_{24}}$	(4.7153, 0.4239)	$\mu_{F_{34}}$	(9.8106, 0.1022)

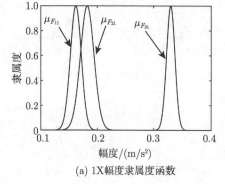

(a) 1X幅度隶属度函数

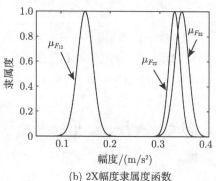

(b) 2X幅度隶属度函数

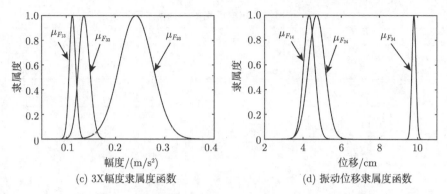

图 7.5   三种故障类型在不同特征下的样板模式隶属度函数

7.1.5   诊断实施

诊断实施过程假设待检转子的测量数据为附表 2 中 Y1~Y4。

1. 待检模式建立

根据附表 2 中各特征的待检模式实验数据，建立高斯型待检模式隶属度函数 μ_{T_i} ($i = 1, 2, 3, 4$ 分别代表 1X~3X 幅值及振动位移四种特征)。同样地，求取各个特征待检模式实验数据的均值和标准差，将其作为对应高斯型待检模式隶属度函数的均值和标准差。下面以 μ_{T_1}(1X 幅值特征的待检模式隶属度函数) 为例给出待检模式隶属度函数的建立过程。

附表 2 中 Y1 为待检转子 1X 幅值的 40 次观测，记为 $\vec{x} = (x_1, x_2, \cdots, x_{40})$：

(1) 计算这 40 次观测的均值 $\bar{X}_{\mu_{T_1}}$：

$$\bar{X}_{\mu_{T_1}} = \frac{x_1 + x_2 + \cdots + x_{40}}{40} = 0.1666 \text{m/s}^2$$

(2) 计算这 40 次观测的标准差 $\sigma_{\mu_{T_1}}$：

$$\sigma_{\mu_{T_1}} = \sqrt{\frac{1}{40-1} \sum_{i=1}^{40} (x_i - \mu)^2} = 0.0096$$

(3) 得到 μ_{T_1}：

$$\mu_{T_1}(x) = e^{-\frac{(x - \bar{X}_{\mu_{T_1}})^2}{2\sigma_{\mu_{T_1}}^2}} = e^{-\frac{(x - 0.1666)^2}{2 \times 0.0096^2}}$$

同理，可以得到四个待检模式隶属度函数的均值及标准差，如表 7.3 所示。它们对应的四个待检模式隶属度函数如图 7.6 所示。

表 7.3　待检模式隶属度函数的均值及标准差

类别	(均值, 标准差)	类别	(均值, 标准差)
μ_{T_1}	(0.1666, 0.0096)	μ_{T_3}	(0.1719, 0.0248)
μ_{T_2}	(0.2996, 0.0108)	μ_{T_4}	(4.4325, 0.1882)

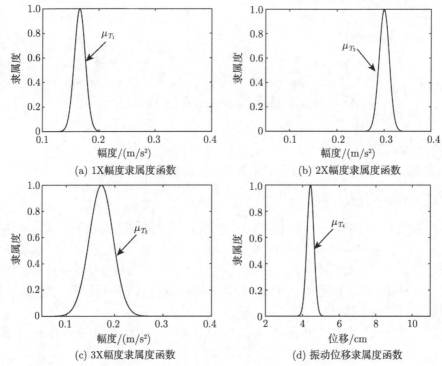

(a) 1X幅度隶属度函数　　　　　　　　(b) 2X幅度隶属度函数

(c) 3X幅度隶属度函数　　　　　　　　(d) 振动位移隶属度函数

图 7.6　四种特征下的待检模式隶属度函数

2. 故障模式匹配

为了得到各个特征下的 BPA, 本小节将相同特征下的待检模式隶属度函数和三个故障样板模式的隶属度函数相匹配。每个特征下待检模式和样板模式匹配后即生成一组 BPA, 四种特征分别匹配即得到 4 组 BPA, 记作 m_i ($i = 1, 2, 3, 4$), 分别对应特征 1X 幅度、2X 幅度、3X 幅度和振动位移。本小节转子故障诊断的辨识框架为 $\{F_1, F_2, F_3\}$, F_1、F_2、F_3 分别表示不平衡、不对中、支撑基座松动。下面以待检模式和样板模式在 1X 幅值特征下匹配生成 m_1 为例, 给出 m_1 的生成过程。

(1) 计算待检模式隶属度函数 μ_{T_1} 曲线下面积 $\text{Area}_{\mu_{T_1}}$。由高斯函数的性质有

$$\text{Area}_{\mu_{T_1}} = \sqrt{2\pi}\sigma_{\mu_{T_1}} = 0.0242$$

(2) 计算待检模式 μ_{T_1} 对单元素命题 $\{F_1\}$, $\{F_2\}$, $\{F_3\}$ 的支持度, 分别记为

$\mathrm{Sup}(\{F_1\}), \mathrm{Sup}(\{F_2\}), \mathrm{Sup}(\{F_3\})$。用 $\mu_{F_{i1}}$ 与 μ_{T_1} 的相交面积比 μ_{T_1} 曲线下面积 $\mathrm{Area}_{\mu_{T_1}}$ 即得 $\mathrm{Sup}(\{F_i\})(i=1,2,3)$。

① $\mathrm{Sup}(\{F_1\})$ 的计算。首先，考虑到高斯曲线的取值特点和无穷性，将积分区间限定为

$$\mathrm{Int}_1 = \min(\bar{X}_{\mu_{T_1}} - 3\sigma_{\mu_{T_1}}, \bar{X}_{\mu_{T_1}} + 3\sigma_{\mu_{T_1}}, \bar{X}_{\mu_{F_{11}}} - 3\sigma_{\mu_{F_{11}}}, \bar{X}_{\mu_{F_{11}}} + 3\sigma_{\mu_{F_{11}}}) = 0.1326$$

$$\mathrm{Int}_2 = \max(\bar{X}_{\mu_{T_1}} - 3\sigma_{\mu_{T_1}}, \bar{X}_{\mu_{T_1}} + 3\sigma_{\mu_{T_1}}, \bar{X}_{\mu_{F_{11}}} - 3\sigma_{\mu_{F_{11}}}, \bar{X}_{\mu_{F_{11}}} + 3\sigma_{\mu_{F_{11}}}) = 0.1955$$

其次，计算 $\mu_{F_{11}}$ 与 μ_{T_1} 的相交面积 $\mathrm{Area}(\{F_1\})$ [图 7.7(a)]：

$$\mathrm{Area}(\{F_1\}) = \int_{\mathrm{Int}_1}^{\mathrm{Int}_2} \min\{\mu_{F_{11}}(x), \mu_{T_1}(x)\}\mathrm{d}x = 0.02$$

最后，计算 μ_{T_1} 对命题 $\{F_1\}$ 的支持度 $\mathrm{Sup}(\{F_1\})$：

$$\mathrm{Sup}(\{F_1\}) = \frac{\mathrm{Area}(\{F_1\})}{\mathrm{Area}_{\mu_{T_1}}} = 0.8290$$

② $\mathrm{Sup}(\{F_2\})$ 的计算。同理，首先将积分区间限定为

$$\mathrm{Int}_1 = \min(\bar{X}_{\mu_{T_1}} - 3\sigma_{\mu_{T_1}}, \bar{X}_{\mu_{T_1}} + 3\sigma_{\mu_{T_1}}, \bar{X}_{\mu_{F_{21}}} - 3\sigma_{\mu_{F_{21}}}, \bar{X}_{\mu_{F_{21}}} + 3\sigma_{\mu_{F_{21}}}) = 0.1377$$

$$\mathrm{Int}_2 = \max(\bar{X}_{\mu_{T_1}} - 3\sigma_{\mu_{T_1}}, \bar{X}_{\mu_{T_1}} + 3\sigma_{\mu_{T_1}}, \bar{X}_{\mu_{F_{21}}} - 3\sigma_{\mu_{F_{21}}}, \bar{X}_{\mu_{F_{21}}} + 3\sigma_{\mu_{F_{21}}}) = 0.2186$$

其次，在积分区间 $[\mathrm{Int}_1, \mathrm{Int}_2]$ 内计算 $\mu_{F_{21}}$ 与 μ_{T_1} 的相交面积 $\mathrm{Area}(\{F_2\})$ [图 7.7(b)]：

$$\mathrm{Area}(\{F_2\}) = \int_{\mathrm{Int}_1}^{\mathrm{Int}_2} \min\{\mu_{F_{21}}(x), \mu_{T_1}(x)\}\mathrm{d}x = 0.0161$$

最后，计算 μ_{T_1} 对命题 $\{F_2\}$ 的支持度 $\mathrm{Sup}(\{F_2\})$：

$$\mathrm{Sup}(\{F_2\}) = \frac{\mathrm{Area}(\{F_2\})}{\mathrm{Area}_{\mu_{T_1}}} = 0.6682$$

③ $\mathrm{Sup}(\{F_3\})$ 的计算。如图 7.7 所示，由于 $\mu_{F_{31}}$ 与 μ_{T_1} 的相交面积为 0，故

$$\mathrm{Sup}(\{F_3\}) = 0$$

(3) 计算待检模式对双元素命题 $\{F_1, F_2\}, \{F_1, F_3\}, \{F_2, F_3\}$ 的支持度，分别记为 $\mathrm{Sup}(\{F_1, F_2\}), \mathrm{Sup}(\{F_1, F_3\}), \mathrm{Sup}(\{F_2, F_3\})$。

① $\mathrm{Sup}(\{F_1, F_2\})$ 的计算。同理，首先将积分区间限定为

$$\mathrm{Int}_1 = \min(\bar{X}_{\mu_{T_1}} - 3\sigma_{\mu_{T_1}}, \bar{X}_{\mu_{T_1}} + 3\sigma_{\mu_{T_1}}, \bar{X}_{\mu_{F_{11}}} - 3\sigma_{\mu_{F_{11}}}, \bar{X}_{\mu_{F_{11}}}$$

$$+ 3\sigma_{\mu_{F_{11}}}, \bar{X}_{\mu_{F_{21}}} - 3\sigma_{\mu_{F_{21}}}, \bar{X}_{\mu_{F_{21}}} + 3\sigma_{\mu_{F_{21}}}) = 0.1326$$

$$\text{Int}_2 = \max(\bar{X}_{\mu_{T_1}} - 3\sigma_{\mu_{T_1}}, \bar{X}_{\mu_{T_1}} + 3\sigma_{\mu_{T_1}}, \bar{X}_{\mu_{F_{11}}} - 3\sigma_{\mu_{F_{11}}}, \bar{X}_{\mu_{F_{11}}}$$
$$+ 3\sigma_{\mu_{F_{11}}}, \bar{X}_{\mu_{F_{21}}} - 3\sigma_{\mu_{F_{21}}}, \bar{X}_{\mu_{F_{21}}} + 3\sigma_{\mu_{F_{21}}}) = 0.2186$$

其次, 计算 $\mu_{F_{11}}$、$\mu_{F_{21}}$、μ_{T_1} 三者的相交面积 $\text{Area}(\{F_1, F_2\})$ [图 7.7(c)]:

$$\text{Area}(\{F_1, F_2\}) = \int_{\text{Int}_1}^{\text{Int}_2} \min\{\mu_{F_{11}}(x), \mu_{F_{21}}(x), \mu_{T_1}(x)\}\mathrm{d}x = 0.0104$$

最后, 计算 μ_{T_1} 对命题 $\{F_1, F_2\}$ 的支持度 $\text{Sup}(\{F_1, F_2\}$:

$$\text{Sup}(\{F_1, F_2\}) = \frac{\text{Area}(\{F_1, F_2\})}{\text{Area}_{\mu_{T_1}}} = 0.4314$$

② $\text{Sup}(\{F_1, F_3\})$ 的计算。如图 7.7 所示, 由于 $\mu_{F_{11}}$、$\mu_{F_{31}}$、μ_{T_1} 三者的相交面积为 0, 故

$$\text{Sup}(\{F_1, F_3\}) = 0$$

③ $\text{Sup}(\{F_2, F_3\})$ 的计算。如图 7.7 所示, 由于 $\mu_{F_{21}}$、$\mu_{F_{31}}$、μ_{T_1} 三者的相交面积为 0, 故

$$\text{Sup}(\{F_2, F_3\}) = 0$$

(4) 计算待检模式对全集 $\{F_1, F_2, F_3\}$ 的支持度 $\text{Sup}(\{F_1, F_2, F_3\})$。由于 $\mu_{F_{11}}$、$\mu_{F_{21}}$、$\mu_{F_{31}}$、μ_{T_1} 四者的相交面积为 0, 故 $\text{Sup}(\{F_1, F_2, F_3\}) = 0$。

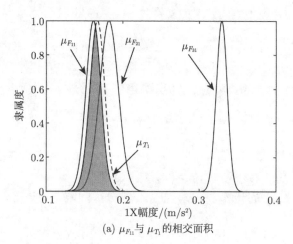

(a) $\mu_{F_{11}}$ 与 μ_{T_1} 的相交面积

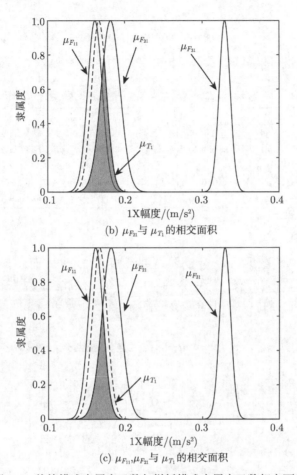

(b) $\mu_{F_{21}}$ 与 μ_{T_1} 的相交面积

(c) $\mu_{F_{11}}, \mu_{F_{21}}$ 与 μ_{T_1} 的相交面积

图 7.7　待检模式隶属度函数与样板模式隶属度函数相交面积

(5) 将上述得到的支持度归一化即得到 m_1：

$$m_1(\{F_1\}) = \frac{\mathrm{Sup}(\{F_1\})}{\mathrm{Sup}(\{F_1\}) + \mathrm{Sup}(\{F_2\}) + \mathrm{Sup}(\{F_1, F_2\})}$$
$$= \frac{0.8290}{0.8290 + 0.6682 + 0.4314} = 0.4298$$

$$m_1(\{F_2\}) = \frac{\mathrm{Sup}(\{F_2\})}{\mathrm{Sup}(\{F_1\}) + \mathrm{Sup}(\{F_2\}) + \mathrm{Sup}(\{F_1, F_2\})}$$
$$= \frac{0.6682}{0.8290 + 0.6682 + 0.4314} = 0.3465$$

$$m_1(\{F_1, F_2\}) = \frac{\mathrm{Sup}(\{F_1, F_2\})}{\mathrm{Sup}(\{F_1\}) + \mathrm{Sup}(\{F_2\}) + \mathrm{Sup}(\{F_1, F_2\})}$$

$$= \frac{0.4314}{0.8290 + 0.6682 + 0.4314} = 0.2237$$

用同样的方法可以得到 m_2、m_3、m_4，生成的 BPA 如表 7.4 所示。

表 7.4　四个待检模式分别与故障样板模式匹配后得到的四组证据

类别	信度值
m_1	$m_1(\{F_1\}) = 0.4298, m_1(\{F_2\}) = 0.3465, m_1(\{F_1, F_2\}) = 0.2237$
m_2	$m_2(\{F_2\}) = 0.5651, m_2(\{F_3\}) = 0.2305, m_2(\{F_2, F_3\}) = 0.2044$
m_3	$m_3(\{F_1\}) = 0.0739, m_3(\{F_2\}) = 0.4674, m_3(\{F_3\}) = 0.3825, m_3(\{F_1, F_2\}) = 0.0016,$ $m_3(\{F_1, F_3\}) = 0.0464, m_3(\{F_2, F_3\}) = 0.0266, m_3(\{F_1, F_2, F_3\}) = 0.0016$
m_4	$m_4(\{F_1\}) = 0.3507, m_4(\{F_2\}) = 0.3277, m_4(\{F_1, F_2\}) = 0.3216$

3. BPA 融合

根据表 7.4 所列数据，m_1 对命题 F_1 的信度为 0.4298，而 m_2 对命题 F_1 的信度为 0，显然存在明显冲突。其他 BPA 间也存在一定冲突，因此融合之前需要进行冲突处理。这里采用 4.4.1 小节给出的方法，基于证据关联系数的加权平均组合模型。

(1) 首先，计算 m_1、m_2、m_3、m_4 两两之间的证据关联系数，得到一个相似度矩阵：

$$\text{SM} = \begin{pmatrix} 1 & 0.5608 & 0.5857 & 0.9941 \\ 0.5608 & 1 & 0.9446 & 0.5874 \\ 0.5857 & 0.9446 & 1 & 0.5987 \\ 0.9941 & 0.5874 & 0.5987 & 1 \end{pmatrix}$$

矩阵 SM 中的第 i 行第 j 列反映了 m_i 与 m_j 之间的相似度 $(i, j = 1, 2, 3, 4)$。

(2) 其次，计算各个 BPA 的折扣系数 $\text{Crd}_i (i = 1, 2, 3, 4)$：

$$\text{Crd}_1 = \frac{\sum_{i=1}^{4} \text{SM}(1, i) - 1}{\sum_{i=1}^{4} \sum_{j=1}^{4} \text{SM}(i, j) - 4}$$

$$= \frac{0.5608 + 0.5857 + 0.9941}{2 \times (0.5608 + 0.5857 + 0.9941 + 0.9446 + 0.5874 + 0.5987)} = 0.2506$$

$$\text{Crd}_2 = \frac{\sum_{i=1}^{4} \text{SM}(1, i) - 1}{\sum_{i=1}^{4} \sum_{j=1}^{4} \text{SM}(i, j) - 4}$$

$$= \frac{0.5608 + 0.9446 + 0.5874}{2 \times (0.5608 + 0.5857 + 0.9941 + 0.9446 + 0.5874 + 0.5987)} = 0.2450$$

$$\text{Crd}_3 = \frac{\displaystyle\sum_{i=1}^{4} \text{SM}(1,i) - 1}{\displaystyle\sum_{i=1}^{4}\sum_{j=1}^{4} \text{SM}(i,j) - 4}$$

$$= \frac{0.5857 + 0.9446 + 0.5987}{2 \times (0.5608 + 0.5857 + 0.9941 + 0.9446 + 0.5874 + 0.5987)} = 0.2492$$

$$\text{Crd}_4 = \frac{\displaystyle\sum_{i=1}^{4} \text{SM}(1,i) - 1}{\displaystyle\sum_{i=1}^{4}\sum_{j=1}^{4} \text{SM}(i,j) - 4}$$

$$= \frac{0.9941 + 0.5874 + 0.5987}{2 \times (0.5608 + 0.5857 + 0.9941 + 0.9446 + 0.5874 + 0.5987)} = 0.2552$$

(3) 再次, 利用各折扣系数 Crd_i 对各自对应的 BPA 进行加权, 得到加权后的平均证据 m_A:

$$m_A = \sum_{i=1}^{4} \text{Crd}_i \cdot m_i$$

即 $m_A(F_1) = 0.2156, m_A(F_2) = 0.4254, m_A(F_3) = 0.1518, m_A(F_1, F_2) = 0.1385,$ $m_A(F_1, F_3) = 0.0116, m_A(F_2, F_3) = 0.0567, m_A(F_1, F_2, F_3) = 0.0003$。

(4) 最后, 将 m_A 用 Dempster 组合规则自身融合 3 次, 得到 m_F, 即

$$m_F = m_A \oplus m_A \oplus m_A \oplus m_A$$

得 $m_F(F_1) = 0.1043, m_F(F_2) = 0.8795, m_F(F_3) = 0.0140, m_F(F_1, F_2) = 0.0022$。

4. 决策

为了对转子故障做出决策, 对于上一步 BPA 融合得到的 m_F, 用 PPT 方法将其转换为概率分布 p, 计算过程如下:

$$p(F_1) = m_F(F_1) + \frac{m_F(F_1, F_2)}{2} = 0.1043 + \frac{0.0022}{2} = 0.1054$$

$$p(F_2) = m_F(F_2) + \frac{m_F(F_1, F_2)}{2} = 0.8795 + \frac{0.0022}{2} = 0.8806$$

$$p(F_3) = m_F(F_3) = 0.0140$$

从转换后的概率分布 p 中可以看出，概率最大的命题为 F_2，因此最后的故障诊断结果是待检转子具有 F_2 故障，即不对中故障，与实际故障情况相符，说明了本方法的有效性。

7.2　多光谱图像弱小目标跟踪

7.2.1　引言

1. 目标跟踪

目标跟踪是计算机视觉研究领域的热点之一，在军事侦察、精确制导、火力打击、战场评估以及智能视频监控等方面均有广泛的应用[208, 209]。目标跟踪可简单地定义为估计物体围绕一个场景运动时在图像平面中的运动轨迹，即一个跟踪系统给同一个视频中不同帧的跟踪目标分配对应的标签。随着高性能计算机和摄影机的普及，自动视频分析的需求与日俱增，人们对目标跟踪算法的研究兴趣更加浓厚。

经典的运动目标跟踪算法有基于均值漂移 (mean shift) 的目标跟踪[210]，基于卡尔曼滤波目标跟踪[211]，基于粒子滤波的目标跟踪[212]，基于支持向量机 (support vector machine，SVM) 的目标跟踪[213] 等。均值漂移算法计算简单，实时性强，对目标的形状变化、尺度变化不敏感，但是对颜色相近等干扰情况的跟踪效果不够理想。卡尔曼滤波算法是一种经典的预测估计算法，如果已知目标运动是线性的，且图像噪声服从高斯分布，便可应用卡尔曼滤波预测目标下一帧位置，从而实现目标跟踪，其计算量小，实时性强，但是它仅适用于线性高斯系统。粒子滤波是 20 世纪 90 年代后期发展起来的一种基于蒙特卡罗分析和贝叶斯估计理论的最优算法，其基本思想是用随机样本描述概率分布，以递归的方式对测量数据进行序贯处理，无须对之前的测量数据存储和处理，根据测量数据调节各粒子权值的大小和样本的位置，适合于非线性非高斯跟踪系统，有效地克服了卡尔曼滤波的缺点，同时可以跟踪运动速度较快的目标。但粒子滤波算法的计算量会随着所选取粒子数目的增加而骤增，因此较难满足跟踪的实时性要求。基于支持向量机的目标跟踪算法将支持向量机作为分类器，通过训练样本训练分类器，从而对图像序列中的目标和背景进行分类实现目标跟踪。这种方法能够更加准确地跟踪目标，但存在在线训练量过大、易出现误差累计和漂移等缺陷。

现代化战争中，为了增大作战距离，通常要求远距离跟踪锁定目标，实现快速有效的目标打击。然而，对于远距离成像，由于目标成像面积较小、图像信噪比较低等原因，无法得到足量的有效目标特征如目标形状、纹理等，因此弱小目标的检测跟踪比较困难。实际应用中主要利用红外图像进行弱小目标检测跟踪，基于红外图像的弱小目标的检测与跟踪算法分为两类: 跟踪前检测 (detect before track，DBT) 算法和检测前跟踪 (track before detect，TBD) 算法。DBT 算法首先根据检测概率和虚警概率计算单帧图像的检测门限，其次对每帧图像进行分割，再次将目标的单帧检测结果与目标运动轨迹进行关联，最后实现目标跟踪。DBT 算法常采用的方法有小波分析[214, 215]、背景抑制[216, 217]、门限检测[218, 219] 等。而 TBD 算法先采用一些跟踪算法估计目标状态，再根据目标状态进行检测判决。在低信噪比情况下，TBD 算法的检测性能优于 DBT 算法。因此，目前人们常常采用 TBD 算法来检测图像中的弱小目标。TBD 算法主要有基于粒子滤波的方法[220, 221]、基于三维匹配滤波的方法[222, 223]、基于多级假设检验的方法[224, 225]、基于动态规划的方法[226, 227] 等。

2. 多光谱图像分类

电磁波谱根据波长范围的不同可分为不同的波段。图 7.8 为电磁波谱图，从图 7.8 中可以看出电磁波谱包括可见光、红外线、紫外线和毫米波等。

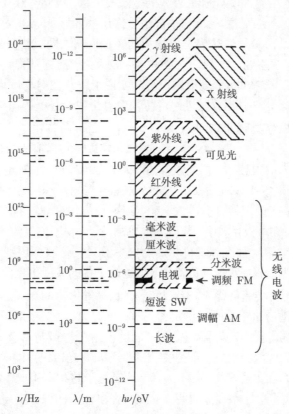

图 7.8 电磁波谱图

多光谱图像，顾名思义是包含很多波段的图像，有时只有 3 个波段 (如 RGB 彩色图像)，而有时多达几十个波段，这些波段多处于可见光和红外区域。每个波段的成像是一幅灰度图像，反映了物体对该波段电磁波的反射强度。在一幅多光谱图像中，任一像素在每个波段都有一个灰度值，因此每个像素都与一个由多个灰度值组成的矢量相关，这个矢量被称为该像素的光谱向量，如图 7.9 所示。

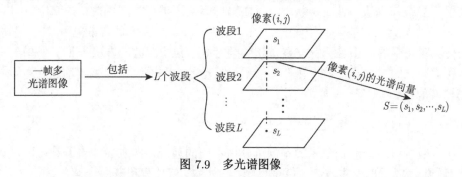

图 7.9　多光谱图像

多光谱图像包含从可见光到红外线的多波段图像，因此与红外图像相比，多光谱图像可以获取更多的信息。由于不同类型的物质具有不同的反射光谱，物质在多光谱图像中的光谱向量可以认为是该物质的特征向量。同类物质像元的特征向量较为相似，而不同物质像元的特征向量差异度较大，这就是利用多光谱图像实现物质分类的物理依据[228-230]。多光谱图像分类实质上就是在对物质特征向量提取后，采用一定的距离测度与分类方法最终对图像中每个像元分类的问题。

在多光谱图像分类研究中，Kruse 等[231] 于 1993 年提出了一种称为光谱角度匹配 (spectral angel matching，SAM) 的技术，它通过将当前成像光谱数据提取的物体光谱向量与光谱数据库 (预先测量的 "标准" 光谱向量) 的光谱向量进行匹配分析进而识别物体类别。Kruse 等将 SAM 方法与专家系统结合，提出了基于专家系统和 SAM 的多光谱图像分类方法。夏建涛等[232] 将 SVM 方法应用于多光谱图像分类中，在学习样本数目较少，数据维数较高时，取得了较好的效果。张珩等[233] 提出了一种将光谱辐射强度和梯度相组合的多光谱图像目标识别高效算法，在获取的红外图像信噪比低，背景高亮度，多个诱饵干扰的条件下也能准确识别目标。

由于大气传输、传感器噪声、电磁波多次反射等因素的影响，多光谱图像中目标的实际测量光谱向量不是唯一确定的，即目标光谱存在一定的不确定性。例如，同一种物质的不同像元，其光谱可能会呈现出一定的差异，即多光谱图像中普遍存在的 "同物异谱" 现象；此外，不同物质的像元，其光谱也可能会存在部分重叠，即多光谱图像中存在的 "异物同谱" 现象。正是由于这种不确定性的存在，不能用唯一的光谱向量对待测目标进行描述。因此，在多光谱图像分类问题中，不可避免地要对不确定信息进行处理，这给目标的准确检测和识别带来了较大困难[234]。因此, 运用信息融合技术和不确定性推理理论表示、组合多源信息来提高多光谱图像分类的精度, 目前是多光谱图像分类领域中的研究热点之一。

作为一种不确定信息融合理论, 证据理论能够较好地表示、处理和组合多源不确定信息。将证据理论应用在多光谱图像分类中[235-237], 可以表示不确定的光谱信息, 同时, 将多个波段的光谱信息进行组合, 能够较为准确地实现目标检测和识别。本小节基于多光谱图像, 以弱小飞行目标的跟踪为例, 介绍证据理论在弱小目标跟踪方面的应用。

7.2.2 应用背景

本小节所用的多光谱图像来源于多光谱摄像设备在商务飞机 ARJ21 飞行时拍摄的一组图像序列, 约数百帧, 相邻帧时间间隔约为 0.15s。图像序列中每帧图像由 25 幅灰度图像组成, 分别对应 25 个波段电磁波反射形成的图像, 图像大小为409 像素 ×216 像素, 第 1 帧波段 1 图像如图 7.10 所示。25 个波段的波长如表 7.5 所示。

图 7.10 第 1 帧波段 1 图像

表 7.5 多光谱图像 25 个波段的波长

波段	波长/nm	波段	波长/nm	波段	波长/nm
1	682.270	9	796.460	18	898.790
2	696.830	10	808.640	19	913.300
3	721.130	11	827.730	20	921.130
4	735.040	12	839.480	21	929.130
5	747.120	13	849.400	22	936.640
6	760.760	14	860.490	23	944.550
7	772.280	15	870.950	24	950.500
8	784.810	16	881.210	25	957.040
		17	889.970		

第 1 帧中由波段 18、波段 12、波段 6 所合成的假彩色图像如图 7.11 所示。从合成的假彩色图中可以看到, 在飞行过程中, 飞机周围有云朵和天空等背景。因此, 在图像序列的每一帧多光谱图像中, 需依据不同类别物体的光谱存在差异性这一特点, 对云朵、天空及飞机进行分类, 从而实现对飞机的检测识别, 最后实现对飞机的跟踪。

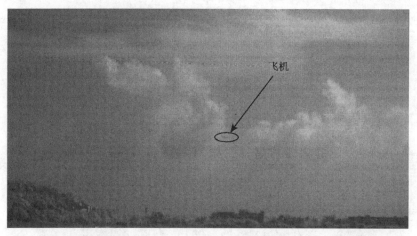

图 7.11　第 1 帧由波段 18、波段 12、波段 6 (摄像机默认) 所合成的假彩色图像

7.2.3　弱小目标跟踪框架

本小节对弱小目标跟踪问题的解决思路是首先利用先验信息建立模型, 然后应用证据理论综合多光谱图像 25 个波段的信息, 对像素点进行分类。分类结果包括飞机、云朵、天空, 因此辨识框架为 {飞机, 云朵, 天空}。基于获得的分类结果, 结合背景运动估计等方法选取目标, 实现多光谱序列图像下的目标跟踪。本小节建立的弱小目标跟踪整体框架如图 7.12 所示, 总的来说包含以下过程。

(1) 模型建立。根据第 1 帧图像给出的先验信息, 建立飞机、云朵、天空三个类别的三角模糊数模型, 这些模型的建立是第 2 帧像素点分类的基础。本框架中, 第 k 帧像素点分类是基于第 $k-1$ 帧更新的模型, 故模型建立这一步骤所获取的初始三角模糊数模型也是整个目标跟踪的基础。

(2) 背景运动估计。由于本小节研究的是动态背景 (摄像头不固定) 下的目标跟踪, 这里采用基于块匹配的方法获取背景运动信息以确定搜索窗的中心。本步骤获取的背景运动信息有利于目标选取时选取真实的飞行目标 (飞机)。

(3) 像素点分类。根据上一帧更新的模型对当前帧图像搜索窗内每一个像素点进行分类。像素点分类包括 BPA 生成、BPA 融合和决策三个部分。像素点分类的结果是进行目标选取的依据。

(4) 飞机选取及模型更新。由于飞机在图像中的光谱向量具有模糊性 (与云朵

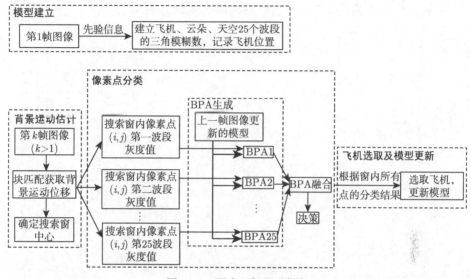

图 7.12 弱小目标跟踪框架

的光谱向量比较相近，许多波段的灰度值有交叉)，可能有较多的像素点被误识别为飞机，因此需要建立一个飞机选取准则对像素点分类的结果进行筛选，达到选取真实飞机的目的。此外，由于本小节研究的是动态背景下的目标跟踪，背景场景及背景亮度在摄像头移动后会有较大变化，需要对飞机、云朵和天空三个类别的模型进行更新，用更新后的模型对后续帧进行像素点分类，以实现正确的分类。

7.2.4 模型建立

三角模糊数具有形式简单、易于建立和计算量小的特点，因此采用等腰三角模糊隶属度函数对第 1 帧多光谱图像 25 个波段飞机、云朵和天空三个类别分别进行建模。

1. 飞机、云朵及天空的三角模糊数建立方法

这里，飞机、云朵及天空三个类别的模型建立方法相同，下面以某个抽象的类别 X 为例说明三角模糊数的建立方法。

在第 1 帧中，对类别 X 选取若干个像素点，对选取的所有像素点求波段 $l(l = 1, 2, \cdots, 25)$ 灰度的最小值 Min_l 和最大值 Max_l。显然，波段 l 图像中灰度值介于 Min_l 和 Max_l 之间的像素点有可能属于类别 X。然而，由于背景的变化、训练样本的不充分性，灰度值小于 Min_l 或大于 Max_l 的像素点也有可能属于类别 X。因此，为了避免对类别 X 的漏检，用参数 E 对 Min_l 和 Max_l 进行修正，将 $\text{Min}_l - E$ 和 $\text{Max}_l + E$ 作为类别 X 在波段 l 的灰度阈值，即取 $\text{Min}_l - E$ 和 $\text{Max}_l + E$ 作为类别 X 波段 l 等腰三角模糊隶属度函数的左右端点 (E 值的选取与类别 X 有关)。则波

段 l 下类别 X 的三角模糊隶属度函数曲线如图 7.13 实线所示。

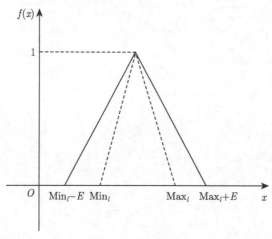

图 7.13　波段 l 下类别 X 三角模糊数

　　按照这种方法对类别 X 在每个波段都建立三角模糊数,即得到 25 个波段下类别 X 的三角模糊数。

　　飞机、云朵、天空三个类别的三角模糊数在建立时的差别在于 E 值设定的不同。由于是动态背景下的目标跟踪,飞机、云朵、天空的光谱都会有较大变化,而本小节研究的是对飞机的跟踪,希望尽可能降低飞机的漏检概率,因此建立飞机的三角模糊数时,E 值设定为20;而建立云朵及天空的三角模糊数时,E 值设定为10。

　　2. 由第 1 帧波段 1 建立的三角模糊数

　　下面具体给出由第 1 帧波段 1 建立的飞机、云朵和天空的三角模糊数。

　　(1) 第 1 帧波段 1 飞机的三角模糊数建立。第 1 帧波段 1 图像如图 7.10 所示。图中属于飞机的像素点一共有 6 个,坐标分别为 $(221, 127)$、$(222, 127)$、$(223, 127)$、$(224, 127)$、$(225, 127)$、$(226, 127)$,对应的灰度值分别为 117、115、117、118、113、125。六个灰度值中的最大值和最小值分别为 125 和 113。对于飞机的三角模糊数,E 值设定为 20,故修正后的飞机灰度值的最大值和最小值分别为 145 与 93。将 145 和 93 分别作为等腰三角模糊数的上下边界,即得飞机的等腰三角模糊数,如图 7.14 曲线 $C1$ 所示。

　　(2) 第 1 帧波段 1 云朵的三角模糊数建立。从图 7.10 中选取具有代表性的属于云朵的像素点 (能够反映云朵最大灰度和最小灰度的点),此处选 6 个,坐标分别为 $(347, 118)$、$(259, 35)$、$(198, 113)$、$(331, 75)$、$(75, 42)$、$(31, 42)$,对应的灰度值分别为 124、133、114、146、103、97。这些灰度值的最大值和最小值分别为 146 和 97。对于云朵的三角模糊数,E 值设定为 10,因此修正后的云朵灰度值的最大值和最小值分别为 156 与 87。将 156 和 87 分别作为等腰三角模糊数的上下边界，即得云朵的等腰三角模糊数，如图 7.14 曲线 $C2$ 所示。

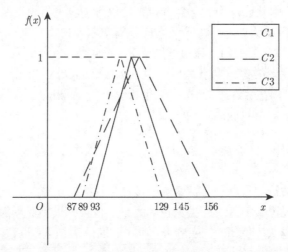

图 7.14　由第 1 帧波段 1 建立的飞机 ($C1$)、云朵 ($C2$)、天空 ($C3$) 三角模糊数

(3) 第 1 帧波段 1 天空的三角模糊数建立。同样，从图 7.10 中选取具有代表性的属于天空的像素点 (能够反映天空最大灰度和最小灰度的点)，这里选取 10 个，坐标分别为 $(370, 54)$、$(346, 182)$、$(255, 92)$、$(194, 167)$、$(336, 60)$、$(263, 181)$、$(265, 99)$、$(235, 114)$、$(274, 100)$、$(348, 48)$，对应的灰度值分别为 110、112、108、105、109、99、110、112、119、106。10 个灰度值中的最大值和最小值分别为 119 和 99。同样，对于天空的三角模糊数，E 值也设定为 10，故修正后的天空灰度值的最大值和最小值分别为 129 与 89。将 129 和 89 分别作为上下边界建立等腰三角模糊数，即得天空的等腰三角模糊数，如图 7.14 曲线 $C3$ 所示。

7.2.5　背景运动估计

本例研究的是动态背景下的目标跟踪，因此需要对背景做出运动估计以提高目标跟踪的准确性。这里采用块匹配的方法得到相邻帧的背景运动估计，基于得到的背景运动估计，可以进一步得到飞机实际运动速度并对飞机当前帧出现位置做出估计，最后结合像素点分类的结果可以排除云层干扰，准确地得到飞机在当前帧的真实位置。

1. 块匹配方法

在一个典型的块匹配算法中，一般将图像帧分割为许多互不重叠的宏块，并假定宏块中的所有像素做相同的平动，这样就可以分别独立地估计每个宏块的运动信息参数即运动矢量。

如图 7.15 所示。为了便于说明块匹配算法的基本原理, 设当前帧中的某目标宏块 A 的左上角像素点的坐标为 s。需要说明的是, 由于假设宏块中的所有像素都做相同的平移运动, 因此宏块中的任意一点都可以标明其位置。在参考帧中, 以待估计宏块的位置坐标 s 为中心, 在水平方向分别向左和向右扩展一定长度的搜索距离 d, 同时在垂直方向分别向上和向下扩展 d, 可得到一个大小为 $(2d+1) \times (2d+1)$ 的搜索窗。搜索窗中的每一个点都对应着一个候选匹配宏块, 设某个候选宏块 B 的左上角像素点的坐标为 $s' = (x', y')$, 则目标宏块 A 相对于该候选宏块 B 的偏移量 Δs 就是该搜索点对应的运动矢量, 即

$$\Delta s = s - s' = (x, y) - (x', y') = (x - x', y - y') = (\Delta x, \Delta y)$$

块匹配运动估计的目标是在搜索窗中搜寻与目标宏块最为匹配的候选宏块, 并获得相应的运动矢量 Δs。其中, 搜索窗的大小由视频中景物对象的运动速度决定。对象的运动速度越快, 搜索窗也应越大, 即 d 的取值需加大, 以覆盖更大的运动范围, 从而获得更高的预测精度。若选取的目标宏块 A 是背景, 则 Δs 即为当前帧相对于参考帧的背景运动位移。为保证背景运动估计的准确性, 选取多个目标宏块分别匹配获得多个运动矢量, 在这些运动矢量中取出现次数最多的运动矢量 Δs 即为背景运动位移。本例中, 匹配准则选用下面的绝对平均误差函数:

$$p = \sum_{l=1}^{25} \sum_{(i,j)} |A(i,j,l) - B(i,j,l)| \tag{7.1}$$

式中, A, B 为灰度值; l 为波段 (本例共 25 个波段); i, j 为像素在块 A 及块 B 中的位置。

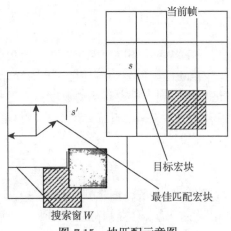

图 7.15　块匹配示意图

2. 搜索窗中心的确定

由于飞机在相邻帧的坐标位置变化不大，可以根据第 $k-1$ 帧图像中飞机的位置 pos_{k-1} 来估计第 k 帧图像中飞机的位置，估计结果记为 est_k。将估计位置 est_k 作为第 k 帧搜索窗中心，以利于后续的飞机选取。

如果飞机静止，那么 est_k 就是 pos_{k-1} 加上背景运动位移 Δs_k（Δs_k 为第 k 帧较第 $k-1$ 帧的背景运动位移)。为了更准确地估计 est_k，需要将飞机的运动速度考虑进来。对于飞机的运动速度 v，用飞机 $k-2$ 帧到 $k-1$ 帧的位置变化粗略表示，即 $v=\mathrm{pos}_{k-1}-\mathrm{pos}_{k-2}-\Delta s_{k-1}$。因此，第 k 帧搜索窗的中心坐标 est_k 由下面式 (7.2) 确定：

$$\mathrm{est}_k = \mathrm{pos}_{k-1} + \Delta s_k + v$$
$$v = \mathrm{pos}_{k-1} - \mathrm{pos}_{k-2} - \Delta s_{k-1} \qquad (7.2)$$

式中，pos_{k-1} 为 $k-1$ 帧飞机形心坐标；Δs_k 为第 k 帧较 $k-1$ 帧背景运动位移；v 为飞机速度。

7.2.6 像素点分类

像素点分类是整个目标识别跟踪的核心。它的目标是基于第 $k-1$ 帧已更新的模型，将像素点的灰度值与模型匹配对第 k 帧搜索窗内的像素点进行分类。

1. 像素点分类方法

本例中的多光谱图像包含 25 个波段，因此任一像素点 (i,j) 的光谱都是一个 25 维向量，记为 $s=(s_1,s_2,\cdots,s_{25})$。$s_l$ 是一个灰度值，表示像素点 (i,j) 处的物体对第 l 波段电磁波的反射强度 $(l=1,2,\cdots,25)$。

对任意帧 k 下的像素点 (i,j) 的分类方法包含以下步骤。

步骤一：BPA 生成。在任一波段 l 下将像素点 (i,j) 在该波段下的灰度值 s_l 与 $k-1$ 帧该波段下更新的飞机、云朵、天空三角模糊数匹配可以生成一组 BPA，记为 m_l。

灰度值 s_l 与飞机、云朵、天空这三个类别对应的模糊数至多有三个交点，首先将交点纵坐标值转换为初始信度分配 m，初始信度分配 m 的生成规则包含下面三种。

(1) 当 s_l 与这三个命题的模糊数只有 1 个交点时，将纵坐标的值分配给相应的单子集命题，作为其初始信度值。如图 7.16 所示，假设 $C1$、$C2$、$C3$ 分别为波段 l 云朵、飞机、天空三个类别的模糊数，s_l 的值为 a，a 与 $C1$、$C2$、$C3$ 仅有一个交点，因此 s_l 在波段 l 下生成的初始信度分配 m 为: $m(\{$ 云朵 $\})=h_1$。

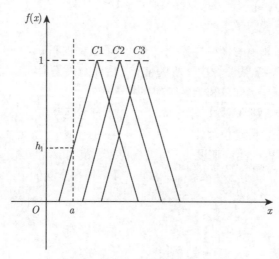

图 7.16　BPA 生成规则 (1) 示例

(2) 当 s_l 与这三个命题的模糊数有 2 个交点时，将纵坐标高点的值分配给支持相应单子集命题的初始信度，将纵坐标低点的值分配给支持多子集命题的初始信度。如图 7.17 所示，假设 $C1$、$C2$、$C3$ 分别为波段 l 云朵、飞机、天空三个类别的模糊数，s_l 的值为 b，b 与 $C1$、$C2$、$C3$ 有两个交点，分别为 h_1、h_2，则此时由 s_l 与 $C1$、$C2$、$C3$ 相匹配生成的初始信度分配 m 为: $m(\{\ 天空\ \}) = h_1$, $m(\{\ 飞机,\ 天空\ \}) = h_2$。

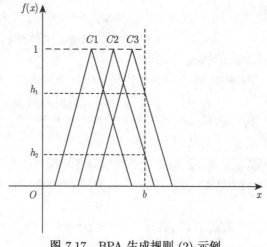

图 7.17　BPA 生成规则 (2) 示例

(3) 当 s_l 与这三个命题的模糊数有 3 个交点时，将纵坐标高点的值分配给支持相应单子集命题的初始信度，将纵坐标最低点的值分配给支持多子集命题的初始信度。如图 7.18 所示，同样，假设 $C1$、$C2$、$C3$ 分别为波段 l 云朵、飞机、天空三个类别的模糊数，c 为 s_l 的值，则此时 s_l 在波段 l 下生成的初始信度分配 m 为：$m(\{ 飞机 \}) = h_1$，$m(\{ 天空 \}) = h_2$，$m(\{ 飞机, 天空, 云朵 \}) = h_3$。

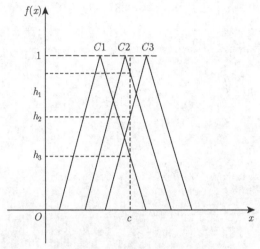

图 7.18 BPA 生成规则 (3) 示例

将生成的初始信度分配归一化即得到 m_l。

本例多光谱图像一共 25 个波段，像素点 (i,j) 在 25 个波段下可分别生成一组 BPA，共生成 25 组 BPA，记为 $m_1 \sim m_{25}$。

步骤二：BPA 融合。将获得的 25 组 BPA$(m_1 \sim m_{25})$ 用平均融合方法融合 (即求平均)，融合后的 BPA 记为 m_F。

步骤三：决策。将得到的 m_F 用 PPT 方法转换为概率分布，选择概率最大的类别作为像素点 (i,j) 的分类结果。

2. 像素点分类实例

利用第 1 帧得到的模型可以对第 2 帧像素点进行分类，下面以第 2 帧图像中像素点 $(221, 131)$ 的分类为例，详细说明前述像素点分类方法的计算过程。像素点 $(221, 131)$ 在第 2 帧图像中的位置如图 7.19 所示，其光谱向量为 $s=(101, 138, 134, 139, 137, 185, 170, 191, 192, 206, 158, 154, 150, 151, 165, 174, 158, 153, 110, 107, 98, 119, 101, 102, 121)$。

(1) BPA 生成。将样本像素点 $(221, 131)$ 波段 1 的灰度值 101 与第 1 帧波段 1 建立的三角模糊数 (图 7.14) 进行匹配，如图 7.20 所示。

由图 7.20 可看出，样本灰度值 101 与飞机、云朵、天空的三角模糊数有 3 个交点，分别为 0.3077，0.4058，0.6。根据前述 BPA 生成规则，将纵坐标高点的值分配给相应单子集命题，作为其初始的信度值，即将 0.6000 和 0.4058 分别分配给命题

{ 天空 } 和 { 云朵 }，$m(\{$ 天空 $\}) = 0.6000$，$m(\{$ 云朵 $\}) = 0.4058$。将纵坐标最低点的值分配给支持多子集命题，作为其初始的信度值，即将 0.3077 分配给命题 { 飞机, 天空, 云朵 }，$m(\{$ 飞机, 天空, 云朵 $\}) = 0.3077$，故得初始信度分配 m 为：$m(\{$ 天空 $\}) = 0.6000$，$m(\{$ 云朵 $\}) = 0.4058$，$m(\{$ 飞机, 天空, 云朵 $\}) = 0.3077$。

图 7.19　第 2 帧合成的假彩色图像像素点 (221,131) 的位置

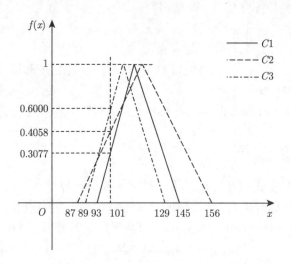

图 7.20　样本像素点 (221,131) 波段 1 的灰度值 101 与第 1 帧波段 1 建立的三角模糊数 (飞机 ($C1$)、云朵 ($C2$)、天空 ($C3$)) 相匹配

接着，将初始信度分配 m 归一化得到正式的 BPA：

$$m_1(\{ \text{天空} \}) = \frac{0.6}{0.6 + 0.4058 + 0.3077} = 0.4568$$

$$m_1(\{ \text{云朵} \}) = \frac{0.4058}{0.6 + 0.4058 + 0.3077} = 0.3089$$

$$m_1(\{ \text{飞机}, \text{天空}, \text{云朵} \}) = \frac{0.3077}{0.6 + 0.4058 + 0.3077} = 0.2343$$

以此方式计算得到其他波段的 BPA, 结果如表 7.6 所示。

表 7.6 样本像素点 (221,131) 在 25 个波段生成的 BPA($m_1 \sim m_{25}$)

类别	BPA
m_1	$m_1(\{ \text{云朵} \}) = 0.3089$, $m_1(\{ \text{天空} \}) = 0.4568$, $m_1(\{ \text{飞机}, \text{天空}, \text{云朵} \}) = 0.2343$
m_2	$m_2(\{ \text{飞机} \}) = 0.4495$, $m_2(\{ \text{云朵} \}) = 0.4054$, $m_2(\{ \text{飞机}, \text{天空}, \text{云朵} \}) = 0.1451$
m_3	$m_3(\{ \text{云朵} \}) = 0.3405$, $m_3(\{ \text{天空} \}) = 0.3602$, $m_3(\{ \text{飞机}, \text{天空}, \text{云朵} \}) = 0.2993$
m_4	$m_4(\{ \text{飞机} \}) = 0.3731$, $m_4(\{ \text{云朵} \}) = 0.3531$, $m_4(\{ \text{飞机}, \text{天空}, \text{云朵} \}) = 0.2738$
m_5	$m_5(\{ \text{飞机} \}) = 0.3591$, $m_5(\{ \text{云朵} \}) = 0.4025$, $m_5(\{ \text{飞机}, \text{天空}, \text{云朵} \}) = 0.2384$
m_6	$m_6(\{ \text{飞机} \}) = 0.3667$, $m_6(\{ \text{云朵} \}) = 0.3566$, $m_6(\{ \text{飞机}, \text{天空}, \text{云朵} \}) = 0.2767$
m_7	$m_7(\{ \text{飞机} \}) = 0.3375$, $m_7(\{ \text{云朵} \}) = 0.3674$, $m_7(\{ \text{飞机}, \text{天空}, \text{云朵} \}) = 0.2952$
m_8	$m_8(\{ \text{飞机} \}) = 0.3935$, $m_8(\{ \text{云朵} \}) = 0.4062$, $m_8(\{ \text{飞机}, \text{天空}, \text{云朵} \}) = 0.2003$
m_9	$m_9(\{ \text{飞机} \}) = 0.3585$, $m_9(\{ \text{云朵} \}) = 0.4092$, $m_9(\{ \text{飞机}, \text{天空}, \text{云朵} \}) = 0.2323$
m_{10}	$m_{10}(\{ \text{飞机} \}) = 0.3624$, $m_{10}(\{ \text{云朵} \}) = 0.3746$, $m_{10}(\{ \text{飞机}, \text{天空}, \text{云朵} \}) = 0.2630$
m_{11}	$m_{11}(\{ \text{飞机} \}) = 0.4116$, $m_{11}(\{ \text{云朵} \}) = 0.3667$, $m_{11}(\{ \text{飞机}, \text{天空}, \text{云朵} \}) = 0.2217$
m_{12}	$m_{12}(\{ \text{飞机} \}) = 0.5951$, $m_{12}(\{ \text{飞机}, \text{云朵} \}) = 0.4049$
m_{13}	$m_{13}(\{ \text{飞机} \}) = 0.4866$, $m_{13}(\{ \text{云朵} \}) = 0.2940$, $m_{13}(\{ \text{飞机}, \text{天空}, \text{云朵} \}) = 0.2194$
m_{14}	$m_{14}(\{ \text{飞机} \}) = 0.5612$, $m_{14}(\{ \text{云朵} \}) = 0.2935$, $m_{14}(\{ \text{飞机}, \text{天空}, \text{云朵} \}) = 0.1453$
m_{15}	$m_{15}(\{ \text{天空} \}) = 0.3336$, $m_{15}(\{ \text{云朵} \}) = 0.3364$, $m_{15}(\{ \text{飞机}, \text{天空}, \text{云朵} \}) = 0.3300$
m_{16}	$m_{16}(\{ \text{飞机} \}) = 0.3071$, $m_{16}(\{ \text{云朵} \}) = 0.4111$, $m_{16}(\{ \text{飞机}, \text{天空}, \text{云朵} \}) = 0.2818$
m_{17}	$m_{17}(\{ \text{飞机} \}) = 0.3915$, $m_{17}(\{ \text{云朵} \}) = 0.3712$, $m_{17}(\{ \text{飞机}, \text{天空}, \text{云朵} \}) = 0.2373$
m_{18}	$m_{18}(\{ \text{天空} \}) = 0.3644$, $m_{18}(\{ \text{云朵} \}) = 0.3908$, $m_{18}(\{ \text{飞机}, \text{天空}, \text{云朵} \}) = 0.2448$
m_{19}	$m_{19}(\{ \text{飞机} \}) = 0.3743$, $m_{19}(\{ \text{云朵} \}) = 0.3290$, $m_{19}(\{ \text{飞机}, \text{天空}, \text{云朵} \}) = 0.2967$
m_{20}	$m_{20}(\{ \text{飞机} \}) = 0.3699$, $m_{20}(\{ \text{天空} \}) = 0.3562$, $m_{20}(\{ \text{飞机}, \text{天空}, \text{云朵} \}) = 0.2739$
m_{21}	$m_{21}(\{ \text{飞机} \}) = 0.3938$, $m_{21}(\{ \text{天空} \}) = 0.3574$, $m_{21}(\{ \text{飞机}, \text{天空}, \text{云朵} \}) = 0.2488$
m_{22}	$m_{22}(\{ \text{飞机} \}) = 0.3486$, $m_{22}(\{ \text{天空} \}) = 0.3841$, $m_{22}(\{ \text{飞机}, \text{天空}, \text{云朵} \}) = 0.2673$
m_{23}	$m_{23}(\{ \text{飞机} \}) = 0.4085$, $m_{23}(\{ \text{天空} \}) = 0.3066$, $m_{23}(\{ \text{飞机}, \text{天空}, \text{云朵} \}) = 0.2849$
m_{24}	$m_{24}(\{ \text{飞机} \}) = 0.3777$, $m_{24}(\{ \text{天空} \}) = 0.3372$, $m_{24}(\{ \text{飞机}, \text{天空}, \text{云朵} \}) = 0.2851$
m_{25}	$m_{25}(\{ \text{云朵} \}) = 0.3650$, $m_{25}(\{ \text{天空} \}) = 0.3581$, $m_{25}(\{ \text{飞机}, \text{天空}, \text{云朵} \}) = 0.2769$

(2) BPA 融合。将获得的 25 个 BPA($m_1 \sim m_{25}$) 求平均, 结果记为 m_F。计算过程如下:

$$\begin{aligned}
m_F(\{ \text{飞机} \}) &= \frac{\displaystyle\sum_{i=1}^{25} m_i(\{ \text{飞机} \})}{25} = (0 + 0.4495 + 0 + 0.3731 + 0.3591 + 0.3667 \\
&+ 0.3375 + 0.3935 + 0.3585 + 0.3624 + 0.4116 + 0.5951 + 0.4866 \\
&+ 0.5612 + 0 + 0.3071 + 0.3915 + 0 + 0.3743 + 0.3699 + 0.3938 \\
&+ 0.3486 + 0.4085 + 0.3777 + 0)/25 = 0.3210
\end{aligned}$$

$$m_F(\{\text{云朵}\}) = \frac{\sum\limits_{i=1}^{25} m_i(\{\text{云朵}\})}{25} = (0.3089 + 0.4054 + 0.3405 + 0.3531 + 0.4025$$

$$+ 0.3566 + 0.3674 + 0.4062 + 0.4092 + 0.3746 + 0.3667 + 0$$

$$+ 0.2940 + 0.2935 + 0.3364 + 0.4111 + 0.3712 + 0.3908 + 0.3290$$

$$+ 0 + 0 + 0 + 0 + 0 + 0.3650)/25 = 0.2753$$

$$m_F(\{\text{天空}\}) = \frac{\sum\limits_{i=1}^{25} m_i(\{\text{天空}\})}{25} = (0.4568 + 0 + 0.3602 + 0 + 0 + 0 + 0$$

$$+ 0 + 0 + 0 + 0 + 0 + 0 + 0 + 0.3336 + 0 + 0 + 0.3644 + 0 + 0.3562$$

$$+ 0.3574 + 0.3841 + 0.3066 + 0.3372 + 0.3581)/25 = 0.1446$$

$$m_F(\{\text{飞机, 云朵}\}) = \frac{\sum\limits_{i=1}^{25} m_i(\{\text{飞机, 云朵}\})}{25} = 0.4049/25 = 0.0162$$

$$m_F(\{\text{飞机, 云朵, 天空}\}) = \frac{\sum\limits_{i=1}^{25} m_i(\{\text{飞机, 云朵, 天空}\})}{25}$$

$$= (0.2343 + 0.1451 + 0.2993 + 0.2738 + 0.2384 + 0.2767$$

$$+ 0.2952 + 0.2003 + 0.2323 + 0.2630 + 0.2217 + 0$$

$$+ 0.2194 + 0.1453 + 0.3300 + 0.2818 + 0.2373 + 0.2448$$

$$+ 0.2967 + 0.2739 + 0.2488 + 0.2673 + 0.2849 + 0.2851$$

$$+ 0.2769)/25 = 0.2429$$

因此, 融合结果 m_F 为: $m_F(\{\text{飞机}\}) = 0.3210$, $m_F(\{\text{云朵}\}) = 0.2753$, $m_F(\{\text{天空}\}) = 0.1446$, $m_F(\{\text{飞机, 云朵}\}) = 0.0162$, $m_F(\{\text{飞机, 云朵, 天空}\}) = 0.2429$。

(3) 决策。采用 PPT 方法将上一步得到的 m_F 转换为概率分布的形式, 计算过程如下:

$$p(\{\text{飞机}\}) = m_F(\{\text{飞机}\}) + \frac{m_F(\{\text{飞机, 云朵}\})}{2} + \frac{m_F(\{\text{飞机, 云朵, 天空}\})}{3}$$

$$= 0.3210 + \frac{0.0162}{2} + \frac{0.2429}{3} = 0.4101$$

$$p(\{\text{云朵}\}) = m_F(\{\text{云朵}\}) + \frac{m_F(\{\text{飞机, 云朵}\})}{2} + \frac{m_F(\{\text{飞机, 云朵, 天空}\})}{3}$$

$$= 0.2753 + \frac{0.0162}{2} + \frac{0.2429}{3} = 0.3644$$

$$p(\{\text{天空}\}) = m_F(\{\text{天空}\}) + \frac{m_F(\{\text{飞机, 云朵, 天空}\})}{3} = 0.1446 + \frac{0.2429}{3} = 0.2256$$

即转换后的概率分布 p 为：$p(\{\text{飞机}\})=0.4101$，$p(\{\text{云朵}\})=0.3644$，$p(\{\text{天空}\})=0.2256$。根据概率分布 p，选取概率最大的命题作为分类结果，则第 2 帧图像像素点 (221,131) 的分类结果为飞机。

7.2.7 飞机选取及模型更新

1. 飞机选取

由于将第 k 帧飞机的估计位置 est_k 作为搜索窗中心坐标，est_k 与第 k 帧飞机的真实位置坐标一般相差很小。因此，在第 k 帧搜索窗内分类结果为飞机的像素点中，选取与 est_k 距离最近的单连通区域作为飞机，其余被识别为飞机的像素点视为干扰。此外，当飞机被遮挡或图像有较大干扰时，飞机所在位置的像素点可能被误识别为背景，此时可以根据飞机速度 v，建立一个阈值 dis，当分类结果为飞机的像素点坐标与 est_k 的距离均大于阈值 dis 时，则认为它们都是干扰，同时将 est_k 作为飞机第 k 帧的估计位置。dis 可根据飞机运动速度 v 确定。

接下来以第 2 帧图像为例，说明飞机选取策略的有效性。第 2 帧图像窗内像素点分类结果如图 7.21 所示，本例研究的是对飞机的跟踪，只关注飞机，因此只将分类结果为飞机的像素点在图中用黑色标出。经过飞机选取后的结果如图 7.22 所示，显然通过飞机选取策略可以将误识的干扰点全部滤除。

 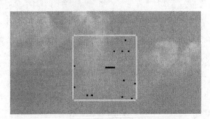

(a) 原图 frame2　　　　　　　　(b) 像素点分类结果 frame2

图 7.21　第 2 帧搜索窗内像素点分类结果

(a) 原图 frame2　　　　　　　　(b) 飞机选取后的识别结果 frame2

图 7.22　第 2 帧飞机选取后的识别结果

2. 模型更新

由于应用场景为动态背景, 背景在不断变化, 飞机、天空、云朵的模型信息需不断进行更新, 以便后续帧有好的分类效果。更新方法是根据当前帧像素点的分类结果更新上一帧的模型。任意波段 l 下模型更新的具体方法如下。

(1) 波段 l 下飞机模型更新。设波段 l 下飞机三角模糊数模型在更新前的上下边界分别为 Tupp 和 Tlow。根据像素点分类结果, 对于所有被识别为飞机的像素点, 求波段 l 下的最小灰度值 TMin 和最大灰度值 TMax。若 TMin < Tlow+20, 则用 TMin 将飞机三角模糊数模型的下边界更新为 TMin−20, 否则不更新下边界; 若 TMax > Tupp−20, 则用 TMax 将飞机三角模糊数模型的上边界更新为 TMax+20, 否则不更新上边界。

(2) 波段 l 下云朵模型更新。设更新前波段 l 下云朵三角模糊数模型的上下边界分别为 Cupp 和 Clow。同样地, 对于所有被识别为云朵的像素点, 求它们波段 l 下的最小灰度值和最大灰度值, 分别记为 CMin 和 CMax。若 CMin < Clow+10, 则用 CMin 将云朵三角模糊数模型的下边界更新为 CMin−10, 否则不更新下边界; 若 CMax > Cupp−10, 则用 CMax 将云朵三角模糊数模型的上边界更新为 CMax+10, 否则不更新上边界。

(3) 波段 l 下天空模型更新。设更新前波段 l 下天空三角模糊数模型的上下边界分别为 Supp 和 Slow。根据像素点分类结果, 求所有被识别为天空的像素点在波段 l 下的最小灰度值和最大灰度值, 分别记为 SMin 和 SMax。若 SMin< Slow+10, 则用 SMin 将天空三角模糊数模型的下边界更新为 SMin−10, 否则不更新下边界; 若 SMax > Supp−10, 则用 SMax 将天空三角模糊数模型的上边界更新为 SMax+10, 否则不更新上边界。

7.2.8　实验结果

对于本例的多光谱图像序列, 在第 1 帧建立模型, 后续帧的识别跟踪实验结果如图 7.23～ 图 7.42 所示 (识别的飞机被标记为黑色)。

(a) 原图 frame2　　　　　　　　　　　(b) 识别结果 frame2

图 7.23　第 2 帧实验结果

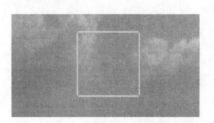

(a) 原图 frame3　　　　　　　　(b) 识别结果 frame3

图 7.24　第 3 帧实验结果

(a) 原图 frame4　　　　　　　　(b) 识别结果 frame4

图 7.25　第 4 帧实验结果

(a) 原图 frame5　　　　　　　　(b) 识别结果 frame5

图 7.26　第 5 帧实验结果

(a) 原图 frame6　　　　　　　　(b) 识别结果 frame6

图 7.27　第 6 帧实验结果

(a) 原图 frame7　　　　　　　　　　　　(b) 识别结果 frame7

图 7.28　第 7 帧实验结果

(a) 原图 frame8　　　　　　　　　　　　(b) 识别结果 frame8

图 7.29　第 8 帧实验结果

(a) 原图 frame9　　　　　　　　　　　　(b) 识别结果 frame9

图 7.30　第 9 帧实验结果

(a) 原图 frame10　　　　　　　　　　　　(b) 识别结果 frame10

图 7.31　第 10 帧实验结果

(a) 原图 frame11   (b) 识别结果 frame11

图 7.32 第 11 帧实验结果

(a) 原图 frame12   (b) 识别结果 frame12

图 7.33 第 12 帧实验结果

(a) 原图 frame13   (b) 识别结果 frame13

图 7.34 第 13 帧实验结果

(a) 原图 frame14   (b) 识别结果 frame14

图 7.35 第 14 帧实验结果

(a) 原图 frame15   (b) 识别结果 frame15

图 7.36   第 15 帧实验结果

(a) 原图 frame16   (b) 识别结果 frame16

图 7.37   第 16 帧实验结果

(a) 原图 frame17   (b) 识别结果 frame17

图 7.38   第 17 帧实验结果

(a) 原图 frame18   (b) 识别结果 frame18

图 7.39   第 18 帧实验结果

(a) 原图 frame19   (b) 识别结果 frame19

图 7.40 第 19 帧实验结果

(a) 原图 frame20   (b) 识别结果 frame20

图 7.41 第 20 帧实验结果

(a) 原图 frame21   (b) 识别结果 frame21

图 7.42 第 21 帧实验结果

从实验结果可以看出，对于给出的多光谱图像目标跟踪方法，本小节利用证据理论对图像中像素点进行分类，并结合块匹配等方法较好地完成了对弱小飞行目标的跟踪。

7.3 本章小结

本章给出了证据理论在故障诊断和目标跟踪方面的应用案例。在转子故障诊断应用案例中，考虑到传感器测量的模糊性，采用高斯型模糊隶属度函数对故障样板模式和待检模式建模，通过将样板模式和待检模式匹配生成 BPA，然后利用组合规则将不同特征下生成的 BPA 融合，最后根据融合的 BPA 实现转子的故障诊断。在多光谱图像弱小目标跟踪应用案例中，采用形式简单的三角模糊数对飞机、天空、云朵建模，在不同波段下将像素点灰度值与三角模糊数模型匹配生成 BPA，然后将不同波段下生成的 BPA 融合实现像素点分类，最后根据分类结果，结合块匹配等方法实现飞机的跟踪。实验结果表明，基于证据理论的信息融合系统在故障诊断和多光谱图像弱小目标跟踪方面都得到较好的应用。

附　　录

附表 1　故障样板模式的实验数据[206]

组	观测值									
X11	0.1663	0.1590	0.1568	0.1485	0.1723	0.2006	0.1903	0.1908	0.1986	0.1843
	0.1785	0.1610	0.1579	0.1511	0.1532	0.1647	0.1628	0.1646	0.1634	0.1642
	0.1648	0.1640	0.1674	0.0661	0.1659	0.1650	0.1633	0.1632	0.1604	0.1542
	0.1555	0.1562	0.1540	0.1564	0.1557	0.1542	0.1546	0.1571	0.1537	0.1536
X12	0.154	0.1518	0.1537	0.1548	0.1542	0.1538	0.1545	0.1537	0.1571	0.1560
	0.1584	0.1552	0.1586	0.1574	0.1569	0.1565	0.1551	0.1585	0.1585	0.1593
	0.1548	0.1558	0.1547	0.1593	0.1532	0.1632	0.1575	0.159	0.1594	0.1541
	0.165	0.1674	0.1651	0.1604	0.1787	0.1818	0.1820	0.1656	0.1658	0.1644
X13	0.1647	0.1647	0.1654	0.1651	0.1656	0.1653	0.1652	0.1652	0.1648	0.1649
	0.1653	0.1650	0.1650	0.1652	0.1653	0.1652	0.1648	0.1647	0.1646	0.1645
	0.1651	0.1652	0.1652	0.1649	0.1650	0.1643	0.1640	0.1639	0.1641	0.1633
	0.1632	0.1629	0.1630	0.1630	0.1634	0.1631	0.1634	0.1629	0.1632	0.1629
X14	0.1630	0.1629	0.1627	0.1626	0.1622	0.1624	0.1627	0.1618	0.1614	0.1617
	0.1621	0.1615	0.1618	0.1611	0.1614	0.1610	0.1612	0.1611	0.1616	0.1612
	0.1612	0.1613	0.1623	0.1616	0.1621	0.1613	0.1611	0.1610	0.1610	0.1613
	0.1615	0.1616	0.1618	0.1616	0.1614	0.1612	0.1606	0.1614	0.1619	0.1614
X15	0.1609	0.1610	0.1612	0.1615	0.1609	0.1606	0.1604	0.1606	0.1605	0.1601
	0.1604	0.1608	0.1610	0.1603	0.1599	0.1601	0.1602	0.1599	0.1598	0.1598
	0.1598	0.1596	0.1595	0.1593	0.1594	0.1598	0.1596	0.1597	0.1595	0.1593
	0.1598	0.1596	0.1597	0.1595	0.1593	0.1577	0.1580	0.1576	0.1577	0.1579
X21	0.1612	0.1620	0.1612	0.1610	0.1385	0.1222	0.1475	0.1306	0.1210	0.1501
	0.1548	0.1577	0.1622	0.1618	0.1621	0.1665	0.1639	0.1652	0.1625	0.1637
	0.1645	0.1645	0.1650	0.1649	0.1650	0.1630	0.1493	0.1533	0.1474	0.1460
	0.1489	0.1499	0.1495	0.1491	0.1489	0.1503	0.1507	0.1505	0.1477	0.1496
X22	0.1517	0.1496	0.1504	0.1498	0.1528	0.1519	0.1534	0.1516	0.1555	0.1520
	0.1512	0.1546	0.1538	0.1551	0.1563	0.1536	0.1543	0.1519	0.1514	0.1520
	0.1501	0.1514	0.1483	0.1499	0.1502	0.1550	0.1537	0.1507	0.1557	0.1537
	0.1556	0.1545	0.1529	0.1500	0.1380	0.1343	0.1346	0.1544	0.1458	0.1424
X23	0.1464	0.1460	0.1446	0.1448	0.1476	0.1464	0.1434	0.1432	0.1450	0.1420
	0.1448	0.1452	0.1456	0.1462	0.1464	0.1464	0.1444	0.1440	0.1422	0.1442
	0.1470	0.1478	0.1468	0.1482	0.1472	0.1462	0.1478	0.1494	0.1488	0.1496
	0.1480	0.1476	0.1502	0.1496	0.1488	0.1488	0.1484	0.1534	0.1490	0.1486

组	观测值									
X24	0.1466	0.1460	0.1438	0.1458	0.1488	0.1466	0.1494	0.1502	0.1486	0.1488
	0.1512	0.1490	0.1470	0.1478	0.1484	0.1490	0.1474	0.1456	0.1464	0.1446
	0.3468	0.1484	0.1478	0.1486	0.1470	0.1448	0.1460	0.1458	0.1458	0.1456
	0.1452	0.1470	0.1470	0.1458	0.1450	0.1456	0.1462	0.1442	0.1464	0.1468
X25	0.1484	0.1474	0.1488	0.1460	0.1462	0.1464	0.1452	0.1450	0.1438	0.1434
	0.1438	0.1438	0.1436	0.1436	0.1432	0.1412	0.1428	0.1418	0.1422	0.1422
	0.1432	0.1406	0.1420	0.1402	0.1410	0.1418	0.1432	0.1450	0.1418	0.1424
	0.1412	0.1408	0.1412	0.1390	0.1412	0.1398	0.1406	0.1394	0.1392	0.1382
X31	0.1221	0.1219	0.1207	0.1215	0.1222	0.1296	0.1235	0.1295	0.1280	0.1233
	0.1218	0.1159	0.1163	0.1195	0.1190	0.1271	0.1247	0.1232	0.1233	0.1237
	0.1210	0.1227	0.1233	0.1222	0.1252	0.1230	0.1049	0.1033	0.0899	0.1003
	0.1044	0.1060	0.1064	0.1042	0.1072	0.1071	0.1070	0.1070	0.1041	0.1049
X32	0.1068	0.1063	0.1069	0.1057	0.1091	0.1061	0.1094	0.1067	0.1109	0.1111
	0.1112	0.1096	0.1074	0.1085	0.1109	0.1116	0.1110	0.1113	0.1106	0.1110
	0.1091	0.1080	0.1044	0.1098	0.1084	0.1102	0.1078	0.1087	0.1111	0.1116
	0.1124	0.1128	0.1110	0.1078	0.1101	0.1115	0.1131	0.1108	0.1111	0.1079
X33	0.1105	0.1092	0.1074	0.1096	0.1055	0.1076	0.1003	0.1031	0.1040	0.1046
	0.1041	0.1021	0.1041	0.1053	0.1057	0.1038	0.1029	0.1037	0.1012	0.0997
	0.1020	0.1020	0.0990	0.1049	0.1066	0.1065	0.1098	0.1102	0.1076	0.1116
	0.1097	0.1150	0.1120	0.1078	0.1106	0.1075	0.1061	0.1090	0.1098	0.1105
X34	0.1105	0.1081	0.1075	0.1059	0.1097	0.1105	0.1086	0.1085	0.1095	0.1084
	0.1093	0.1113	0.1122	0.1139	0.1140	0.1129	0.1119	0.1107	0.1119	0.1137
	0.1128	0.1122	0.1104	0.1129	0.1130	0.1143	0.1132	0.1132	0.1115	0.1111
	0.1123	0.1124	0.1117	0.1120	0.1130	0.1127	0.1158	0.1145	0.1138	0.1144
X35	0.1160	0.1137	0.1159	0.1164	0.1158	0.1165	0.1167	0.1160	0.1155	0.1175
	0.1170	0.1175	0.1168	0.1191	0.1190	0.1191	0.1190	0.1211	0.1196	0.1187
	0.1191	0.1202	0.1200	0.1205	0.1194	0.1193	0.1195	0.1180	0.1190	0.1194
	0.1197	0.1194	0.1173	0.1187	0.1169	0.1179	0.1184	0.1197	0.1194	0.1196
X41	4.4090	4.3780	4.3430	4.2950	4.2890	4.2890	4.2740	4.1840	4.1820	4.2020
	4.2130	4.2240	4.2220	4.2250	4.2160	4.2220	4.2210	4.2410	4.2200	4.2180
	4.2260	4.2430	4.2390	4.2370	4.2270	4.2300	4.2210	4.2200	4.2430	4.6660
	4.4540	4.4370	4.4380	4.4410	4.4400	4.4350	4.4330	4.4430	4.4460	4.4420
X42	4.4480	4.4380	4.4420	4.4320	4.4270	4.4320	4.4220	4.4320	4.4240	4.4270
	4.4590	4.4240	4.4650	4.4180	4.4200	4.4180	4.4190	4.4230	4.4200	4.4460
	4.4210	4.4040	4.4120	4.4000	4.4100	4.4150	4.4070	4.4120	4.3920	4.4020
	4.3930	4.3920	4.3860	4.3890	4.3820	4.3790	4.4120	4.3750	4.3740	4.3790
X43	4.3680	4.3840	4.3800	4.3690	4.3840	4.3830	4.3830	4.3820	4.3830	4.3850
	4.3800	4.3800	4.3710	4.3720	4.3740	4.3890	4.3720	4.3670	4.3750	4.3650
	4.3600	4.3570	4.3640	4.3570	4.3550	0.3570	4.3480	4.3470	4.3470	4.3400
	4.3460	4.3360	4.3190	4.3300	4.3480	4.3500	4.3500	4.3460	4.3500	4.3500

组	观测值									
X44	4.4000	4.3440	4.3410	4.3420	4.3510	4.3450	4.3370	4.3370	4.3340	4.3330
	4.3330	4.3210	4.3250	4.3180	4.3300	4.3100	4.3190	4.3160	4.3160	4.3150
	4.3090	4.3040	4.3060	4.3050	4.3010	4.3000	4.2960	4.2940	4.2860	4.2860
	4.2890	4.2940	4.2900	4.3070	4.2890	4.2800	4.2820	4.2880	4.2810	4.2980
X45	4.3000	4.2930	4.2980	4.3303	4.2990	4.2870	4.3030	4.2910	4.2950	4.3050
	4.3020	4.3120	4.3250	4.3090	4.3240	4.3210	4.3240	4.3230	4.3270	4.3290
	4.3230	4.3290	4.3290	4.3350	4.3210	4.3240	4.3270	4.4620	4.4120	4.3740
	4.3960	4.3730	4.3550	4.3540	4.3500	4.3430	4.3470	4.3550	4.3380	4.3310
Y11	0.1666	0.1666	0.1670	0.1696	0.1665	0.1671	0.1652	0.1663	0.1656	0.1656
	0.1659	0.1655	0.1640	0.1634	0.1631	0.1618	0.1617	0.1615	0.1597	0.1592
	0.1584	0.1585	0.1575	0.1578	0.1573	0.1567	0.1834	0.1825	0.1827	0.1822
	0.1828	0.1817	0.1820	0.1823	0.1808	0.1818	0.1814	0.1816	0.1808	0.1807
Y12	0.1809	0.1794	0.1799	0.1799	0.1788	0.1795	0.1785	0.1785	0.1780	0.1777
	0.1778	0.1777	0.1766	0.1767	0.1761	0.1770	0.1757	0.1765	0.1755	0.1755
	0.1746	0.1757	0.1741	0.1743	0.1741	0.1732	0.1736	0.1723	0.1730	0.1708
	0.1708	0.1702	0.1691	0.1686	0.1683	0.1676	0.1668	0.1670	0.1649	0.1644
Y13	0.1637	0.1639	0.1655	0.1641	0.1643	0.1641	0.1625	0.2038	0.2037	0.2033
	0.2014	0.2028	0.2022	0.2026	0.2014	0.2013	0.2007	0.2012	0.1999	0.2012
	0.1998	0.1999	0.1988	0.1992	0.1988	0.1985	0.1977	0.1976	0.1979	0.1981
	0.1966	0.1973	0.1979	0.1984	0.1973	0.1969	0.1963	0.1960	0.1953	0.1941
Y14	0.1958	0.1952	0.1954	0.1938	0.1940	0.1956	0.1945	0.1937	0.1954	0.1947
	0.1950	0.1955	0.1947	0.1956	0.1945	0.1932	0.1942	0.1925	0.1924	0.1934
	0.1904	0.1905	0.1909	0.1906	0.1989	0.1898	0.1891	0.1892	0.1886	0.1880
	0.1884	0.1890	0.1874	0.1872	0.1880	0.1855	0.1862	0.1866	0.1849	0.1841
Y15	0.1857	0.1844	0.1837	0.1831	0.1835	0.1826	0.1828	0.1834	0.1833	0.1837
	0.1822	0.1829	0.1823	0.1807	0.1833	0.1835	0.1832	0.1828	0.1816	0.1820
	0.1805	0.1808	0.1803	0.1795	0.1785	0.1794	0.1795	0.1788	0.1786	0.1781
	0.1771	0.1775	0.1774	0.1769	0.1780	0.1778	0.1758	0.1740	0.1736	0.1738
Y21	0.3111	0.3124	0.3205	0.3268	0.3225	0.3268	0.3305	0.3245	0.3247	0.3245
	0.3300	0.3279	0.3265	0.3221	0.3209	0.3227	0.3196	0.3150	0.3193	0.3182
	0.3148	0.3122	0.3133	0.3107	0.3131	0.3071	0.3412	0.3401	0.3357	0.3466
	0.3422	0.3390	0.3372	0.3364	0.3398	0.3392	0.3384	0.3383	0.3344	0.3394
Y22	0.3386	0.3342	0.3364	0.3338	0.3381	0.3388	0.3347	0.3348	0.3321	0.3367
	0.3367	0.3322	0.3300	0.3309	0.3346	0.3341	0.3335	0.3303	0.3320	0.3317
	0.3295	0.3265	0.3299	0.3267	0.3271	0.3253	0.3297	0.3247	0.3243	0.3269
	0.3229	0.3211	0.3171	0.3202	0.3170	0.3125	0.3144	0.3165	0.3079	0.3087
Y23	0.3117	0.3095	0.3152	0.3222	0.3171	0.3169	0.3157	0.3480	0.3498	0.3469
	0.3447	0.3476	0.3507	0.3470	0.3403	0.3359	0.3412	0.3399	0.3459	0.3449
	0.3479	0.3422	0.3446	0.3471	0.3467	0.3461	0.3421	0.3413	0.3416	0.3457
	0.3423	0.3439	0.3423	0.3465	0.3405	0.3399	0.3372	0.3387	0.3333	0.3349

组	观测值									
Y24	0.3419	0.3436	0.3510	0.3392	0.3354	0.3350	0.3500	0.3354	0.3358	0.3349
	0.3385	0.3414	0.3351	0.3394	0.3371	0.3374	0.3370	0.3365	0.3342	0.3389
	0.3386	0.3394	0.3374	0.3355	0.3357	0.3312	0.3274	0.3353	0.3351	0.3325
	0.3305	0.3314	0.3304	0.3238	0.3315	0.3259	0.3253	0.3308	0.3215	0.3233
Y25	0.3282	0.3208	0.3211	0.3138	0.3144	0.3199	0.3182	0.3196	0.3205	0.3180
	0.3166	0.3170	0.3181	0.3139	0.3212	0.3254	0.3238	0.3193	0.3204	0.3168
	0.3148	0.3204	0.3146	0.3132	0.3191	0.3164	0.3141	0.3165	0.3137	0.3160
	0.3135	0.3137	0.3188	0.3177	0.3193	0.3239	0.3158	0.3236	0.3291	0.3262
Y31	0.2517	0.2634	0.2590	0.2808	0.2869	0.2827	0.2913	0.2909	0.2893	0.2903
	0.2999	0.2961	0.2930	0.3040	0.2971	0.3125	0.2968	0.2979	0.2998	0.3003
	0.3023	0.2986	0.3008	0.3022	0.3017	0.3218	0.2338	0.2414	0.2510	0.2498
	0.2424	0.2451	0.2477	0.2473	0.2494	0.2523	0.2523	0.2496	0.2557	0.2591
Y32	0.2485	0.2534	0.2636	0.2670	0.2661	0.2641	0.2581	0.2637	0.2733	0.2735
	0.2644	0.2622	0.2669	0.2713	0.2663	0.2720	0.2753	0.2758	0.2722	0.2755
	0.2710	0.2870	0.2820	0.2770	0.2727	0.2761	0.2812	0.2777	0.2880	0.2919
	0.2882	0.2784	0.2788	0.2792	0.2799	0.2731	0.2717	0.2851	0.2606	0.2696
Y33	0.2786	0.2774	0.2921	0.2991	0.2982	0.2974	0.2980	0.2015	0.1872	0.1865
	0.2016	0.1980	0.1982	0.2022	0.2071	0.2020	0.1882	0.1877	0.2065	0.2057
	0.2052	0.2143	0.2135	0.2261	0.2110	0.2077	0.2089	0.2134	0.2161	0.2119
	0.2109	0.2130	0.2180	0.2096	0.2102	0.2152	0.2137	0.2110	0.2113	0.2126
Y34	0.2170	0.2130	0.2190	0.2192	0.2112	0.2214	0.2166	0.2137	0.2109	0.2024
	0.2117	0.2102	0.2087	0.2050	0.2149	0.2134	0.2067	0.2140	0.2239	0.2153
	0.2144	0.2103	0.2145	0.2190	0.2250	0.2137	0.2060	0.2153	0.2132	0.2160
	0.2079	0.2047	0.2130	0.2058	0.2174	0.2138	0.2142	0.2138	0.2022	0.2169
Y35	0.2206	0.2133	0.2141	0.2031	0.2073	0.2099	0.2066	0.2052	0.2172	0.2131
	0.2140	0.2184	0.2152	0.2099	0.2258	0.2264	0.2273	0.2322	0.2204	0.2248
	0.2242	0.2251	0.2222	0.2317	0.2193	0.2262	0.2255	0.2332	0.2299	0.2289
	0.2305	0.2398	0.2401	0.2306	0.2365	0.2398	0.2439	0.2595	0.2529	0.2557
Y41	5.3920	5.3260	5.3080	5.2620	5.2800	5.2460	5.1950	5.2280	5.1840	5.1820
	5.1590	5.1310	5.0980	4.9840	5.0190	4.9340	4.9260	4.9500	4.9690	4.8960
	4.7990	4.8330	4.8220	4.7450	4.7840	4.8260	4.8960	4.8920	4.9120	4.8390
	4.8230	4.7960	4.8000	4.8180	4.8240	4.8310	4.8370	4.8720	4.8410	4.8410
Y42	4.8610	4.8220	4.6890	4.7250	4.7070	4.7300	4.6980	4.6810	4.6620	4.7610
	4.7460	4.6870	4.7120	4.7080	4.6910	4.5130	4.4670	4.5120	4.5410	4.3910
	4.4220	4.5130	4.5950	4.5810	4.5420	4.5400	4.5160	4.5220	4.5180	4.5660
	4.5380	4.5450	4.4510	4.4570	4.4810	4.4860	4.4940	4.4690	4.4180	4.4170
Y43	4.3700	4.4000	4.3950	4.3840	4.3740	4.3800	4.3310	4.3230	4.3140	4.2870
	4.2300	4.2440	4.2500	4.2200	4.2150	4.2540	4.2100	4.1980	4.2550	4.2210
	4.2110	4.2000	4.1810	4.1790	4.1840	4.1570	4.1440	4.1600	4.1150	4.0940
	4.1230	4.1280	5.2340	5.2320	5.2110	5.2210	5.2280	5.2060	5.1800	5.1890

组	观测值									
Y44	5.1510	5.1240	5.1230	5.1220	5.0830	5.0600	5.0930	5.0750	5.0490	5.0520
	5.0150	5.0250	5.0750	5.0150	4.9010	4.9300	4.9080	4.8860	4.8780	4.9040
	4.8980	4.8830	4.8510	4.8510	4.8370	4.9340	8.8960	4.8160	4.7640	4.7940
	4.8010	4.7670	4.7450	4.7540	4.7710	4.7560	4.7540	4.7360	4.6780	4.6650
Y45	4.6770	4.6610	4.6500	4.6280	4.6440	4.6320	4.6120	4.4620	4.6770	4.6580
	4.6290	4.6220	4.6300	4.6140	4.6260	4.6130	4.5850	4.5690	4.5820	4.5500
	4.5330	4.5520	4.5040	4.4760	4.5660	4.5280	4.5550	4.5230	4.5190	4.5390
	4.5220	4.5210	4.5090	4.4870	4.5270	4.4730	4.4710	4.4900	4.4570	4.4510
Z11	0.3207	0.3213	0.3213	0.3235	0.3322	0.3419	0.3434	0.3440	0.3454	0.3461
	0.3474	0.3476	0.3432	0.3468	0.3439	0.3423	0.3440	0.3430	0.3436	0.3420
	0.3416	0.3402	0.3373	0.3403	0.3414	0.3423	0.3420	0.3423	0.3425	0.3379
	0.3379	0.3391	0.3386	0.3355	0.3352	0.3361	0.3333	0.3333	0.3315	0.3347
Z12	0.3347	0.3320	0.3323	0.3327	0.3329	0.3287	0.3304	0.3312	0.3285	0.3287
	0.3309	0.3270	0.3274	0.3285	0.3283	0.3305	0.3274	0.3261	0.3264	0.3251
	0.3271	0.3252	0.3275	0.3275	0.3287	0.3270	0.3269	0.3297	0.3266	0.3308
	0.3293	0.3304	0.3323	0.3305	0.3305	0.3330	0.3339	0.3342	0.3312	0.3315
Z13	0.3312	0.3301	0.3315	0.3307	0.3315	0.3320	0.3311	0.3327	0.3292	0.3301
	0.3315	0.3289	0.3246	0.3267	0.3295	0.3270	0.3238	0.3264	0.3251	0.3264
	0.3260	0.3247	0.3224	0.3235	0.3249	0.3230	0.3232	0.3273	0.3249	0.3270
	0.3218	0.3244	0.3006	0.3030	0.3041	0.3174	0.3220	0.3196	0.3241	0.3251
Z14	0.3263	0.3266	0.3282	0.3270	0.3290	0.3198	0.3237	0.3229	0.3261	0.3238
	0.3259	0.3221	0.3309	0.3271	0.3242	0.3235	0.3240	0.3261	0.3294	0.3287
	0.3267	0.3277	0.3263	0.3262	0.3278	0.3276	0.3271	0.3267	0.3289	0.3270
	0.3266	0.3299	0.3068	0.3148	0.3322	0.3323	0.3320	0.3336	0.3326	0.3322
Z15	0.3326	0.3317	0.3301	0.3316	0.3336	0.3280	0.3292	0.3297	0.3283	0.3283
	0.3264	0.3279	0.3275	0.3294	0.3245	0.3268	0.3261	0.3262	0.3253	0.3272
	0.3270	0.3252	0.3284	0.3253	0.3265	0.3277	0.3291	0.3287	0.3256	0.3239
	0.3248	0.3261	0.3252	0.3249	0.3254	0.3290	0.3275	0.3274	0.3274	0.3251
Z21	0.2893	0.2863	0.2801	0.2847	0.3271	0.3448	0.3409	0.3346	0.3249	0.3425
	0.3360	0.3368	0.3361	0.3411	0.3434	0.3459	0.3460	0.3481	0.3518	0.3495
	0.3478	0.3477	0.3506	0.3470	0.3470	0.3501	0.3477	0.3561	0.3489	0.3529
	0.3539	0.3544	0.3525	0.3515	0.3560	0.3596	0.3567	0.3616	0.3602	0.3589
Z22	0.3541	0.3561	0.3607	0.3636	0.3614	0.3595	0.3586	0.3575	0.3574	0.3563
	0.3601	0.3619	0.3647	0.3599	0.3621	0.3647	0.3557	0.3457	0.3558	0.3509
	0.3525	0.3527	0.3484	0.3452	0.3474	0.3438	0.3500	0.3447	0.3429	0.3508
	0.3397	0.3375	0.3503	0.3421	0.3421	0.3362	0.3328	0.3409	0.3391	0.3364
Z23	0.3287	0.3323	0.3313	0.3416	0.3315	0.3352	0.3396	0.3349	0.3402	0.3406
	0.3472	0.3526	0.3439	0.3462	0.3427	0.3492	0.3507	0.3550	0.3456	0.3522
	0.3480	0.3397	0.3474	0.3499	0.3503	0.3365	0.3450	0.3516	0.3506	0.3528
	0.3493	0.3546	0.2995	0.3094	0.2950	0.3479	0.3361	0.3394	0.3484	0.3441

组	观测值									
Z24	0.3469	0.3380	0.3356	0.3378	0.3385	0.3338	0.3396	0.3345	0.3363	0.3426
	0.3333	0.3298	0.3335	0.3339	0.3397	0.3349	0.3357	0.3361	0.3401	0.3382
	0.3379	0.3356	0.3309	0.3333	0.3328	0.3330	0.3412	0.3334	0.3264	0.3297
	0.3302	0.3318	0.2961	0.3143	0.3616	0.3506	0.3463	0.3446	0.3412	0.3393
Z25	0.3454	0.3396	0.3453	0.3455	0.3517	0.3426	0.3590	0.3516	0.3481	0.3502
	0.3440	0.3428	0.3455	0.3404	0.3518	0.3517	0.3389	0.3481	0.3382	0.3530
	0.3471	0.3566	0.3554	0.3539	0.3576	0.3536	0.3480	0.3568	0.3567	0.3524
	0.3587	0.3578	0.3535	0.3602	0.3565	0.3490	0.3532	0.3541	0.3507	0.3467
Z31	0.1810	0.1864	0.1803	0.1829	0.1605	0.1441	0.1436	0.1412	0.1414	0.1476
	0.1502	0.1477	0.1507	0.1469	0.1490	0.1512	0.1461	0.1497	0.1511	0.1488
	0.1486	0.1480	0.1493	0.1451	0.1520	0.1537	0.1498	0.1478	0.1471	0.1496
	0.1467	0.1443	0.1446	0.1420	0.1454	0.1365	0.1347	0.1373	0.1380	0.1446
Z32	0.1434	0.1380	0.1413	0.1412	0.1452	0.1444	0.1396	0.1364	0.1400	0.1424
	0.1408	0.1419	0.1415	0.1393	0.1472	0.1452	0.1387	0.1383	0.1267	0.1326
	0.1326	0.1398	0.1283	0.1291	0.1296	0.1282	0.1314	0.1235	0.1283	0.1179
	0.1206	0.1285	0.1365	0.1290	0.1290	0.1345	0.1191	0.1275	0.1290	0.1187
Z33	0.1252	0.1210	0.1268	0.1339	0.1333	0.1359	0.1309	0.1362	0.1315	0.1399
	0.1387	0.1369	0.1326	0.1381	0.1308	0.1301	0.1322	0.1302	0.1260	0.1241
	0.1266	0.1210	0.1298	0.1264	0.1232	0.1250	0.1313	0.1284	0.1257	0.1281
	0.1321	0.1350	0.1665	0.1695	0.1692	0.1386	0.1352	0.1422	0.1409	0.1332
Z34	0.1387	0.1343	0.1349	0.1335	0.1289	0.1300	0.1282	0.1263	0.1258	0.1331
	0.1268	0.1291	0.1353	0.1295	0.1304	0.1279	0.1345	0.1329	0.1329	0.1294
	0.1398	0.1386	0.1318	0.1278	0.1371	0.1317	0.1357	0.1361	0.1370	0.1416
	0.1291	0.1350	0.1368	0.1535	0.1340	0.1304	0.1312	0.1331	0.1276	0.1302
Z35	0.1232	0.1340	0.1316	0.1299	0.1375	0.1238	0.1344	0.1229	0.1331	0.1324
	0.1297	0.1297	0.1233	0.1286	0.1314	0.1334	0.1259	0.1362	0.1151	0.1279
	0.1256	0.1287	0.1323	0.1216	0.1263	0.1296	0.1241	0.1274	0.1252	0.1310
	0.1276	0.1314	0.1328	0.1284	0.1284	0.1339	0.1346	0.1360	0.1356	0.1359
Z41	9.7920	9.8090	9.8090	9.8130	9.8190	9.8730	9.7850	9.8220	9.7880	9.7530
	9.8170	9.7530	9.7060	9.7480	9.7840	9.7210	9.7330	9.7910	9.9090	9.9510
	9.9670	9.9340	9.8760	9.9070	9.9470	9.8780	9.9150	9.9200	9.9090	9.9220
	9.8440	9.8740	9.8000	9.8700	9.8970	9.8670	9.8760	9.8830	9.9370	9.9330
Z42	9.9070	9.8530	9.8510	9.8690	9.8250	9.8630	9.8610	9.8440	9.8500	9.7980
	9.8300	9.8250	9.8370	9.8890	9.8350	9.8030	9.7550	9.7960	9.7760	9.7730
	9.7270	9.6260	9.6430	9.6620	9.6920	9.6800	9.6990	9.3850	9.7020	9.7160
	9.7420	9.6530	9.7390	9.7830	9.7030	9.7460	9.7360	9.8000	9.7490	9.7840
Z43	9.7060	9.7540	9.7830	9.7500	9.7290	9.7900	9.7790	9.7370	9.7640	9.6970
	9.6850	9.7260	9.6830	9.6880	9.7230	9.7360	9.6930	9.7560	9.7500	9.7880
	9.7050	9.7660	9.7710	9.8240	9.8610	9.8290	9.8020	9.8550	9.7600	9.8230
	9.8610	9.8200	9.8420	9.8370	9.8340	9.8750	9.9040	9.8570	9.8000	9.8650

续表

组	观测值									
Z44	9.8190	9.8400	9.8350	9.7756	9.8520	9.8900	9.9230	9.8810	9.9580	9.9290
	9.9320	9.6500	9.9680	9.9220	9.8580	9.9460	9.8760	9.9400	9.8370	9.7400
	9.8990	9.9440	9.9570	10.0360	9.8960	9.9550	10.0230	10.0170	9.9950	9.7420
	9.0220	9.7320	9.7280	9.9780	10.1120	10.0350	9.9930	9.6710	9.5720	9.6780
Z45	9.7530	9.7570	9.7510	9.8330	9.7730	9.7980	9.8460	9.8440	9.8750	9.8690
	9.8300	9.6950	9.6930	9.6990	9.6540	9.6880	9.5790	9.6610	9.9250	9.8580
	9.6240	9.6830	9.8540	9.6300	9.5890	9.6450	9.7990	9.8260	9.9420	9.9150
	9.9150	9.7980	9.9240	9.8970	9.8820	9.8090	9.7990	9.8150	9.8580	9.8380

附表 2　待检模式的实验数据[206]

组	观测值									
X1	0.1421	0.1426	0.1422	0.1422	0.1423	0.1433	0.1440	0.1439	0.1437	0.1436
	0.1432	0.1434	0.1437	0.1428	0.1424	0.1427	0.1431	0.1425	0.1428	0.1421
	0.1424	0.1420	0.1422	0.1426	0.1431	0.1428	0.1426	0.1424	0.1422	0.1416
	0.1424	0.1429	0.1424	0.1423	0.1421	0.1420	0.1420	0.1423	0.1425	0.1426
X2	0.1040	0.1046	0.1052	0.1032	0.1054	0.1058	0.1056	0.1050	0.1028	0.1048
	0.1078	0.1056	0.1060	0.1068	0.1074	0.1080	0.1064	0.1046	0.1054	0.1036
	0.3058	0.1074	0.1068	0.1084	0.1092	0.1076	0.1078	0.1102	0.1080	0.1076
	0.1060	0.1038	0.1050	0.1048	0.1048	0.1046	0.1042	0.1060	0.1060	0.1048
X3	0.1305	0.1315	0.1304	0.1313	0.1333	0.1342	0.1359	0.1360	0.1325	0.1301
	0.1295	0.1279	0.1317	0.1325	0.1306	0.1349	0.1339	0.1327	0.1339	0.1357
	0.1348	0.1342	0.1324	0.1349	0.1350	0.1363	0.1352	0.1352	0.1335	0.1331
	0.1343	0.1344	0.1337	0.1340	0.1350	0.1347	0.1378	0.1365	0.1358	0.1364
X4	4.1250	4.1170	4.1170	4.1140	4.1130	4.1130	4.1010	4.1050	4.0980	4.1100
	4.0900	4.0990	4.1800	4.1240	4.1210	4.1220	4.1310	4.0960	4.0960	4.0950
	4.0890	4.0840	4.0860	4.0600	4.0620	4.0680	4.0850	4.0810	4.0800	4.0760
	4.0740	4.0660	4.0660	4.0690	4.0740	4.0700	4.0870	4.0690	4.0610	4.0780
Y1	0.1793	0.1778	0.1788	0.1784	0.1786	0.1778	0.1777	0.1636	0.1636	0.1640
	0.1666	0.1635	0.1626	0.1629	0.1625	0.1610	0.1604	0.1601	0.1588	0.1587
	0.1585	0.1567	0.1562	0.1641	0.1622	0.1633	0.1626	0.1554	0.1555	0.1545
	0.1548	0.1543	0.1537	0.1804	0.1795	0.1797	0.1792	0.1798	0.1787	0.1790
Y2	0.2926	0.288	0.2923	0.2912	0.2878	0.2852	0.2863	0.2837	0.2841	0.2854
	0.2935	0.2998	0.2955	0.2998	0.3035	0.2975	0.2977	0.2975	0.3030	0.3009
	0.2995	0.2951	0.2939	0.2957	0.2861	0.2801	0.3142	0.3131	0.3087	0.3196
	0.3152	0.3120	0.3102	0.3094	0.3128	0.3122	0.3114	0.3113	0.3074	0.3124
Y3	0.1973	0.1936	0.1958	0.1972	0.1967	0.2168	0.1288	0.1364	0.1460	0.1843
	0.1853	0.1949	0.1911	0.1880	0.1990	0.1921	0.2075	0.1918	0.1929	0.1848
	0.1584	0.1540	0.1758	0.1819	0.1777	0.1863	0.1473	0.1446	0.1507	0.1541
	0.1953	0.1467	0.1859	0.1448	0.1374	0.1401	0.1427	0.1423	0.1440	0.1473

组	观测值									
Y4	4.6340	4.6320	4.6090	4.5810	4.5480	4.4340	4.4690	4.3840	4.3760	4.4000
	4.4190	4.8420	4.7760	4.7580	4.7120	4.7300	4.6960	4.6450	4.6780	4.3460
	4.2490	4.2830	4.2720	4.1950	4.2340	4.2760	4.3460	4.2460	4.2500	4.2680
	4.2740	4.2810	4.2870	4.3220	4.2910	4.3420	4.2910	4.3620	4.2890	4.2730
Z1	0.3604	0.3611	0.3624	0.3626	0.3582	0.3618	0.3589	0.3573	0.3357	0.3363
	0.3363	0.3385	0.3472	0.3569	0.3584	0.3590	0.3590	0.3580	0.3586	0.3570
	0.3566	0.3552	0.3523	0.3529	0.3541	0.3553	0.3536	0.3505	0.3502	0.3511
	0.3483	0.3483	0.3465	0.3497	0.3564	0.3573	0.3570	0.3573	0.3575	0.3529
Z2	0.3599	0.3775	0.3710	0.3718	0.3711	0.3761	0.3784	0.3809	0.3243	0.3213
	0.3151	0.3197	0.3621	0.3798	0.3759	0.3696	0.3810	0.3831	0.3868	0.3845
	0.3828	0.3827	0.3856	0.3820	0.3851	0.3827	0.3911	0.3839	0.3879	0.3889
	0.3894	0.3875	0.3865	0.3910	0.3946	0.3917	0.3966	0.3952	0.3939	0.3820
Z3	0.1594	0.1656	0.1682	0.1657	0.1687	0.1649	0.1670	0.1692	0.1641	0.1677
	0.1691	0.1668	0.1666	0.1660	0.1673	0.1631	0.1700	0.1990	0.2044	0.1983
	0.2009	0.1785	0.1621	0.1616	0.1592	0.1717	0.1678	0.1658	0.1651	0.1676
	0.1647	0.1623	0.1626	0.1600	0.1634	0.1545	0.1527	0.1553	0.1560	0.1626
Z4	10.1120	10.0780	10.0430	10.1070	10.0430	9.9960	10.0380	10.0740	10.0110	10.0230
	10.0810	10.1990	10.2410	10.2570	10.2240	10.1660	10.1970	10.2370	10.1680	10.2050
	10.0750	10.1640	10.0900	10.1600	10.1870	10.1570	10.1660	10.1730	10.2270	10.2230
	10.2100	10.1990	10.2120	10.1340	10.0820	10.0990	10.1030	10.1090	10.1630	10.0990

参 考 文 献

[1] 何友. 信息融合理论及应用[M]. 北京：电子工业出版社, 2010.

[2] 韩崇昭，朱洪艳，段战胜. 多源信息融合[M]. 北京：清华大学出版社, 2010.

[3] 潘泉. 多源信息融合理论及应用[M]. 北京：清华大学出版社, 2013.

[4] 杨万海, 多传感器数据融合及其应用[M]. 西安：西安电子科技大学出版社, 2004.

[5] 陈科文，张祖平，龙军. 多源信息融合关键问题、研究进展与新动向[J]. 计算机科学, 2013, 40(8)：6-13.

[6] 杨风暴，王肖霞. D-S证据理论的冲突证据合成方法[M]. 北京：国防工业出版社, 2010.

[7] LIGGINS M E, HALL D L, LINAS J. Handbook of Multisensor Data Fusion: Theory and Practice[M]. Boca Raton：CRC Press, 2009：245-253.

[8] MURPHY R R. Dempster-Shafer theory for sensor fusion in autonomous mobile robots[J]. IEEE transactions on robotics & automation, 1998, 14(2)：197-206.

[9] BLOCH I. Information combination operators for data fusion: A comparative review with classification[M]. New York：IEEE Press, 1996：52-67.

[10] GOUTSIAS J, MAHLER R P S, NGUYEN H T. Random Sets - Theory and Applications[M]. New York: Springer, 1997.

[11] JOSHI R, SANDERSON A C. Minimal representation multisensor fusion using differential evolution[J]. IEEE transactions on systems, man, and cybernetics—Part a: Systems and humans, 1999, 29(1)：63-76.

[12] MANYIKA J, DURRANT-WHYTE H. Data Fusion and Sensor Management: A Decentralized Information-Theoretic Approach[M]. Upper Saddle River：Prentice Hall PTR, 1995.

[13] NELSON C L, FITZGERALD D S. Sensor fusion for intelligent alarm analysis[J]. IEEE aerospace & electronic systems magazine, 1995, 12(9)：18-24.

[14] 邹海英. 基于神经网络的多目标跟踪信息融合技术的研究[D]. 哈尔滨：哈尔滨理工大学, 2008.

[15] DEMPSTER A P. Upper and lower probabilities induced by a multivalued mapping[J]. Annals of mathematical statistics, 1967, 38(2)：325-339.

[16] SHAFER G. A Mathematical Theory of Evidence[J]. Princeton: Princeton University Press, 1976.

[17] 周光中. 基于 D-S 证据理论的科学基金立项评估问题研究[D]. 合肥：合肥工业大学, 2009.

[18] LIU Y Z, JIANG Y C, LIU X, et al. A combination strategy for multi-class classification based on multiple association rules[J]. Knowledge-based systems, 2008, 21(8)：786-793.

[19] ZHAO X, WANG R, GU H, et al. Innovative data fusion enabled structural health monitoring approach[J]. Mathematical problems in engineering, 2014, 2014: 369540.

[20] SU X, MAHADEVAN S, HAN W, et al. Combining dependent bodies of evidence[J]. Applied intelligence, 2016, 44(3)：634-644.

[21] MA J, LIU W, MILLER P, et al. An evidential fusion approach for gender profiling[J]. Information sciences, 2016, 333：10-20.

[22] FU C, CHIN K S. Robust evidential reasoning approach with unknown attribute weights[J]. Knowledge-based systems, 2014, 59(2)：9-20.

[23] FU C, YANG S. An evidential reasoning based consensus model for multiple attribute group decision analysis problems with interval-valued group consensus requirements[J]. European journal of operational research, 2012, 223(1)：167-176.

[24] SU X, MAHADEVAN S, XU P, et al. Dependence assessment in human reliability analysis

using evidence theory and AHP[J]. Risk analysis, 2015, 35(7)：1296-1316.

[25] ZHANG Y, DENG X, WEI D, et al. Assessment of E-Commerce security using AHP and evidential reasoning[J]. Expert systems with applications, 2012, 39(3)：3611-3623.

[26] LIU H C, YOU J X, FAN X J, et al. Failure mode and effects analysis using D numbers and grey relational projection method[J]. Expert systems with applications, 2014, 41(10)：4670-4679.

[27] JIANG W, WEI B, XIE C, et al. An evidential sensor fusion method in fault diagnosis[J]. Advances in mechanical engineering, 2016, 8(3)：1-7.

[28] WANG P. The Reliable Combination Rule of Evidence in Dempster-Shafer Theory[C]. Sanya: Congress on Image and Signal Processing, 2008：166-170.

[29] LOLLI F, ISHIZAKA A, GAMBERINI R, et al. FlowSort-GDSS - A novel group multi-criteria decision support system for sorting problems with application to FMEA[J]. Expert systems with applications, 2015, 42(17)：6342-6349.

[30] RIKHTEGAR N, MANSOURI N, OROUMIEH A A, et al. Environmental impact assessment based on group decision-making methods in mining projects[J]. Economic research-ekonomska istrazivanja, 2014, 27(1)：378-392.

[31] LI M, ZHANG Q, DENG Y. Multiscale probability transformation of basic probability assignment[J]. Mathematical problems in engineering,2014, 2014: 319264.

[32] YAGER R R, LIU L. Classic Works of The Dempster-Shafer Theory of Belief Functions [M]. Berlin: Springer, 2008.

[33] SMETS P. The Transferable Belief Model for Quantified Belief Representation[M]. Berlin: Springer, 1998：267-301.

[34] DENG Y. Generalized evidence theory[J]. Applied intelligence, 2015, 43(3)：530-543.

[35] JIANG W, ZHAN J. A modified combination rule in generalized evidence theory[J]. Applied intelligence, 2017, 46(3)：630-640.

[36] JANEZ F, APPRIOU A. Theory of evidence and non-exhaustive frames of discernment[J]. International journal of approximate reasoning, 1998, 18(1-2): 1-19.

[37] 曾成，赵保军，何佩琨. 不完备识别框架下的证据组合方法[J]. 电子与信息学报, 2005, 27(7)：1043-1046.

[38] 徐培玲，杨风暴，王肖霞，等. 开放识别框架D-S合成规则研究[J]. 传感器与微系统, 2007, 26(9)：11-13.

[39] YAGHLANE A B, DENOEUX T, MELLOULI K. Coarsening approximations of belief functions[C]. Toulouse: European Conference on Symbolic and Quantitative Approaches to Reasoning and Uncertainty, 2001：362-373.

[40] CAILLOL H, HILLION A, PIECZYNSKI W. Fuzzy random fields and unsupervised image segmentation[J]. IEEE transactions on geoscience & remote sensing, 1993, 31(4)：801-810.

[41] DENOEUX T, MASSON M H. EVCLUS: Evidential clustering of proximity data[J]. IEEE transactions on systems, man, and cybernetics, part B: Cybernetics, 2004, 34(1)：95-109.

[42] ROMBAUT M, YUE M Z. Study of Dempster-Shafer theory for image segmentation applications[J]. Image and vision computing, 2002, 20(1)：15-23.

[43] 刘纯平，戴锦芳，钟文，等. 基于模糊证据理论分类的多源遥感信息融合[J]. 模式识别与人工智能, 2003, 16(2)：213-218.

[44] 蒋雯，张安，杨奇. 一种基本概率指派的模糊生成及其在数据融合中的应用[J]. 传感技术学报,

2008, 21(10)：1717-1720.

[45] DENOEUX T. A K-nearest neighbor classification rule based on Dempster-Shafer theory[J]. IEEE transactions on systems, man, and cybernetics, 1995, 25(5)：804-813.

[46] DENOEUX T. Constructing belief functions from sample data using multinomial confidence regions[J]. International journal of approximate reasoning, 2006, 42(3)：228-252.

[47] AREGUI A. Constructing Consonant Belief Functions from Sample Data Using Confidence Sets of Pignistic Probabilities[M]. Amsterdam：Elsevier Science Inc., 2008：575-594.

[48] WANG H, MCCLEAN S. Deriving evidence theoretical functions in multivariate data spaces: A systematic approach[J]. IEEE transactions on systems, man, and cybernetics, Part B: Cybernetics, 2008, 38(2)：455-465.

[49] VOORBRAAK F. A computationally efficient approximation of Dempster-Shafer theory[J]. International journal of man-machine studies, 1989, 30(5)：525-536.

[50] KREINOVICH V Y, BERNAT A, BORRETT W, et al. Monte-Carlo methods make Dempster-Shafer formalism feasible[M] // YAGER R R, KACPRZYK J, FEDRLZZI M. Advances in the Dempster-Shafer theory of evidence. New York: John Wiley & Sons, Inc. 1994：175-191.

[51] BAUER M. Approximation algorithms and decision making in the Dempster-Shafer theory of evidence —— An empirical study[J]. International journal of approximate reasoning, 1997, 17(2-3)：217-237.

[52] JOUSSELME A L, GRENIER D, BOSSE E. Analyzing approximation algorithms in the theory of evidence[J]. Proceedings of SPIE - The international society for optical engineering, 2002, 4731：65-74.

[53] HAENNI R, LEHMANN N. Resource bounded and anytime approximation of belief function computations[J]. International journal of approximate reasoning, 2002, 31(1)：103-154.

[54] 王壮，胡卫东. 基于截断型 D-S 的快速证据组合方法[J]. 电子与信息学报, 2002, 24(12)：1863-1869.

[55] DENOEUX T, YAGHLANE A B. Approximating the combination of belief functions using the fast Mobius transform in a coarsened frame[J]. International journal of approximate reasoning, 2002, 31(1)：77-101.

[56] LIU W. Analyzing the degree of conflict among belief functions[J]. Artificial intelligence, 2006, 170(11)：909-924.

[57] JOUSSELME A L, GRENIER D, BOSS E. A new distance between two bodies of evidence[J]. Information fusion, 2001, 2(2)：91-101.

[58] 何友，胡丽芳，关欣，等. 一种度量广义基本概率赋值冲突的方法[J]. 中国科学: 信息科学, 2011(8)：989-997.

[59] 蒋雯，彭进业，邓勇. 一种新的证据冲突表示方法[J]. 系统工程与电子技术, 2010, 32(3)：562-565.

[60] ZADEH L A. A simple view of the Dempster Shafer theory of evidence and its implication for the rule of combination[J]. AI magazine, 1986, 7(2)：85-90.

[61] LEFEVRE E, COLOT O, VANNOORENBERGHE P. Belief function combination and conflict management[J]. Information fusion, 2002, 3(2)：149-162.

[62] 邓勇，施文康. 一种改进的证据推理组合规则[J]. 上海交通大学学报, 2003, 37(8)：1275-1278.

[63] 何兵，胡红丽. 一种分级的DS证据合成策略[J]. 计算机工程与应用, 2004, 40(10)：88-90.

[64] 邓勇，施文康，朱振福. 一种有效处理冲突证据的组合方法[J]. 红外与毫米波学报, 2004, 23(1)：

27 - 32.

[65]   SMARANDACHE F, DEZERT J. Advances and Applications of DSmT for Information Fusion[M]. Champaign: American research press, 2015.

[66]   DENG Y. D numbers: Theory and applications[J]. Journal of information & computational science, 2012, 9(9): 2421 - 2428.

[67]   SONG M, JIANG W, XIE C, et al. A new interval numbers power average operator in multiple attribute decision making[J]. International journal of intelligent systems, 2017, 32(6): 631 - 644.

[68]   JIANG W, XIE C, ZHUANG M, et al. Failure mode and effects analysis based on a novel fuzzy evidential method[J]. Applied soft computing, 2017, 57: 672 - 683.

[69]   JIANG W, YANG Y, LUO Y, et al. Determining basic probability assignment based on the improved similarity measures of generalized fuzzy numbers[J]. International journal of computers communications & control, 2015, 10(3): 333 - 347.

[70]   蒋雯, 陈运东, 汤潮, 等. 基于样本差异度的基本概率指派生成方法[J]. 控制与决策, 2015, 30(1): 71 - 75.

[71]   BOUDRAA A O, BENTABET L, SALZENSTEIN F, et al. Dempster-Shafer's basic probability assignment based on fuzzy membership functions[J]. Electronic letters on computer vision and image analysis, 2004, 4(1): 1 - 10.

[72]   ZHU Y, BENTABET L, DUPUIS O, et al. Automatic determination of mass functions in Dempster-Shafer theory using fuzzy c-means and spatial neighborhood information for image segmentation[J]. Optical engineering, 2002, 41(4): 760 - 770.

[73]   MANDLER E. Combining the classification results of independent classifiers based on the Dempster-Shafer theory of evidence[C]. North-Holland: Pattern Recognition and Artificial Intelligence: Towards an Integration, 1988: 381 - 393.

[74]   XU L, KRZYZAK A, SUEN C. Methods of combining multiple classifiers and their applications to handwriting recognition[J]. IEEE transactions on systems man and cybernetics, 1992, 22(3): 418 - 435.

[75]   PARIKH C, PONT M, JONES N. Application of Dempster-Shafer theory in condition monitoring applications: A case study[J]. Pattern recognition letters, 2001, 22(6-7): 777 - 785.

[76]   何友, 王国宏, 陆大金, 等. 多传感器信息融合及应用[M]. 北京: 电子工业出版社, 2001.

[77]   ZHU H, BASIR O. A novel fuzzy evidential reasoning paradigm for data fusion with applications in image processing[J]. Soft computing, 2006, 10(12): 1169 - 1180.

[78]   ZADEH L A. Fuzzy sets[J]. Information and control, 1965, 8(3): 338 - 353.

[79]   FISHER R A. The use of multiple measurements in taxonomic problems[J]. Annals of human genetics, 1936, 7(2): 179 - 188.

[80]   XIAO J, TONG M, ZHU C, et al. Basic probability assignment construction method based on generalized triangular fuzzy number[J]. Chinese journal of scientific instrument, 2012, 33(2): 429 - 434.

[81]   CASELLA G, BERGER R. Statistical Inference[M]. 2nd. Pacific Grove: Duxbury Press, 2001: 102.

[82]   WILLIAMS C K I. Prediction with Gaussian Processes: From Linear Regression to Linear Prediction and Beyond[M]//JODAN M I. Learning in Graphical Models. Cambridge: MIT Press, 1999: 599 - 621.

[83] HOMBAL V, MAHADEVAN S. Bias minimization in Gaussian process surrogate modeling for uncertainty quantification[J]. International journal for uncertainty quantification, 2011, 1(4): 321-349.

[84] JIANG W, ZHUANG M, XIE C, et al. Sensing attribute weights: A novel basic belief assignment method[J/OL]. Sensors, 2017, 17(4): 721.

[85] JIANG W, XIE C, ZHUANG M, et al. Sensor data fusion with Z-numbers and its application in fault diagnosis[J/OL]. Sensors, 2016, 16(9): Article ID 1509.

[86] EHLENBRÖKER J-F, MÖNKS U, LOHWEG V. Sensor defect detection in multisensor information fusion[J]. Journal of sensors and sensor systems, 2016, 5: 337-353.

[87] ZHANG X, MAHADEVAN S, DENG X. Reliability analysis with linguistic data: An evidential network approach[J]. Reliability engineering & system safety, 2017, 162: 111-121.

[88] ZADEH L A. A note on Z-numbers[J]. Information sciences, 2011, 181(14): 2923-2932.

[89] JIANG W, ZHUANG M, XIE C. A Reliability-based method to sensor data fusion[J/OL]. Sensors, 2017, 17(7): 1575.

[90] GUO H, SHI W, DENG Y. Evaluating sensor reliability in classification problems based on evidence theory[J]. IEEE transactions on systems, man, and cybernetics, Part B: Cybernetics, 2006, 36(5): 970-981.

[91] GLOCK S, VOTH K, SCHAEDE J, et al. A framework for fossibilistic multi-source data fusion with monitoring of sensor reliability[C]. San Francisco: World Conference on Soft Computing, 2011.

[92] YUAN K, XIAO F, FEI L, et al. Modeling sensor reliability in fault diagnosis based on evidence theory[J]. Sensors, 2016, 16(1): 113.

[93] JIANG W, ZHUANG M, QIN X, et al. Conflicting evidence combination based on uncertainty measure and distance of evidence[J]. Springerplus, 2016, 5(1): 1217.

[94] 熊佳. 信息融合过程中证据冲突研究[D]. 上海: 上海交通大学. 2008.

[95] PAN W, YANG H. New methods of transforming belief functions to pignistic probability functions in evidence theory[C] Wuhan: International Workshop on Intelligent Systems and Applications, 2009: 1-5.

[96] SMETS P, KENNES R. The transferable belief model[J]. Artificial intelligence, 1994, 66(2): 191-234.

[97] JIANG W, WANG S, LIU X, et al. Evidence conflict measure based on OWA operator in open world[J]. PloS one, 2017, 12(5): e0177828.

[98] DENG Y, SHI W, LIU Q. Combining belief function based on distance function[J]. Decision support systems, 2004, 38(3): 489-493.

[99] JIANG W, XIE C, WEI B, et al. A modified method for risk evaluation in failure modes and effects analysis of aircraft turbine rotor blades[J]. Advances in mechanical engineering, 2016, 8(4): 1-16.

[100] 刘准钆, 潘泉, DEZERT J, 等. 不确定数据信任分类与融合[M]. 北京: 科学出版社, 2016.

[101] ZADEH L. Review of mathematical theory of evidence, by Glenn Shafer[J]. AI magazine, 1984, 5(3): 81-83.

[102] ZADEH L A. On the Validity of Dempster's Rule of Combination of Evidence[M]. Berkeley: University of California, 1979.

[103] DENG Y. Deng entropy[J]. Chaos, solitons & fractals, 2016, 91: 549-553.

[104] OSSWALD C, MARTIN A. Understanding the large family of Dempster-Shafer theory's fusion operators —— A decision-based measure[C]. Florence: International Conference on Information Fusion, 2007: 1-7.

[105] COBB B R, SHENOY P P. On the plausibility transformation method for translating belief function models to probability models[J]. International journal of approximate reasoning, 2006, 41(3): 314-330.

[106] DANIEL M. On transformations of belief functions to probabilities[J]. International journal of intelligent systems, 2006, 21(3): 261-282.

[107] 蒋雯, 张安, 邓勇. 改进的二元组冲突表示方法[J]. 红外与激光工程, 2009, 38(5): 936-940.

[108] DUBOIS D, PRADE H. On the unicity of Dempster rule of combination[J]. International journal of intelligent systems, 1986, 1(2): 133-142.

[109] SMETS P. The combination of evidence in the transferable belief model[J]. IEEE transactions on pattern analysis and machine intelligence, 1990, 12(5): 447-458.

[110] YAGER R R. On the Dempster-Shafer framework and new combination rules[J]. Information sciences, 1987, 41(2): 93-137.

[111] HAENNI R. Are alternatives to Dempster's rule of combination real alternatives?: Comments on "About the belief function combination and the conflict management problem"— Lefevre et al[J]. Information fusion, 2002, 3(3): 237-239.

[112] MURPHY C K. Combining belief functions when evidence conflicts[J]. Decision support systems, 2000, 29(1): 1-9.

[113] 刘准轷. 不确定数据信任分类与融合[M]. 北京: 科学出版社, 2016.

[114] 蒋雯, 张安, 邓勇. 基于新的证据冲突表示的信息融合方法研究[J]. 西北工业大学学报, 2010, 28(1): 27-32.

[115] DEZERT J, TCHAMOVA A. On the behavior of Dempster's rule of combination[J]. Data fusion, 2011: 108-113.

[116] 潘泉, 张山鹰, 程咏梅, 等. 证据推理的鲁棒性研究[J]. 自动化学报, 2001, 27(6): 798-805.

[117] 汤潮, 蒋雯, 陈运东, 等. 新不确定度量下的冲突证据融合[J]. 系统工程理论与实践, 2015(9): 2394-2400.

[118] HORIUCHI T. Decision rule for pattern classification by integrating interval feature values[J]. IEEE transactions on pattern analysis and machine intelligence, 1998, 20(4): 440-448.

[119] TAKASHI M. Belief formation from observation and belief integration using virtual belief space in Dempster-Shafer probability model[C]. Las Vegas: Proceedings of the IEEE International Conference, 1994, 379-386.

[120] INAGAKI T. Interdependence between safety-control policy and multiple-sensor schemes via Dempster-Shafer theory[J]. IEEE transactions on reliability, 1991, 40(2): 182-188.

[121] DUBOIS D, PRADE H. Representation and combination of uncertainty with belief functions and possibility measures[J]. Computational intelligence, 1988, 4(3): 244-264.

[122] 孙全, 叶秀清, 顾伟康. 一种新的基于证据理论的合成公式[J]. 电子学报, 2000, 28(8): 117-119.

[123] 李弼程, 王波, 魏俊, 等. 一种有效的证据理论合成公式[J]. 数据采集与处理, 2002, 17(1): 33-36.

[124] ZHANG N L. Representation, independence, and combination of evidence in the Dempster-Shafer theory[M]//ZHANG L W, Advances in the Dempster-Shafer Theory of Evidence. New York: John Wiley & Sons, Inc. 1994: 51-69.

[125] FIXSEN D, MAHLER R P. The modified Dempster-Shafer approach to classification[J]. IEEE transactions on systems, man, and cybernetics-Part A: Systems and humans, 1997, 27(1): 96-104.

[126] 黎湘, 刘永祥, 付耀文, 等. Decision fusion recognition based on modified evidence rule[J]. Progress in natural science, 2001, 11(4): 316-320.

[127] 杜文吉, 谢维信. D-S 证据理论中的证据组合[J]. 系统工程与电子技术, 1999, 21(12): 92-94.

[128] 向阳, 史习智. 证据理论合成规则的一点修正[J]. 上海交通大学学报, 1999, 33(3): 357-360.

[129] 张山鹰, 潘泉. 一种新的证据推理组合规则[J]. 控制与决策, 2000, 15(5): 540-544.

[130] 王壮, 胡卫东, 郁文贤, 等. 基于均衡信度分配准则的冲突证据组合方法[J]. 电子学报, 2001, 29(12): 1852-1855.

[131] DANIEL M. Associativity in combination of belief functions; a derivation of minC combination[J]. Soft computing, 2003, 7(5): 288-296.

[132] MARTIN A, OSSWALD C. Toward a combination rule to deal with partial conflict and specificity in belief functions theory[C]. Quebec: International Conference on Information Fusion, 2007: 1-8.

[133] 徐凌宇, 尹国成, 宫义山, 等. 基于不同置信度的证据组合规则及应用[J]. 东北大学学报 (自然科学版), 2002, 23(2): 123-125.

[134] 梁昌勇, 陈增明, 黄永青, 等. Dempster-Shafer 合成法则悖论的一种消除方法[J]. 系统工程理论与实践, 2005, 25(3): 7-12.

[135] 陈一雷, 王俊杰. 一种D-S 证据推理的改进方法[J]. 系统仿真学报, 2004, 16(1): 28-30.

[136] 王小艺, 刘载文, 侯朝桢, 等. 一种基于最优权重分配的DS 改进算法[J]. 系统工程理论与实践, 2006, 26(11): 103-107.

[137] 张山鹰, 潘泉, 张洪才. 证据推理冲突问题研究[J]. 航空学报, 2001, 22(4): 369-372.

[138] YAGER R R. On the aggregation of prioritized belief structures[J]. IEEE transactions on systems, man, and cybernetics-Part A: Systems and humans, 1996, 26(6): 708-717.

[139] XU G, TIAN W, QIAN L, et al. A novel conflict reassignment method based on grey relational analysis (GRA)[J]. Pattern recognition letters, 2007, 28(15): 2080-2087.

[140] FAN X, HUANG H, MIAO Q. Evidence relationship matrix and its application to ds evidence theory for information fusion[C]. Berlin Heidelberg: International Conference on Intelligent Data Engineering and Automated Learning, 2006: 1367-1373.

[141] 关欣, 衣晓, 孙晓明, 等. 有效处理冲突证据的融合方法[J]. 清华大学学报 (自然科学版), 2009, 49(1): 138-141.

[142] YANG J B, XU D L. Evidential reasoning rule for evidence combination[J]. Artificial intelligence, 2013, 205: 1-29.

[143] 段新生. 证据理论与决策、人工智能[M]. 北京: 中国人民大学出版社, 1993.

[144] 潘巍, 王阳生, 杨宏戟. D-S 证据理论决策规则分析[J]. 计算机工程与应用, 2004, 40(14): 14-17.

[145] 杨善林. 机器学习与智能决策支持系统[M]. 北京: 科学出版社, 2004.

[146] 周志杰. 置信规则库专家系统与复杂系统建模[M]. 北京: 科学出版社, 2011.

[147] 陈增明. 群决策环境下证据理论决策方法研究与应用[D]. 北京: 合肥工业大学, 2007.

[148] 韩德强, 杨艺, 韩崇昭. DS证据理论研究进展及相关问题探讨[J]. 控制与决策, 2014, 29(1): 1-11.

[149] 朱卫东, 吴勇. 证据推理理论、方法及其在决策评估中的应用[M]. 北京: 科学出版社, 2017.

[150] LIU L, SHENOY P P. Representing asymmetric decision problems using coarse valuations[J]. Decision support systems, 2004, 37(1): 119-135.

[151] BEYNON M, CURRY B, MORGAN P. The Dempster–Shafer theory of evidence: An alternative approach to multicriteria decision modelling[J]. Omega, 2000, 28(1): 37-50.

[152] 龚本刚. 基于证据理论的不完全信息多属性决策方法研究[D]. 合肥: 中国科学技术大学, 2007.

[153] 蒋雯, 吴翠翠, 贾佳, 等. D-S 证据理论中的基本概率赋值转换概率方法研究[J]. 西北工业大学学报, 2013, 31(2): 295-299.

[154] 王伟强, 顾国昌. 利用 Shafer 证据理论进行决策的改进算法[J]. 哈尔滨工程大学学报, 1997(1): 70-74.

[155] 吴翠翠. D-S 证据理论中基于 BPA 的决策方法研究[D]. 西安: 西北工业大学, 2015.

[156] SMETS P. Decision making in the TBM: The necessity of the pignistic transformation[J]. International journal of approximate reasoning, 2005, 38(2): 133-147.

[157] SMITH C A. Consistency in statistical inference and decision[J]. Journal of the royal statistical society. Series B (Methodological), 1961, 23(1): 1-37.

[158] 胡昌华, 司小胜, 周志杰, 等. 新的证据冲突衡量标准下的 DS 改进算法[J]. 电子学报, 2009, 37(7): 1578-1583.

[159] JAYNES E T. Information theory and statistical mechanics[J]. Physical review, 1957, 106(4): 620-630.

[160] MASSON M H, DENOEUX T. ECM: An evidential version of the fuzzy c-means algorithm[J]. Pattern recognition, 2008, 41(4): 1384-1397.

[161] 蒋雯, 张安, 邓勇. 基于区间信息的基本概率赋值转换概率方法及应用[J]. 西北工业大学学报, 2011, 29(1): 44-48.

[162] DEZERT J, SMARANDACHE F. A new probabilistic transformation of belief mass assignment[C] // Cologne: 2008 11th International Conference on information fusion, 2008: 1-8.

[163] SMARANDACHE F, DEZERT J. Applications and advances of DSmT for information fusion[M]. Rehoboth: American Research Press, 2004.

[164] 王万请, 赵拥军, 黄洁, 等. 基于信息守恒的基本概率赋值概率转换方法[J]. 电子与信息学报, 2013, 35(2): 457-462.

[165] HU L, HE Y, GUAN X, et al. New probabilistic transformation of imprecise belief structure[J]. Journal of systems engineering and electronics, 2011, 22(5): 721-729.

[166] TESSEM B. Approximations for efficient computation in the theory of evidence[J]. Artificial intelligence, 1993, 61(2): 315-329.

[167] LOWRANCE J D, GARVEY T D, STRAT T M. A framework for evidential-reasoning systems[M] // LOWRANCE J D. Classic works of the Dempster-Shafer theory of belief functions. Berlin: Springer Berlin Heidelberg, 2008: 419-434.

[168] BAUER M. Approximations for decision making in the Dempster-Shafer theory of evidence[C].San Francisco: UAI'96 Proceedings of the Twelfth International Conference on Uncertainty in Artifical Intelligence, 2013: 73-80.

[169] YANG Y, HAN D, HAN C, et al. A novel approximation of basic probability assignment based on rank-level fusion[J]. Chinese journal of aeronautics, 2013, 26(4): 993-999.

[170] JIANG W. A correlation coefficient of belief functions[J]. arXiv preprint, 2016 arXiv: 1612.05497 .

[171] HWANG W J, LEE W H, LIN S J, et al. Efficient architecture for spike sorting in reconfigurable hardware[J]. Sensors, 2013, 13(11): 14860.

[172] IAKOVIDOU C, VONIKAKIS V, ANDREADIS I. FPGA implementation of a real-time biologically inspired image enhancement algorithm[J]. Journal of real-time image processing, 2008, 3(4): 269-287.

[173] YU Y H, LEE T T, CHEN P Y, et al. On-chip real-time feature extraction using semantic annotations for object recognition[J]. Journal of real-time image processing, 2014: 1-16.

[174] CONG J, LIU B, NEUENDORFFER S, et al. High-level synthesis for FPGAs: From prototyping to deployment[J]. IEEE transactions on computer-aided design of integrated circuits and systems, 2011, 30(4): 473-491.

[175] 何友. 多传感器信息融合及应用[J]. 舰船电子工程, 2000, 30(6): 60-61.

[176] JIANG W, CAO Y, YANG L, et al. A time-space domain information fusion method for specific emitter identification based on Dempster-Shafer evidence theory[J]. Sensors, 2017, 17(9): 1972.

[177] LI L L, LI Z G, WU M, et al. Decision-making based on Dempster-Shafer evidence theory and its application in the product design[J]. Applied mechanics and materials, 2011, 44-47: 2724-2727.

[178] 徐晓滨，文成林，孙新亚，等. 设备故障诊断中的证据融合与决策方法[M]. 北京：科学出版社, 2017.

[179] BASIR O, YUAN X. Engine fault diagnosis based on multi-sensor information fusion using Dempster-Shafer evidence theory ☆[J]. Information fusion, 2007, 8(4): 379-386.

[180] DONG G, KUANG G. Target recognition via information aggregation through Dempster-Shafer's evidence theory[J]. IEEE geoscience and remote sensing letters, 2015, 12(6): 1247-1251.

[181] 蒋雯，张安，邓勇. 信息融合中传感器可信度的动态确定及应用[J]. 哈尔滨工业大学学报, 2010, 42(7): 1137-1140.

[182] 周东华，胡艳艳. 动态系统的故障诊断技术[J]. 自动化学报, 2009, 35(6): 748-758.

[183] 周东华，王庆林. 基于模型的控制系统故障诊断技术的最新进展[J]. 自动化学报, 1995, 21(2): 244-248.

[184] KIM K, PARLOS A G. Induction motor fault diagnosis based on neuropredictors and wavelet signal processing[J]. IEEE/ASME transactions on mechatronics, 2002, 7(2): 201-219.

[185] LEUNG D, ROMAGNOLI J. An integration mechanism for multivariate knowledge-based fault diagnosis[J]. Journal of process control, 2002, 12(1): 15-26.

[186] 臧宏志，徐建政，俞晓冬. 基于多种人工智能技术集成的电力变压器故障诊断[J]. 电网技术, 2003, 27(3): 15-17.

[187] 刘春生，胡寿松. 一类基于状态估计的非线性系统的智能故障诊断[J]. 控制与决策, 2005, 20(5): 557-561.

[188] 宋华，张洪钺. 多故障的奇偶方程–参数估计诊断方法[J]. 控制与决策, 2003, 18(4): 413-417.

[189] 何永勇，钟秉林，黄仁. 故障多征兆域一致性诊断策略的研究[J]. 振动工程学报, 1999(4): 447-453.

[190] 李军伟，韩捷，李志农，等. 小波变换域双谱分析及其在滚动轴承故障诊断中的应用[J]. 振动与冲击, 2006, 25(5): 92-95.

[191] 陈果. 非线性时间序列的动力学混沌特征自动提取技术[J]. 航空动力学报, 2007, 22(1): 1-7.

[192] 蔡宗平，汤正平，闵海波. 故障树分析法的专家系统在故障诊断中应用[J]. 微计算机信息, 2006, 22(8S): 135-137.

[193] 杨忠，鲍明. 模糊逻辑在故障诊断中的应用[J]. 振动、测试与诊断，1993(3)：45 - 51.

[194] 陈朝阳，张代胜，任佩红，等. 基于故障树分析法的汽车故障诊断专家系统[J]. 农业机械学报，2003，34(5)：130 - 133.

[195] 王华忠，张雪申，俞金寿. 基于支持向量机的故障诊断方法[J]. 华东理工大学学报（自然科学版），2004，30(2)：179 - 182.

[196] 骆志高，田海泉，仇学青. 遗传算法在故障诊断中的应用研究综述[J]. 煤矿机械，2006，27(1)：169 - 172.

[197] 张树团，张晓斌，雷涛，等. 基于粒子群算法和支持向量机的故障诊断研究[J]. 计算机测量与控制，2008，16(11)：1573 - 1574.

[198] 白士红，唐辉辉. 蚁群算法在故障诊断中的应用[J]. 中国工程机械学报，2010，8(4)：466 - 469.

[199] 朱大奇，刘永安. 故障诊断的信息融合方法[J]. 控制与决策，2007，22(12)：1321 - 1328.

[200] 李俭川. 贝叶斯网络故障诊断与维修决策方法及应用研究[D]. 长沙：国防科技大学，2002.

[201] 朱大奇，于盛林，田裕鹏. 应用模糊数据融合实现电子电路的故障诊断[J]. 小型微型计算机系统，2002，23(5)：633 - 635.

[202] 屈志宏，杨传道，李方. 基于 D-S 证据理论信息融合的故障诊断方法[J]. 火炮发射与控制学报，2008(4)：107 - 110.

[203] 李斌，章卫国，宁东方，等. 基于神经网络信息融合的智能故障诊断方法[J]. 计算机仿真，2008，25(6)：35 - 37.

[204] 朱大奇，徐振斌，于盛林. 基于证据理论的电机故障诊断方法研究[J]. 华中科技大学学报（自然科学版），2001，29(12)：58 - 60.

[205] 朱大奇，于盛林. 光电雷达电子部件故障的盲诊断方法研究[J]. 控制与决策，2004，19(7)：746 - 750.

[206] 文成林，徐晓滨. 多源不确定信息融合理论及应用[M]. 北京：科学出版社，2012.

[207] 韩静，陶云刚. 基于 D-S 证据理论和模糊数学的多传感器数据融合算法[J]. 仪器仪表学报，2000，21(6)：644 - 647.

[208] 张娟，毛晓波，陈铁军. 运动目标跟踪算法研究综述[J]. 计算机应用研究，2009，26(12)：4407 - 4410.

[209] 胡昌华. 基于 MATLAB 的系统分析与设计：小波分析[M]. 西安：西安电子科技大学出版社，1999.

[210] 张宏志，张金换，岳卉，等. 基于 CamShift 的目标跟踪算法[J]. 计算机工程与设计，2006，27(11)：2012 - 2014.

[211] 刘静，姜恒，石晓原. 卡尔曼滤波在目标跟踪中的研究与应用[J]. 信息技术，2011(10)：174 - 177.

[212] 江宝安，卢焕章. 粒子滤波器及其在目标跟踪中的应用[J]. 雷达科学与技术，2003，1(3)：170 - 174.

[213] 宋华军. 基于支持向量机的目标跟踪技术研究[D]. 长春：中国科学院长春光学精密机械与物理研究所，2006.

[214] 张宁. 基于小波变换的红外小目标检测算法研究[D]. 西安：陕西师范大学，2016.

[215] 李良翮，丁艳. 一种基于小波分析的小目标检测算法[J]. 光学技术，2006，32(z1)：185 - 187.

[216] 曹玉东，陈华. 一种基于背景抑制的红外小目标检测新算法[J]. 电光系统，2008(1)：5 - 7.

[217] 刘伟，杨万海. 基于背景抑制的红外小目标检测方法[J]. 红外技术，2003，25(3)：1 - 4.

[218] 聂洪山，赵新昱，陈晓飞，等. 红外小目标时域检测算法研究[J]. 红外技术，2007，29(7)：398 - 403.

[219] 罗举平，贺有，邰新军. 基于红外图像信息的变门限检测与跟踪方法[C]. 天津：全国光电技术学术交流会，2012.

[220] 边旭，李江勇. 基于粒子滤波的 TBD 算法研究[J]. 激光与红外，2015，(1)：109 - 112.

[221] 贾佳蔚. 基于粒子滤波的检测前跟踪算法研究[D]. 成都：电子科技大学，2015.

[222] 张惠娟，梁彦，程咏梅，等. 运动弱小目标后跟踪先检测技术的研究进展[J]. 红外技术，2006，

28(7):423-430.

[223] 张慧莉. 基于时空域滤波的红外小目标检测[D]. 哈尔滨：哈尔滨工业大学, 2014.

[224] 张红. 基于多级假设的红外小目标检测算法[D]. 西安：中国科学院西安光学精密机械研究所, 2006.

[225] 李正周，彭素静，金钢，等. 基于假设检验的小弱运动目标航迹起始[J]. 光子学报, 2008, 37(3)：613 - 617.

[226] 黄林梅，张桂林，王新余. 基于动态规划的红外运动小目标检测算法[J]. 红外与激光工程, 2004, 33(3)：303 - 306.

[227] 陈尚锋. 基于加权动态规划的小目标检测算法研究[D]. 长沙：国防科技大学, 2002.

[228] LILLESAND T M, KIEFER R W. 遥感与图像解译[M]. 北京：电子工业出版社, 2003.

[229] 安斌，陈书海，严卫东. SAM 法在多光谱图像分类中的应用[J]. 中国体视学与图像分析, 2005, 10(1)：55 - 60.

[230] 曾生根，夏德深. 独立分量分析在多光谱遥感图像分类中的应用[J]. 计算机工程与应用, 2004, 40(21)：108 - 110.

[231] KRUSE F A, LEFKOFF A B, BOARDMAN J W, et al. The spectral image processing system (SIPS)-interactive visualization and analysis of imaging spectrometer data[J]. Remote sensing of environment, 1993, 44(2-3)：145 - 163.

[232] 夏建涛，何明一. 基于 SVM 的高维多光谱图像分类算法及其特性的研究[J]. 计算机工程, 2003, 29(13)：27 - 28.

[233] 张珩，彭颖. 飞行目标红外多光谱高效识别算法[J]. 计算机仿真, 2009, 26(1)：225 - 228.

[234] 万曙静，张承明，刘俊华. 基于自适应最小距离调整的多光谱遥感图像分类方法[J]. 测绘通报, 2012(s1)：240 - 242.

[235] 郭华伟. 证据理论及其在遥感影像融合分类中的应用研究[D]. 上海：上海交通大学, 2007.

[236] 佘二永. 一种基于 D-S 证据理论的高光谱图像分类方法[C]. 北京：通信理论与信号处理学术年会, 2009.

[237] 冯志庆. 红外点目标多光谱数据融合识别方法研究[D]. 长春：中国科学院长春光学精密机械与物理研究所, 2002.